电工电子实验教学示范中心实验教材系列

数字电路与EDA实践教程

唐小华　杨怿菲　主编
张亚婷　刘智芳　弓　楠　编

科学出版社
北　京

内 容 简 介

本书根据普通高等院校通信电子类专业的教学特色，以《数字电路逻辑设计》（王毓银，2005）基本理论为依据，介绍了数字电路的基本实验技术和实验技巧、现代电子设计自动化（EDA）的硬件（PLD）和软件相关知识，以及基于可编程器件的数字电路开发方法。本书是西安邮电学院规划的电工电子实验教材系列丛书之一。

本书从培养学生实验能力和技巧、激发学生创新精神出发，将与 EDA 技术相关的新技术、新器件引入实践教学环节，内容循序渐进、由浅入深。主要分两部分，上篇包括数字电路实验基础，数字电路实验；下篇包括数字系统设计基础，EDA 技术及可编程逻辑器件，VHDL 硬件描述语言，EDA 软件，EDA 基础实验，EDA 课程设计。

本书可作为普通高等院校通信类、电子电气类、控制类等专业的本科、专科实验教材，也可供相关领域的工程技术人员参考。

图书在版编目(CIP)数据

数字电路与 EDA 实践教程/唐小华，杨怿菲主编. —北京：科学出版社，2010.8
（电工电子实验教学示范中心实验教材系列）
ISBN 978-7-03-028800-4

Ⅰ.①数… Ⅱ.①唐…②杨… Ⅲ.①数字电路-电路设计：计算机辅助设计-高等学校-教材②硬件描述语言，VHDL -程序设计-高等学校-教材
Ⅳ.①TN790.2

中国版本图书馆 CIP 数据核字(2010)第 167269 号

责任编辑：陈 琪/责任校对：赵桂芬
责任印制：赵 博/封面设计：耕者设计工作室

科学出版社出版
北京东黄城根北街 16 号
邮政编码：100717
http://www.sciencep.com
北京中石油彩色印刷有限责任公司印刷
科学出版社发行 各地新华书店经销
*
2010 年 8 月第 一 版 开本：B5(720×1000) 1/16
2025 年12月第六次印刷 印张：16 1/2
字数：330 000
定价：59.00 元
（如有印装质量问题，我社负责调换）

《数字电路与EDA实践教程》编委会

前　　言

电子技术是高等工科院校电子类、电气类、自控类、计算机类等专业的重要基础课程。为了培养高素质的专业技术人才，在理论教学的同时，必须十分重视和加强实践性教学环节，在实践教学中可以培养学生的实验能力、动手能力、独立分析问题和解决问题的能力、创造性思维能力以及理论联系实际的能力。电子技术的实践教学不仅能拓宽学生的知识面，也能系统地对学生进行电子电路设计的工程实践训练，为后续的课程设计、电子竞赛、毕业设计等打下良好的基础。

本书为切合西安邮电学院电工电子实验教学部"陕西省省级教学示范中心"的发展，结合教学部课程建设项目——"可编程逻辑实验"的研究成果而编写。内容涵盖数字电路实验的基础知识、数字集成电路测量、数字系统设计、EDA 软件及 PLD 器件知识，另外根据多年教学经验的积累，特别在第 1 章和第 7 章中编写了数字电路的故障分析及排错和实验注意事项。在实验的安排上既考虑到与理论教学保持同步，又注重学生实际工程设计能力的培养，减少了验证性实验，增加了设计性和综合性实验，更多地给学生留下发展个性创新的空间。为了保证实验的良好效果，增加了实验预习部分。在实验题目的设计上，紧扣教学大纲和教学内容，从基础层面、提高层面、综合设计层面三方面出发设计了大量的实验题目。在教材两部分章节里，均有围绕理论教学课程所设计的基础实验、理论课学习完以后的综合性实验及课程设计题目，以提高学生的系统分析和设计能力。另外，设计题目时以"教学示范中心"自主研制的"数字信源状态分析实验箱"和"CPLD 实验电路板"为主，并参考了市面上几种主流的数字电路及 EDA 教学设备，同时也考虑了在面包板上做分立元器件实验的情况，以便使教材适合不同教学条件的学校使用。

全书由唐小华，杨怿菲主编。具体分工如下：唐小华编写了第 4 章、2.2 节及 7.3 节的实验 1～4；杨怿菲编写了第 8 章及 7.3 节的实验 5～12；张亚婷编写了 2.1 节及 7.3 节的实验 12；刘智芳编写了第 3 章、第 6 章及 7.3 节的实验 8、弓楠编写了第 1 章、第 5 章以及 7.1 节、7.2 节。

全书由毛永毅教授主审，西安邮电学院电子工程学院阴亚芳教授和刘继红副教授在百忙之中审阅了全书，西安邮电学院电工电子基础教学部的罗朝霞、郑燕及其他各位老师也对本书提出了许多宝贵的建议，在此谨向他们致以衷心的感谢。

由于编者水平有限，书中有不妥之处，敬请读者批评指正。

西安邮电学院电工电子实验教学部

2010 年 7 月

目　录

下篇 可编程逻辑设计

上篇

数字电路实验

第1章 数字电路实验基础

1.1 数字电路实验基础知识

数字电路逻辑设计是高等工科院校电类各专业重要的基础课，也是实用性、创造性、工程性较强的专业技术基础课。数字电路实验是依据教学、科研的具体要求进行电路设计、安装和调试，是具有较强实践性的一门课程。通过数字电路实验能够使学生巩固所学理论知识，培养实际运用知识的能力，逐步掌握数字电路从基本功能的实现到系统实现的方法，从而有效地培养学生解决实际问题的能力。

1.1.1 数字电路实验的特点

1.理论性较强

如果没有正确的理论指导，就不可能设计出性能稳定、符合实验要求的电路，就拟定不出正确的实验方案和步骤。所以，要做好数字电路实验，首先要学好数字电路逻辑设计这门理论课程。

2.工艺性较强

有了较成熟的实验方案，但由于工艺不合理，就不会取得满意的实验结果，可能得不出实验结论，甚至导致实验失败，因此，要认真掌握电子工艺技术。

3.测试技术要求较高

实验电路类型很多，不同电路的功能或指标不同，采用的测量仪器和方法也不同。所以，要熟练掌握基本电子测量技术和测量仪器的使用。

1.1.2 数字电路实验的基本过程

数字电路实验的基本过程包括：确定实验内容，选定最佳的实验方案和实验线路，拟定实验步骤，选择仪器和元器件，安装调试，总结书写实验报告。

1.1.3 实验预习

实验预习的好坏，直接关系到实验是否能顺利进行，也将直接影响到实验结果。所以，学生做实验前应按照每个实验前的实验预习要求严格进行准备，其中包括：实验的基本原理，仪器的基本使用方法，实验的设计思路及设计原理图，熟悉实验中所用的器件，写出实验的方法和步骤，记录数据的表格和波形坐标。

1.1.4 数字电路实验中的操作规范

正确的操作方法和操作程序，是顺利进行实验的保障。所以，要求在每个操作步骤之前要做到心中有数。要注意的问题如下：

(1)直流电压和交流电源电压要满足实验要求。

(2)要遵循正确的实验步骤，即先接线后通电，实验结束后先断电再拆线。

(3)要确保连接点接触良好和电路布局合理，避免造成短路等故障。

(4)要保证通电情况下不插拔器件。

(5)要准确完整地记录实验数据并与理论值进行比较、分析。

(6)实验结束后，整理实验仪器，清理实验台。

1.1.5 数字电路实验的布线原则

数字电路实验中的布线原则上应直观、合理，以消除或降低其他各种原因引起的干扰。实验当中，学生布线错误的情况很多，布线错误不仅会引起电路的故障，严重的还会造成元器件损坏，所以，合理科学的布线在数字电路实验中十分重要。正确布线的原则包括以下几点：

(1)向数字逻辑EDA实验箱上插集成电路芯片时，应注意缺口方向，一般实验用到的是双列直插式芯片，若缺口朝左的话，引脚序号从左下方的第一个引脚开始，按逆时针方向依次递增至左上方的第一个引脚。

(2)插集成芯片时先校准芯片两排引脚，使之与实验箱上的插孔对应，轻轻将芯片插上，在确定引脚与插孔完全吻合后，再稍微用力将其插紧，以免造成集成电路芯片的弯曲或接触不良。

(3)导线的选取：一般选直径为0.6～0.8mm的单股导线，对于各种颜色的线学生可自行区分为不同的用途，一般电源线用红色线，地线用黑色线。

(4)布线要做到有序进行，随意乱接易造成错接、漏接。接线方法很多，较好的方法是先接固定电平，然后接电源和地，再接门电路闲置输入端、触发器、计数器的置位复位端等，最后按输入输出依次布线。

(5)连线避免过长，避免从集成芯片上方跨接，避免过多的线重叠交错，避免短线连接起来当作长线使用。

(6)多个集成芯片一起使用时，注意集成元器件的合理布局。布线时，顺便对单个集成元器件进行功能测试。要养成这样一种良好的习惯，这样做不仅不会增加布线工作量，还可以减少排查故障的时间。

(7)布线和调试工作往往要交替进行，对使用元器件较多的实验，可将总电路分成若干相对独立的部分，逐个布线、调试，然后再将各部分连接起来。

1.1.6　实验数据记录和实验报告要求

实验数据是实验过程中获得的第一手资料，所以实验记录必须清楚、合理、正确，否则必须重复实验，找到原因。对于实验记录表格，学生可以自己设计。

实验报告是培养学生科学实验总结能力和分析思维能力的有效手段，也是一项重要的基本功训练，它能很好地巩固实验结果，加深对基本理论的认识和理解，从而进一步扩大知识面。实验报告是一份技术总结，要求文字简洁、内容清楚、图表工整，其中实验内容和结果是报告的主要部分，主要内容包括：

（1）实验课题的方框图、逻辑图、状态图、真值表及文字说明等，对于设计性课题，还应有整个设计过程和关键的设计技巧说明。

（2）实验记录和经过整理的数据、表格、曲线及波形图应使用专用实验报告简易坐标格，并且用三角板、曲线板等工具描绘，力求画得准确，不得随手示意画。

（3）实验结果分析、讨论及结论，对讨论的范围没有严格要求，一般应对重要的实验现象、结论加以讨论，以便进一步加深理解。此外，对实验中的异常现象，可进行一些简要说明。对实验中的收获，可谈一些心得体会。

1.2　集成门电路基础知识

1.2.1　概述

数字电路研究的主要问题是输入输出信号之间状态变化的逻辑关系，即电路的逻辑功能，用逻辑“1”和“0”表示，它们分别代表高、低不同的电压范围，称其为高、低电平。一般有两种逻辑体制：正逻辑和负逻辑。正逻辑体制规定：高电平为逻辑值 1，低电平为逻辑值 0；负逻辑体制规定：低电平为逻辑值 1，高电平为逻辑值 0。如无特别说明，我们通常采用正逻辑体制。

基本逻辑门有与门、非门、或门，表示方法如表 1.1 所示。

表 1.1　与、或、非基本逻辑门表示法

逻 辑 门	国标符号	国外符号	真值表			运 算 符	逻辑表达式
			A	B	F		
与门	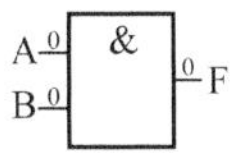	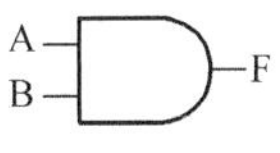	0 0 1 1	0 1 0 1	0 0 0 1	·	F=A·B
或门	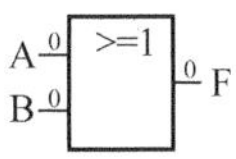	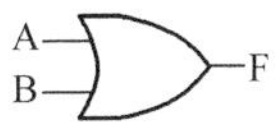	0 0 1 1	0 1 0 1	0 1 1 1	+	F=A+B

续表

逻辑门	国标符号	国外符号	真值表		运算符	逻辑表达式
			A	F		
非门	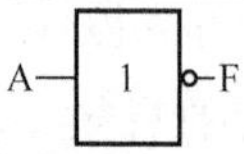	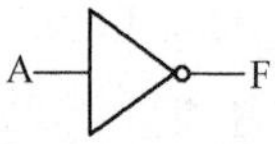	0 1	1 0	上横线	$F=\overline{A}$

基本逻辑门可以构成复合逻辑门，其表示法如表1.2所示。

表1.2 复合逻辑门表示法

逻辑门	国标符号	国外符号	真值表			逻辑表达式
			A	B	F	
与非	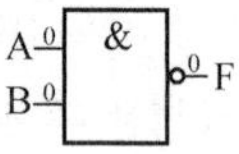	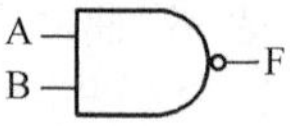	0 0 1 1	0 1 0 1	1 1 1 0	$F=\overline{AB}$
或非	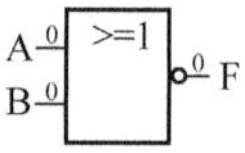	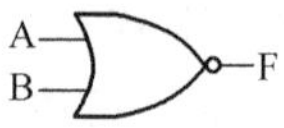	0 0 1 1	0 1 0 1	1 0 0 0	$F=\overline{A+B}$
异或	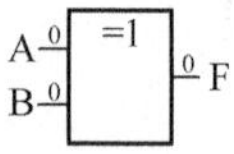	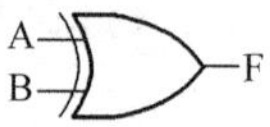	0 0 1 1	0 1 0 1	0 1 1 0	$F=\overline{A}B+A\overline{B}$
异或非	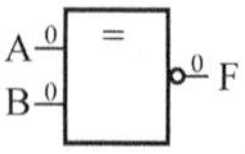	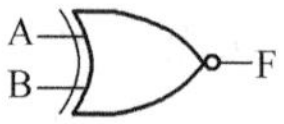	0 0 1 1	0 1 0 1	1 0 0 1	$F=\overline{A}\,\overline{B}+AB$

逻辑门由半导体开关元件构成，将这些开关元件与电阻等集成在一起，就构成了集成逻辑门。由互补金属氧化物半导体（complementary metal oxide semiconductor）材料构成的称CMOS逻辑门，由晶体管-晶体管逻辑（transistor-transistor-logic）材料构成的称TTL逻辑门。

1.2.2 CMOS逻辑门

CMOS集成逻辑门具有工艺简单、集成度高、抗干扰能力强、静态功耗低、工作稳定性好、开关速度高等优点，应用十分广泛。CMOS逻辑门作为开关元件，其开关需要一定的条件。下面根据非门的电压传输特性曲线，来分析元件的开关条件与逻辑电平的关系，如图1.1所示。

从图1.1可以看出，在1.5～3.5V输入电压范围内，不易确定输出状态，为了保证元件工作的稳定性，制造了如下的电平范围标准：

(1)输出高电平电压范围为$V_{CC}-0.1V \sim V_{CC}$。

(2)输出低电平电压范围为 0～0.1V_{CC}。

(3)输入高电平电压范围为 0.7V_{CC}～V_{CC}。

(4)输入低电平电压范围为 0～0.3V_{CC}。

若 V_{CC}为 5V,则 CMOS 非门高低电平范围如表 1.3 所示。

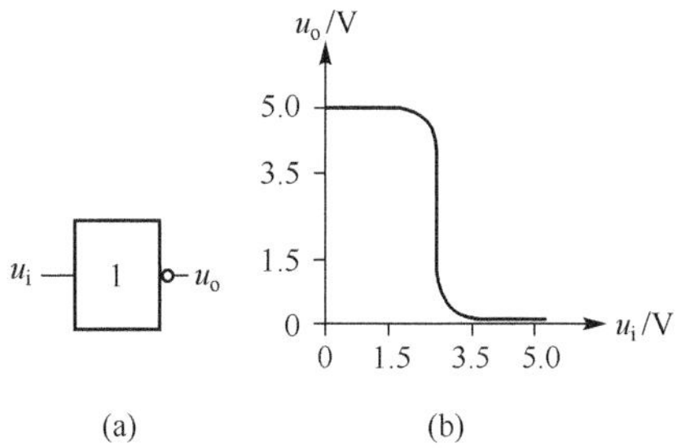

图 1.1　CMOS 非门电压传输特性曲线

表 1.3　CMOS 器件高低电平范围表(+5V)

输入信号电压范围	输出信号电压范围
0～1.5V(低电平)	4.9～5V(高电平)
3.5～5V(高电平)	0～0.1V(低电平)

这里以最简单的 CMOS 逻辑器件非门为例介绍 CMOS 逻辑门电路的工作原理。电路如图 1.2 所示。

V_{CC}为电源端,一般取 5V,当 u_i输入电压为 0V 时,NMOS 管 T_2 截止,但对于 PMOS 管 T_1,它的 $U_{GS}=-5V$,因此 PMOS 管导通,它的等效电阻非常小,于是输出电压 u_o约为 5V,称为高电平,正逻辑用 H 或 1 表示。当输入电压 u_i为 5V 时,NMOS 管 T_2 导通,但对于 PMOS 管 T_1,它的 $U_{GS}=0V$,因此 PMOS 管截止,NMOS 管导通,它的等效电阻非常小,所以输出电压 u_o约为 0V,称为低电平,负逻辑用 L 或 0 表示。非门的真值表如表 1.4 所示。

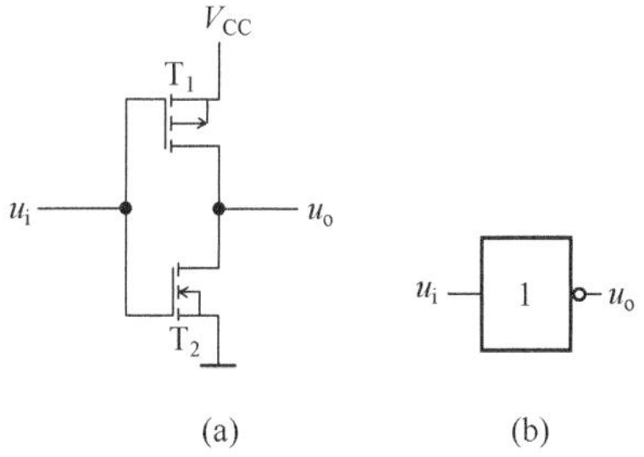

图 1.2　CMOS 非门电路图及其逻辑符号

表 1.4　非门的真值表

u_i	u_o
0	1
1	0

1.2.3　TTL 逻辑门

TTL 集成逻辑门具有抗干扰能力强、带负载能力强、速度快等优点,也广泛应用于数字电子产品中。TTL 逻辑门作为开关元件,其开关也需要一定的条件。下面也通过非门的输出电压 u_o随输入电压 u_i变化的电压传输特性曲线来分析元件的开关条件与逻辑电平的关系,如图 1.3 所示。

从图 1.3 可以看出,在 0.8～2.0V 电压范围内,不易确定输出状态,设计者为此也制定了电平范围标准,在 5V 工作电压下,TTL 器件高低电平范围如表 1.5 所示。

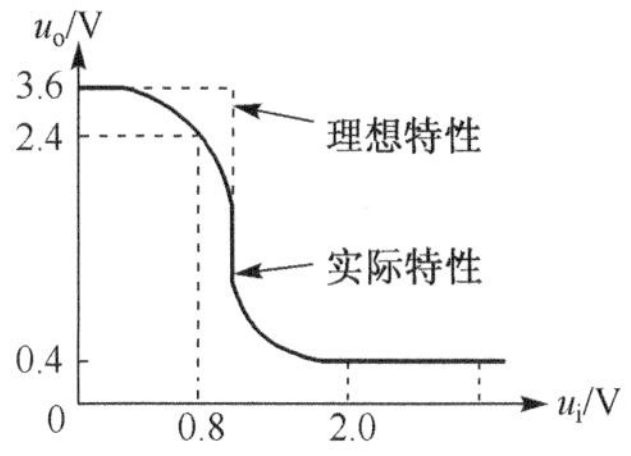

图 1.3　TTL 非门电压传输特性曲线

表 1.5 TTL器件高低电平范围表(+5V)

输入电压范围	输出电压范围
0～0.8V(低电平)	2.4～5V(高电平)
2～5V(高电平)	0～0.4V(低电平)

这里通过 2 输入与非门的结构，介绍 TTL 门电路的工作原理。

TTL 与非门是 TTL 逻辑门的基本形式，典型的 TTL 与非门电路结构如图 1.4 所示。该电路由输入级、倒相级、输出级三部分组成。

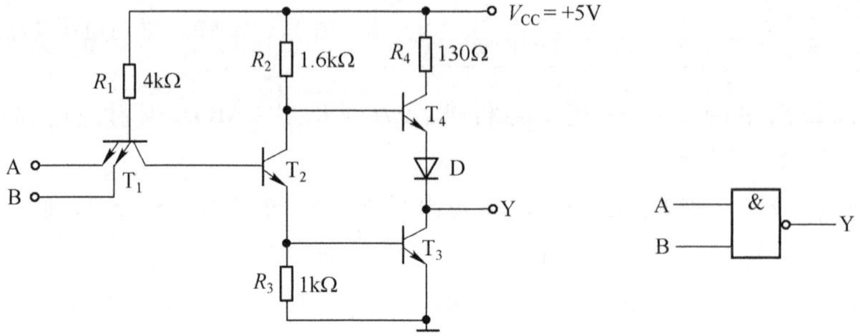

图 1.4 TTL 与非门电路及其逻辑符号

输入级由多发射极三极管 T_1 和电阻 R_1 构成。可以把 T_1 的集电结看成一个二极管，而把发射结看成与前者背靠背的两个二极管。这样，T_1 的作用和二极管与门的作用完全相同。倒相级由三极管 T_2 和电阻 R_2、R_3 构成。通过 T_2 的集电极和发射极，提供两个相位相反的信号，以满足输出级互补工作的要求。输出级是由三极管 T_3、T_4、二极管 D 和电阻 R_4 构成的"推拉式"电路。当 T_3 导通时，T_4 和 D 截止；反之 T_3 截止时，T_4 和 D 导通。倒相级和输出级的作用等效于逻辑非的功能。

输入端 A、B 中至少有一个为 0，其电位约为 0.3V；其余为 1，其电位约为 3.6V。T_1 对应于输入端接低电位的发射结导通，设发射结的正向导通电压为 0.7V，此时 T_1 的基极电位为

$$V_{B1} = V_A + U_{BE1} = 0.3 + 0.7 = 1V$$

该电压作用于 T_1 管的集电结和 T_2、T_3 的发射结，显然不可能使 T_2 和 T_3 导通，所以 T_2 和 T_3 均处于截止状态。由于 T_2 截止，其集电极电位接近于电源电压 V_{CC}，因而使 T_4 和 D 导通，所以输出端 Y 的电位为

$$V_Y = V_{CC} - U_{BE4} - U_D = 5 - 0.7 - 0.7 = 3.6V$$

它实现了"输入有低，输出为高"的逻辑关系。输入端 A、B 全为 1(设电位约为3.6V)时，V_{CC}通过 R_1、T_1 的集电结向 T_2 提供基极电流，使 T_2 饱和，从而进一步使 T_3 饱和导通。输出端 Y 的电位为

$$V_Y = U_{CE3} = 0.3V$$

它实现了"输入全高，输出为低"的逻辑功能。此时 T_2 的集电极电位为

$$V_{C2} = U_{BE3} + U_{CE2} = 0.7 + 0.3 = 1V$$

T_4、D 必然截止。

所以，当 T_1 发射极中有任一输入为 0 时，Y 端输出为 1；当 T_1 发射极输入全为 1 时，Y 端输出为 0。实现了与非门的功能。

1.2.4　逻辑门使用注意事项

(1)电源电压范围为(1±10%)×5V，有的要求(1±5%)×5V，芯片电源与地间应接 20～100μF 的电容以滤除纹波电压，再接 0.01～0.1μF 的电容以滤除高频干扰。

(2)逻辑门插入插座前应调整好引脚间距，注意缺口方向，仔细对准后均匀压入。需要拔出时，用专用工具起拔器，不能用手直接拔出。

(3)逻辑门的多余输入端不允许悬空。对与门、与非门，应将多余输入端并接到其他输入端上或接电源；对或门、或非门，应将多余输入端并接到其他输入端上或通过电阻接地，如图 1.5 所示。

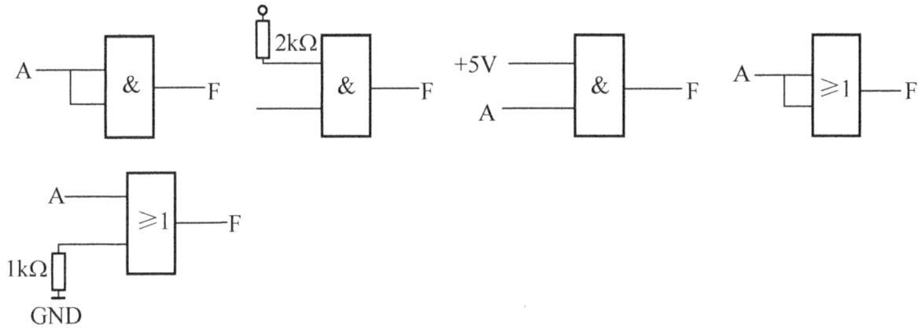

图 1.5　多余输入端的处理图

(4)输出端的处理：CMOS 门电路输出端不能"线与"，TTL 门电路的输出端不能直接接电源。

(5)CMOS 门电路不使用时，用导电材料屏蔽保存，工作台应当用金属材料覆盖并应良好接地。焊接时断开电烙铁电源。

(6)不能带电插拔芯片。

1.3　数字信源状态分析实验箱简介

本实验箱(图 1.6)是数字电路实验课、数字电路课程设计、CPLD 可编程实验的基本实验设备，同时适用于相关电子课程设计、产品开发及科研。该实验箱设计时充分考虑实验需要，参考加拿大 Interactive Image 公司设计的 EWB 软件，在基础实验要求的基础上，设计了逻辑分析功能及随机数字信号发生器，并吸收了同类产品的优点，设计精良，性能稳定可靠。

1.3.1 技术指标及主要功能

图1.6 数字信源状态分析实验箱

本实验箱分为用户区、实验操作区和液晶显示区。上半部分为用户区,下半部分为实验操作区和液晶显示区。

1. 用户区

双列直插式集成电路插座10个,均为20只脚。因此最多可同时使用10个芯片,所用芯片管脚为14～20,因每个管座为20管脚,当所使用芯片管脚小于20时,芯片应与管座缺口方向保持一致,并与管座上方对齐。用户可在此区搭建实验电路。用户区上电源和地从操作区上电源、地处接入即可。

2. 操作区

(1)电源:输入AC220V±10%;输出3.3V、5V直流电源。

(2)信号源:

①单次脉冲电路,每按一次p/p键即可产生正脉冲一个;

②连续脉冲,可输出1～999Hz任意频率连续脉冲;

③数字信源,8路数字信号;

④8路“0”、“1”电平输出。

(3)液晶显示区:

①16位LED电平显示;

②4位数码管显示;

③16位逻辑波形分析;

④16路触发波形显示。

1.3.2 使用说明

(1)将标有220V的电源线插入市电插座,接通开关,面板指示灯亮,液晶显示主菜单,表示实验箱电源工作正常。

(2)单次脉冲:按p/p键即可从z15口输出单次脉冲。

(3)连续脉冲:按UP、DN键使*指向菜单中sequence→ENTER(sequence反选,数字下有光标闪烁)→数字键键入频率值(1～999Hz)→ENTER(数字下无光标闪烁),即可从OUT2输出所设定频率的连续脉冲。按Clr键返回主菜单。

(4)数字信号源:按UP、DN键使*指向菜单中DSS→ENTER(DSS反选)→数字键键入所需数字信号→ENTER(右下角数字光标闪烁)→数字键键入信号个数→

ENTER(数字下无光标闪烁),即可从 OUT1～OUT8 输出所设定数字信号。按 Clr 键返回主菜单。

(5)数码管显示:按 UP、DN 键使 * 指向菜单中 7-segLED→ENTER(7-segLED)反选,屏幕上出现 0000,每位为十六进制数,其中 IN1～IN4、IN5～IN8、IN9～IN12、IN13～IN16 分别与其对应,用户可将待测信号输入 IN1～IN16 观察。按 Clr 键返回主菜单。

(6)高低电平显示:按 UP、DN 键使 * 指向菜单中 LED→ENTER(LED 反选),屏幕上半部分 output16 个○分别对应 IN1～IN16,输入高电平时,对应的○变为●,否则为○;下半部分 input8 个○分别对应 OUT1～OUT8,由 0～7 键控制,当 0 键按下时,对应的○变为●,OUT1 输出高电平,再次按 0 键对应的●变为○,OUT1 输出低电平,以此类推。在此情况下,按 cursor 键,input 对应的第二个○变为⊙,这时 OUT2 输出连续脉冲。按 Clr 键返回主菜单。

(7)波形显示:按 UP、DN 键使 * 指向菜单中 waveform→ENTER(waveform 反选),IN1～IN16 分别对应 16 路波形,只要输入状态有变化,则波形多显示一个状态,按 p/p 键停止波形显示,旋转旋钮可使波形左移、右移,查看输入状态。本实验箱最多可存储 600 个状态。按 cursor 键,可调出光标显示,旋转旋钮使其左右移动,观察波形。按 Clr 键返回主菜单。

(8)触发波形显示:按 UP、DN 键使 * 指向菜单中 trigger→ENTER(trigger 反选,4 位数字下光标闪烁)→数字键键入数值→ENTER(数字下无光标闪烁),键入 4 位数字为 16 进制数,依次对应 IN1～IN16,当输入状态与所键入数值相等时,触发波形开始显示,同时一条光标显示在触发态后,并存储 90 个触发态以前的波形和 510 个触发态后的波形,其余功能与上述(7)中波形显示相同。若输入状态与所键入数值始终不相等,则波形始终无显示。按 Clr 键返回主菜单。

1.4 数字电路实验故障分析与查找

1.4.1 数字实验电路的测试

数字实验电路的调试通常分为静态测试和动态测试。静态测试是指给定若干组静态输入值,测试输出是否正确。动态测试是指在静态测试的基础上,按电路设计要求在输入端加动态脉冲信号,观察输出的信号是否满足设计要求。静态测试是检查设计是否正确、接线是否有误的重要一步,所以,一定要进行静态测试。有些数字电路只需要进行静态测试,有些数字电路则必须进行动态测试,如时序电路。

1. 组合逻辑电路的测试

组合逻辑电路的静态测试是在电路静止状态下,测试输出与输入的关系,与真值表进行比较,以判断组合逻辑电路静态工作是否正常。组合逻辑电路的动态测试是测试组合逻辑电路的频率响应,在输入端加上周期性脉冲信号,用示波器观察输入、输出波形,测出与真值表相符的最高输入脉冲频率。

2. 时序逻辑电路的测试

时序逻辑电路测试是验证其状态的转换是否与状态图或时序图相吻合,常用单次脉冲和连续脉冲做时钟脉冲,用示波器观察输出波形,判断输出波形是否与时序图相吻合。

1.4.2 数字实验的故障查找与排查

数字电路实验会出现很多问题,重要的是学会分析问题和解决问题。通常的故障有器件故障、接线错误、设计错误和测试方法不正确。

1. 器件故障

器件故障是器件错误、失效或器件接插问题引起的故障。若为器件错误、失效则可进行更换,若为插接问题,如引脚折断或器件的某个引脚没有插好,那么也会使器件工作不正常。器件失效的测量用集成电路测试仪进行测试。

2. 接线错误

接线错误是学生最常见的错误,多数故障都是由于接线错误引起的。常见的接线错误有:器件的电源和地没有接线,连接线与插孔接触不良,连接线内部接触不良,连接线多接、漏接、错接,连接线过长、太乱,造成干扰。

器件的某个功能块工作不正常或不工作,器件不工作或发热,电路中部分功能工作不稳定等都可能是接线错误造成的。一般的解决办法是搞清楚所用器件的功能及其引脚图,熟练掌握每个引脚的功能,接好器件的电源和地,注意不要接反了,检查连线和插孔接触是否良好,有无错接、漏接、多接现象,检查连线有无断线现象。切记:在连线前要画出接线图,按图接线,凭记忆随想随接是不可取的;接线要规范、整齐,尽量走直线、短线。

3. 设计错误

实验前一定要认真预习,掌握实验原理,并精心设计实验步骤。设计错误的电路图会造成实验结果与预想的不一致。设计完成后应画出逻辑电路图,最好能画出接线图。有条件的学生可以在计算机上仿真,以避免设计错误。

4. 测试方法错误

在排除以上错误后,我们可以考虑测试方法的错误而引起的观测错误。例如,用示波器测试一个稳定的波形,有可能会造成波形不稳的假象,应正确调试示波器。在数字电路测试过程中,由于测试仪器、仪表加到被测电路上以后,对被测电路而言是一个负载,因此测试时也有可能引起电路本身工作状态的改变。所以,在实验前,要熟练掌握本次实验所用的仪器仪表的使用方法。

1.4.3　常用的故障查找方法

实验中发现结果不正确时，不要着急、慌乱，应仔细观察错误的现象，冷静分析。首先应检查仪器、仪表使用是否正确，再按设计的逻辑电路图逐级查找。一般来说，我们从发现问题的地方逐级向前测试，直到找到故障的根源，在故障的初始位置处，首先检查连线有无错接现象，有无断接现象。确定连线无误后，检查器件引脚是否和插座连接好，有无引脚折断、弯曲、错插现象。确定引脚无误后，考虑器件的好坏，测试器件的功能即可。最后，以上问题都排除了，就应该考虑设计问题了。具体操作的方法总结为以下七点。

1. 查线法

由于在数字实验中绝大部分故障都是由于布线错误引起的，因此，发生故障后，重点检查有无漏接、错接，接触不良、断接以及集成电路芯片是否插牢、是否插反等现象。

2. 测量法

用数字万用表直接测量各个集成电路芯片的电源端是否加上电源电压，接地端是否良好接地，然后把输入信号、脉冲信号加到实验电路上，观察输出有无反应。对于某一个故障状态，用数字万用表测试各输入输出端的直流电位，就可以判断是否有由于插板、集成电路芯片引脚连线等原因而引起的错误。

3. 信号输入法

在电路的每一级输入端加上输入信号，观察输出响应，必要时还可以切断周围连线，避免相互影响。

4. 信号寻迹法

在电路的输出端加上特定信号，按照信号流向逐级检查是否有响应，必要时输入不同信号进行测试。

5. 替换法

对于多输入端器件，如有多余端则可调换另一输入端试用，必要时可更换器件。

6. 动态逐级跟踪检查法

对于时序电路，可输入时钟信号，按信号流向依次检查各级波形，直到找出故障点位置。

7. 断开反馈线法

对于有反馈的闭合电路，应该设法断开反馈线进行检查，或进行状态预置后再检查。

实验经验对于检查故障大有帮助，所以要求学生实验前要认真预习，掌握了基本理论和实验原理，就不难用逻辑思维的方法较好地判断和排除故障。

第 2 章　数字电路实验

2.1　数字电路基础实验

实验 1　门电路的逻辑功能验证及逻辑变换

实验预习

一、预习 74LS00、74LS04、74LS20 的逻辑功能和引脚图。

二、画出实验内容 2)中的逻辑电路图、真值表及波形图。

(1)或门：F＝A＋B。

(2)与门：F＝A・B。

(3)与或门：F＝AB＋CD。

(4)异或门：F＝A⊕B。

实验目的

(1)掌握集成逻辑门电路高低电平的范围。

(2)掌握基本逻辑门的逻辑功能和常用 74LS 系列门电路的引脚分布。

(3)熟悉用标准与非门实现逻辑变换的方法。

(4)掌握数字信源状态分析实验箱的使用方法。

实验器材

(1)数字信源状态分析实验箱。

(2)双踪示波器、万用表。

(3)组件 74LS04、74LS00、74LS20。

实验原理

74LS04、74LS00、74LS20 的引脚图和功能表分别如图 2.1、图 2.2、图 2.3 和表 2.1、表 2.2、表 2.3 所示。

表 2.1　74LS04 功能表

输　入	输　出
0	1
1	0

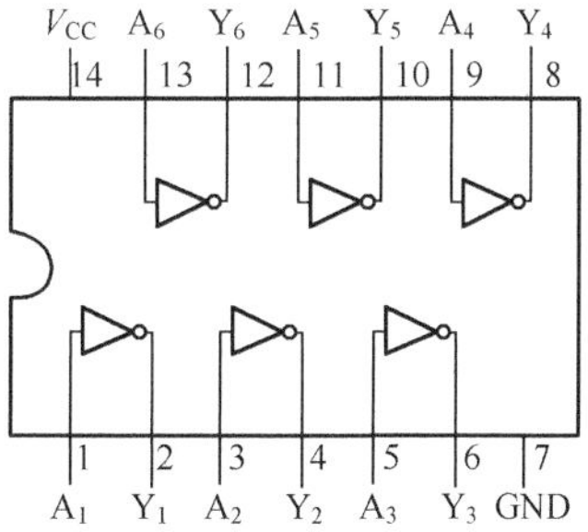

图 2.1　74LS04 引脚图

表 2.2　74LS00 功能表

输　入		输　出
A	B	Y
0	0	1
0	1	1
1	0	1
1	1	0

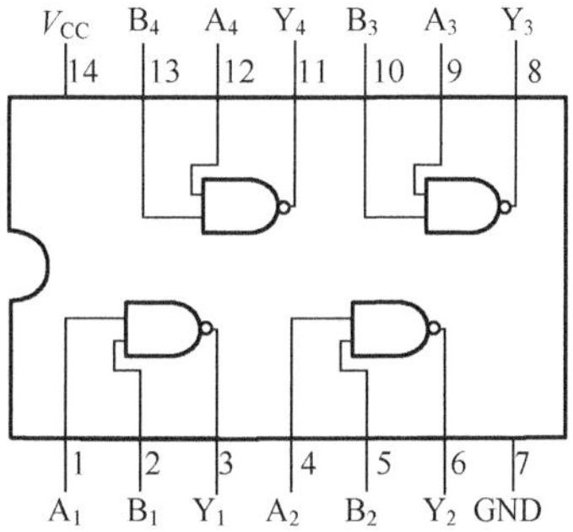

图 2.2　74LS00 引脚图

表 2-3 74LS20 功能表

输入				输出
A	B	C	D	Y
×	×	×	0	1
×	×	0	×	1
×	0	×	×	1
0	×	×	×	1
1	1	1	1	0

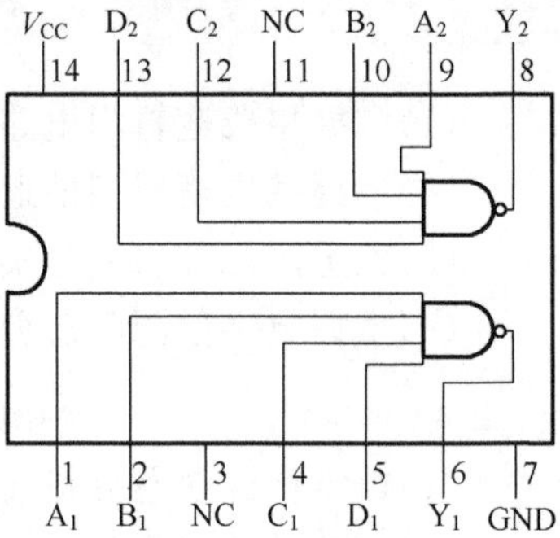

图 2.3 74LS20 引脚图

实验内容

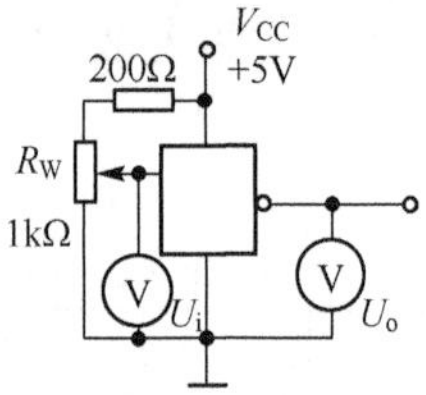

图 2.4 非门电压传输特性测试图

1)基本门电路的逻辑功能验证

(1)在数字信源状态分析实验箱上，插入芯片74LS04。14引脚接电源(+5V)，7引脚接地，引脚图及功能表如图2.1、表2.1所示。任选一个非门按图2.4接线。

调节电阻器R_W，使U_i从0向高电平变化，用万用表逐点测量U_i和U_o的对应值，记入表2.4。

表 2.4 电压传输特性测试表

U_i/V	0	0.2	0.4	0.6	0.8	1.0	1.5	2.0	2.5	3.0	3.5	4.0	4.5	5.0
U_o/V														

(2)验证集成与非门74LS00的逻辑功能。74LS00引脚图及功能表如图2.2、表2.2所示。在数字信源状态分析实验箱上，插入芯片74LS00，与非门的两个输入端接逻辑电平开关插孔，以提供“0”和“1”的电平信号，输出端接逻辑电平显示的显示插孔。灯亮为“1”电平，灯不亮为“0”电平。按表2.5测试74LS00中四个与非门的逻辑功能，填入表2.5中。

表 2.5 74LS00 的逻辑功能测试表

输入		输出
A	B	Y
0	0	
0	1	
1	0	
1	1	

(3)观察与非门对脉冲信号的控制作用。电路测试图如图2.5所示。在实验箱上插入74LS20，用示波器或逻辑电平显示器观察输入、输出波形，将74LS20一个输入端连接连续脉冲信号，其余输入端接同一逻辑开关，当逻辑开关依次置“0”和置“1”时，记录输出波形填入表2.6中。

2)基本门电路的逻辑变换

用与非门实现下列门电路，写出逻辑表达式，画出逻辑电路图，并在数字信源状态分析实验箱上验证。

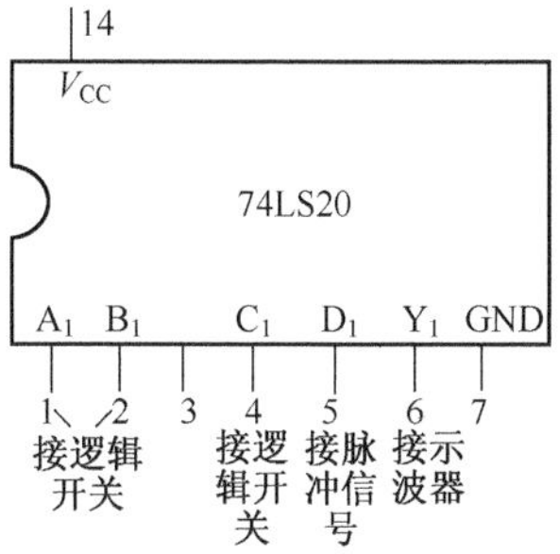

图 2.5 与非门对脉冲信号的控制测试电路

表 2.6 与非门对脉冲信号的控制作用

脉冲信号波形	逻辑开关电平	输出信号波形
	0	
	1	

(1)或门:F=A+B。

(2)与门:F=A·B。

(3)与或门:F=AB+CD。

(4)异或门:F=A⊕B。

实验思考题

(1)什么叫正逻辑?什么叫负逻辑?它们的逻辑“0”和“1”是如何规定的?

(2)写出如图 2.6 所示电路的逻辑表达式,并画出真值表。

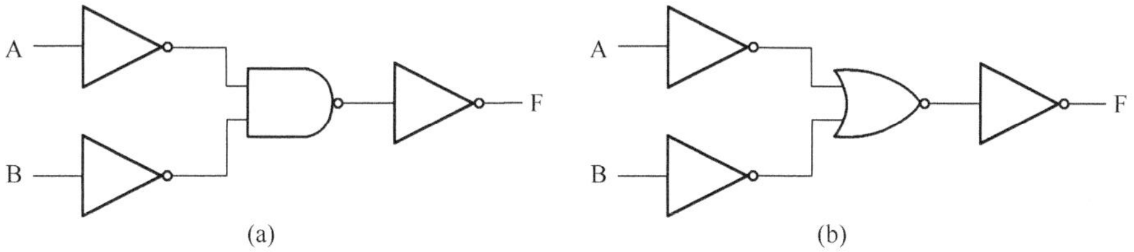

图 2.6

(3)怎样判断门电路的逻辑功能是否正常?对多输入端门电路多余端子应如何处理?

实验报告要求

(1)记录、整理实验数据,并分析得出结论。

(2)分析实测的逻辑电平与理论值的误差范围。

(3)回答实验思考题。

(4)写出实验中解决的问题、出现的故障以及原因,并写出完成本次实验后的收获和体会。

实验 2 集成逻辑门的参数测试

实验预习

一、预习 TTL 及 CMOS 集成逻辑门主要参数的定义。

二、预习 TTL 及 CMOS 集成逻辑门主要参数的测试电路。

三、查找相关资料，完成 74LS20 和 CC4011 主要参数值并填写下列表格(与实验测量值比较)。

(1)74LS20 主要参数表。

参数名称和符号			规范值	单位
直流参数	通电电源电流	I_{CCL}		mA
	截止电源电流	I_{CCH}		mA
	低电平输入电流	I_{IL}		mA
	高电平输入电流	I_{IH}		mA
	输出高电平	V_{OH}		V
	输出低电平	V_{OL}		V
	扇出	N		—
交流参数	平均传输延迟时间	t_{PD}		ns

(2)CC4011 主要参数表。

参数	符号	CC4011		单位
		最小	最大	
静态电源电流	I_{DD}			μA
输出高电平	V_{OH}			V
输出低电平	V_{OL}			V
平均传输延迟时间	t_{PD}			ns
输入电容	C_I			pF

实验目的

(1)掌握 TTL 及 CMOS 门电路主要参数的意义及其测试方法。

(2)了解 TTL 电路与 CMOS 电路的衔接要求。

实验器材

(1)数字信源状态分析实验箱。

(2)双踪示波器、万用表。

(3)组件 74LS00、74LS20、CC4011。

实验原理

集成逻辑门电路是数字电路中应用十分广泛的最基本的一类器件，为了合理的使用和充分利用其功能，必须对它的主要参数进行测试。

1)TTL 与非门的主要参数

(1)空载导通电流 I_{CCL} 与空载截止电流 I_{CCH}。

I_{CCL} 是指输入端全部悬空，输出端空载，与非门处于导通状态时，电源供给的电流。测试条件为输入端悬空，输出空载，$V_{CC}=5V$。

I_{CCH}是指输入端接低电平，输出端空载，与非门处于截止状态时，电源供给的电流。测试条件为输入端接地，输出空载，$V_{CC}=5V$。注意，测试时另外一个门的输入也要接地。

注意　TTL 电路对电源要求较严，电源电压 V_{CC}只允许在 5V+10%的范围内工作，超过 5.5V 将损坏器件，低于 4.5V 的器件逻辑功能将不正常。

(2)低电平输入电流 I_{IL}。

I_{IL}是指被测输入端接地，而其他输入端悬空输出端空载时，由被测输入端流出的电流值，又称输入短路电流。74LS20 的典型值 $I_{IL}\leqslant 1.6mA$。测试条件为被测输入端通过电流表接地，其余各输入端悬空，输出空载，$V_{CC}=5V$。

(3)高电平输入电流 I_{IH}。

I_{IH}是指被测输入端接高电平，而其他输入端接地输出端空载时，流过被测输入端的电流，又称输入交叉路漏电流。

它主要由多发射极管的寄生 NPN 管效应及漏电流引起，主要作为前级门输出为高电平时的拉电流。当 I_{IH}太大时，就会因为“拉出”电流太大，而使前级门输出高电平降低。故实验时希望 I_{IH}小些，由于 I_{IH}较小，难以测量，一般免于测试。

(4)扇出系数 N。

N 是衡量输出端负载能力的一项参数，它表示门电路能驱动同类型门电路的数目。

N 的大小主要受输出低电平时，输出端允许灌入的最大负载电流的限制，如灌入的负载电流超出该数值，输出低电平将显著抬高，造成下级逻辑电路的错误动作。测试电路如图 2.11 所示。

注意　测量时，I_{omax}最大不要超过 20mA，以防损坏器件。

(5)平均传输延迟时间 t_{PD}。

t_{PD}是一个交流参数，由于二极管、三极管开关状态的转换和负载电容、寄生电容的充放电都需要一定的时间，使输出电压波形总比输入电压波形滞后一些，由此造成了传输延迟。

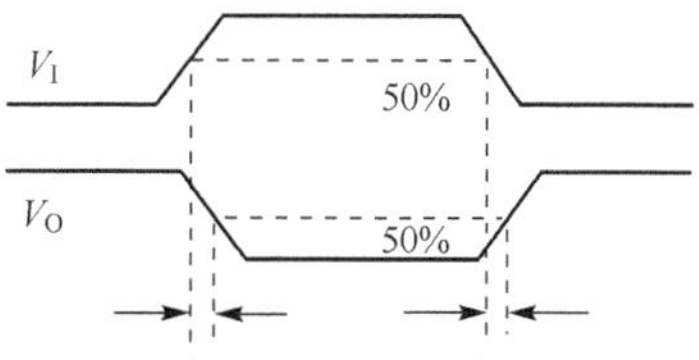

图 2.7　平均延迟时间的定义

t_{PD}是指与非门输出波形边沿的 $0.5V_m$至输入波形对应边沿的 $0.5V_m$点的时间间隔。如图 2.7 所示，V_I为输入波形，V_O为输出波形。t_{PDL}为导通延迟时间，t_{PDH}为截止延迟时间，平均延迟时间就是 $t_{PD}=(t_{PDL}+t_{PDH})/2$。

平均传输延迟时间是衡量门电路开关速度的一个重要指标。TTL 电路的 t_{PD}一般为 10～40ns。

(6)电压传输特性。

门的输出电压 V_O随输入电压 V_I而变化的曲线 $V_O=f(V_I)$。通过它能得到门电路的一些重要参数，如输出高电平 V_{OH}，输出低电平 V_{OL}，关门电平 V_{OFF}，开门电平

V_{ON}，阀门电平 V_T 及抗干扰容限 V_{NL}、V_{NH} 等，输出高电平 V_{OH} 是指当与非门一个以上的输入端接地或接低电平时，输出电压的大小，此时门电路处于截止状态。V_{OL} 是指当与非门的所有输入端均接高电平时，输出电压的大小。此时门电路处于导通状态。如输出空载，V_{OL} 约为 0.1V。在保证输出为额定高电平(3V)的 90%(2.7V)的条件下，允许的输入低电平的最大值，称为关门电平 V_{OFF}；在保证输出为额定低电平(0.35V)的条件下，允许的输入高电平的最小值，称为开门电平 V_{ON}，一般 $V_{OFF} \geqslant 0.8V$，$V_{ON} \leqslant 1.8V$。V_{ON} 和 V_{OFF} 两个数值越接近，越靠近同一数值(阀门电压 V_T)就说明与非门的特性曲线转换越陡，抗干扰能力越强。测试电路如图 2.12 所示。

2)CMOS 与非门的主要参数

(1)功耗。

器件总功耗 P_{tot} 由静态功耗 P_D 与动态功耗 P_A 两部分组成。静态功耗是指器件工作在稳定状态时电源电压与流向器件内部的电源静态电流的乘积：$P_D = V_{DD} \cdot I_D$，其功耗极微，约在微瓦级。动态功耗是指器件在状态转换过程中消耗的功率，它与工作电源电压的高低、电路的工作频率、输入信号的边沿时间长短和输出负载电容的大小等因素有关。由于 CMOS 器件是微功耗器件，电流值要小得多。

(2)电压传输特性。

电压传输特性表示输出电压 V_O 与输入电压 V_I 之间的关系。用特性曲线表示，从曲线上可以直接读得下述参数。

- 输出高电平电压值 V_{OH}：通常近似等于 V_{DD}，其允许的最小输出高电平电压值 $V_{OH(min)} = 0.9V_{DD}$。
- 输出低电平电压值 V_{OL}：通常近似等于 0V(V_{SS})，其允许的最大输出低电平电压值 $V_{OL(max)} = 0.1V_{DD}$。
- 最小输入高电平电压值 $V_{IH(min)}$：当输入电压大于此值时，输出必为低电平。
- 最大输入低电平电压值 $V_{IL(max)}$：当输入电压小于此值时，输出必为高电平。

(3)平均延迟时间。

定义与 TTL 电路相同，测试方法也与 TTL 电路类似，此处略。

本实验主要采用美国公司生产的 74 系列双列直插式中速二-四输入 TTL 与非门 74LS20 和 CMOS 与非门 CC4011。

3)CMOS 电路与 TTL 电路的接口问题

对于用 74LS 系列 TTL 组成的电路，全部 TTL 集成电路均可用 CMOS 集成电路替换。若电路为 TTL 与 CMOS 混用时，则 CMOS 系列驱动 74LS 系列门，可直接连接；但 74LS 系列驱动 CMOS 系列门则不能直接连接，因 74LS 的输出高电平 $V_{OH} = 2.7V$，而 CMOS 要求的输入高电平 $V_{IH} = 3.5V$，所以需将 TTL 输出端用电阻 R 接至电源，拉高其输出电平，如图 2.8 所示。

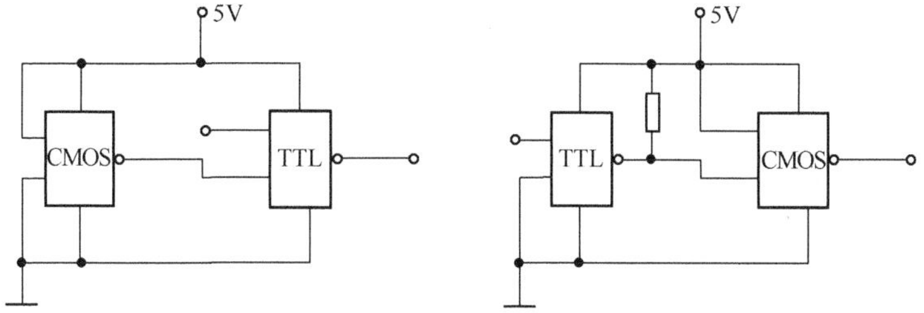

(a) CMOS 门驱动 TTL 门　　(b) TTL 门驱动 CMOS 门

图 2.8　74LS 系列 TTL 门与 CC 系列 CMOS 门接口

实验内容

将待测的 TTL 与非门 74LS20 和 CMOS 与非门 CC4011 插在数字信源状态分析实验箱的多孔插座上，按组件规定的要求接线，检查无误后再接通电源，然后进行实验。

1)验证 74LS20 和 CC4011 的逻辑功能，用真值表记录实验结果

2)TTL 与非门参数测试

(1)导通电源电流 I_{CCL}，按图 2.9(a)接线，测得 I_{CCL} =____(mA)；截止电源电流 I_{CCH}，按图 2.9(b)接线，测得 I_{CCH} =____(mA)。

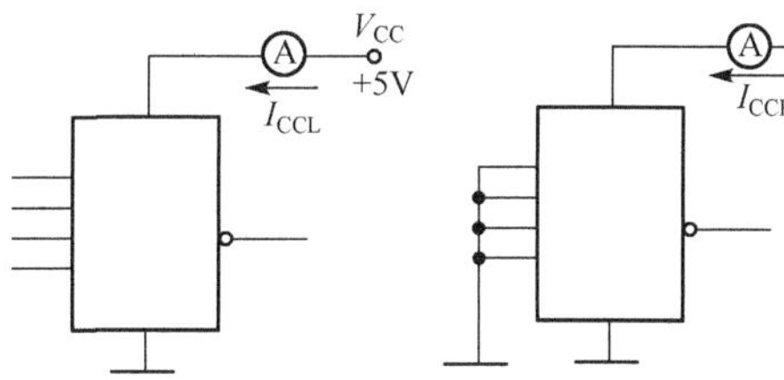

(a) I_{CCL} 测试电路图　　(b) I_{CCH} 测试电路图

图 2.9　I_{CCL} 和 I_{CCH} 测试电路图

(2)低电平输入电流 I_{IL}，按图 2.10(a)接线，测得 I_{IL} =____(mA)；更换另一个输入端测量，测得 I_{IL} =____(mA)。

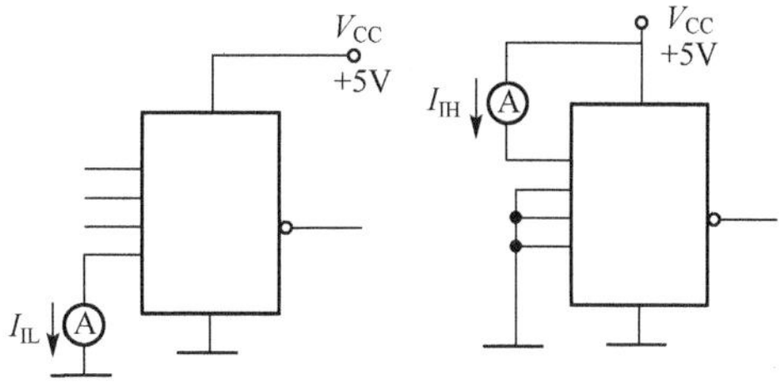

(a) I_{IL} 测试电路图　　(b) I_{IH} 测试电路图

图 2.10　I_{IL} 和 I_{IH} 测试电路图

(3)高电平输入电流 I_{IH},按图 2.10(b)接线,测得 $I_{IH}=$____(μA);更换另一个输入端测量,测得 $I_{IH}=$____(μA)。

(4)扇出系数 N,按图 2.11 接线。调节 R_W值,使输出电压 $V_{OL}=0.4V$,测得 $I_{OL}=$____(mA);然后由公式求得:$N=I_{OL}/I_{IL}=$____。

(5)电压传输特性:用电压测试方法按图 2.12 接线。

调节 R_W,使 V_I从 0.3～2.4V 变化逐点测出 V_I和 V_O,并记录在表 2.7 中。然后作出电压传输特性曲线,从曲线上求得:

$V_{OH}=$____(V);$V_{OL}=$____(V);$V_T=$____(V);$V_{ON}=$____(V);$V_{OFF}=$____(V)。

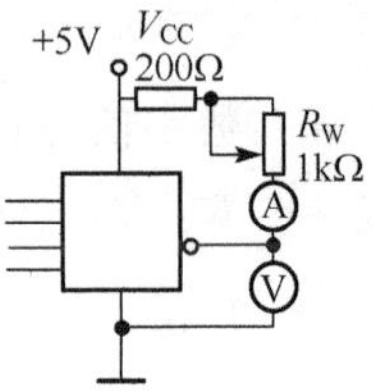

图 2.11　扇出系数 N 测试电路图

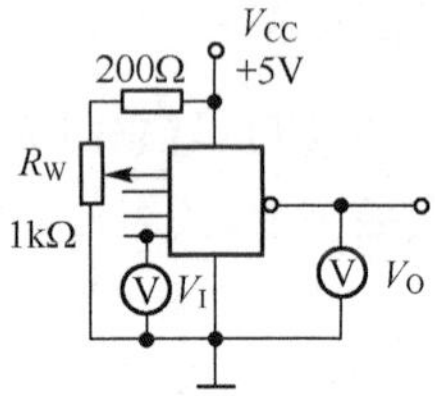

图 2.12　电压传输特性测试电路图

表 2.7　电压传输特性测试表

V_I/V	0.3	0.5	0.7	0.9	1.1	1.3	1.5	1.8	2.1	2.2	2.3	2.4
V_O/V												

(6)平均延迟时间 t_{PD}的测试。测 t_{PD}一般采用环形振荡器法,测试原理电路及波形如图 2.13 所示。图中与非门 1、2 为标准门,t_{PD1}和 t_{PD2}是已知的(可预先在高精度的双踪示波器上测出),门 3 是被测门,三个与非门构成一个环形振荡电路。由图中波形可知,振荡波形的周期为:$T=t_{PHL1}+t_{PLH2}+t_{PHL3}+t_{PLH1}+t_{PHL2}+t_{PLH3}=2(t_{PD1}+t_{PD2}+t_{PD3})$(在一个振荡周期内每个门经过两次延时)。

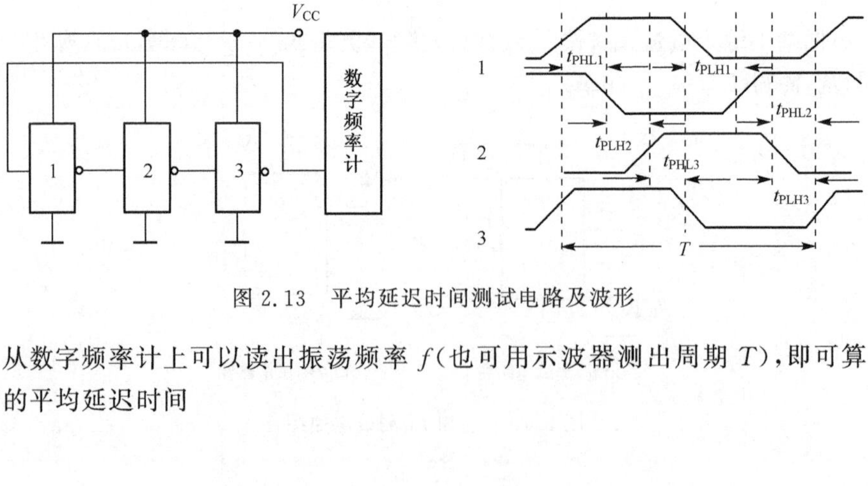

图 2.13　平均延迟时间测试电路及波形

从数字频率计上可以读出振荡频率 f(也可用示波器测出周期 T),即可算出被测门的平均延迟时间

$$T = \frac{1}{f} = 2(t_{PD1} + t_{PD2}) + 2t_{PD3}$$

$$t_{PD3} = \frac{1}{2f} - (t_{PD1} + t_{PD2})$$

$$t_{PD3} = \frac{T}{2} - (t_{PD1} + t_{PD2})$$

3)CMOS 与非门参数测试

(1)测量静态功耗 P_D。按图 2.14(a)接线，用万用表测量 I_{DL}=________，计算 P_{DL}=________。按图 2.14(b)接线，测量 I_{DH}=________，计算 P_{DH}=________。

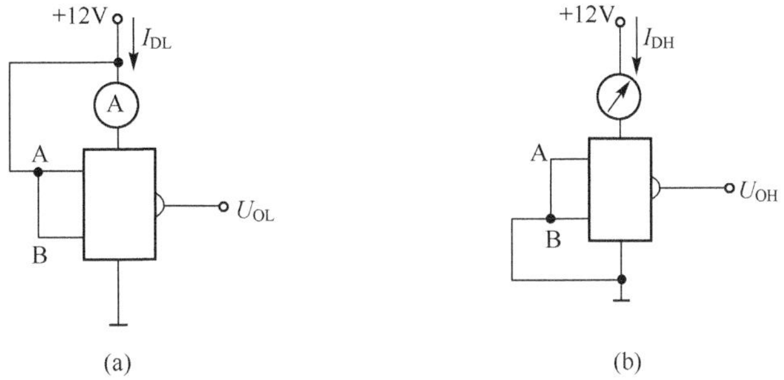

图 2.14　I_{DL} 和 I_{DH} 测试电路图

(2)测量输出高电平 V_{OH} 及输出低电平 V_{OL}。测试电路如图 2.15 所示。

V_{OH}=________(V)，V_{OL}=________(V)。

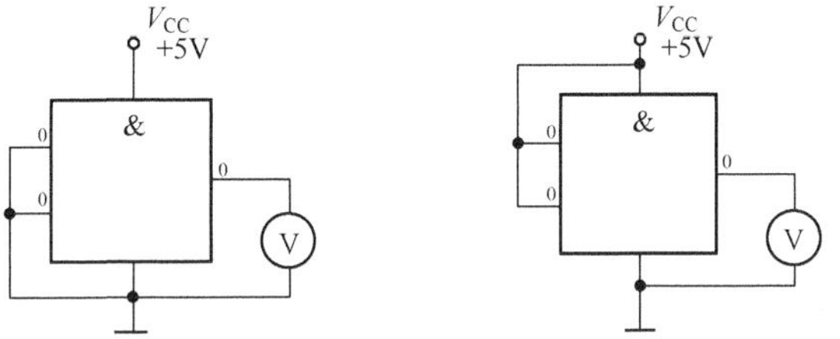

图 2.15　V_{OH} 和 V_{OL} 测试电路图

(3)测量电压传输特性。CMOS 门电路电压传输特性的测试方法类似于 TTL 门电路。图 2.16 为逐点测量电压传输特性的实验电路。

①取 V_{DD}=12V，逐点测量电压传输特性，并从中读出有关参数值。自己绘制测量电压传输特性的表格。

②取 V_{DD}=5V，重复①内容。

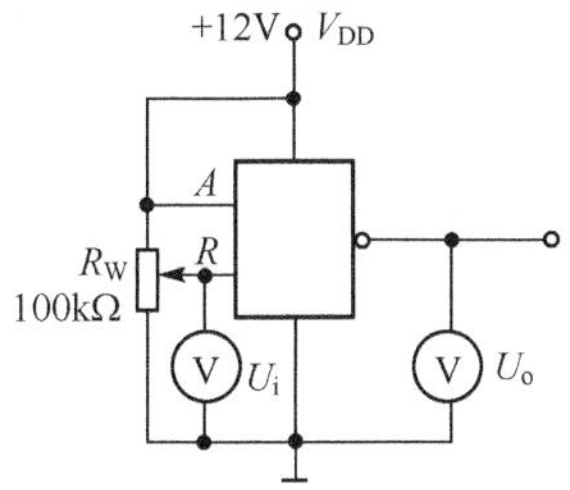

图 2.16　CMOS 门电路电压传输特性测试图

(4)测量平均传输延迟时间 t_{PD}。由于 CMOS 电路的平均传输延迟时间远大于 TTL 电路,所以可以用示波器直接进行测量,图 2.17(a)为测量电路输入 $f \geqslant 100kHz$ 的方波信号,通过隔离门 1 和延迟电容 C 加到被测门 2 的输入端,门 2 的输入、输出波形同时送到双踪示波器 CH_1 和 CH_2 的输入端,由示波器可直接读出 t_{PDL} 和 t_{PDH},如图 2.17(b)所示

$$t_{PD} = \frac{1}{2}(t_{PDL} + t_{PDH})$$

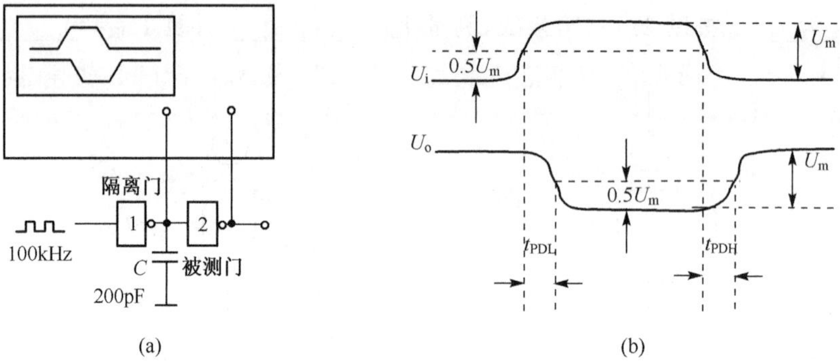

图 2.17 测量平均传输延迟时间 t_{PD}

按图 2.17(a)接线,取方波信号,频率大于 100kHz,测量得:t_{PDL} =________,t_{PDH} =________,计算 t_{PD} =________。

实验思考题

(1)TTL 和 CMOS 与非门闲置的输入端应如何处理?为什么?

(2)对 TTL 和 CMOS 与非门的性能进行比较。

(3)两个 TTL 与非门和 CMOS 与非门,其各输出端是否可以直接连在一起使用?为什么?

(4)测量扇出系数 N 的原理是什么?为什么计算中只考虑输出低电平时的负载电流值,而不考虑输出高电平时的负载电流值?

实验报告要求

(1)列表记录、整理实验结果,把测得的与非门各参数值与它的规范值相比较。

(2)画出测试 74LS20 与非门各参数的原理图,并注明测试的条件。画出实测的电压传输特性,并从其上读出各有关参数值。

实验 3 组合逻辑电路的设计(编码器和译码器)

实验预习

一、预习 74LS148、74LS138、74LS139 的逻辑功能和引脚图。

二、写出以下实验的真值表，画出逻辑电路图。

(1)用与非门实现一个四线-二线编码器电路。

(2)用逻辑门设计一个判断三台仪器设备工作状态的电路。

(3)用 74LS138 和与非门实现 $F=A\overline{B}+B\overline{C}$ 函数运算。

(4)用 74LS138 实现一位全减器。

(5)用 74LS139 实现奇偶校验电路(三输入端二输出端)。

实验目的

(1)掌握用 SSI 器件设计组合逻辑电路的方法。

(2)熟悉各种常用 MSI 组合逻辑电路的功能与使用方法。

(3)掌握多片 MSI 组合逻辑电路的级联、功能扩展。

(4)掌握用编码器、译码器设计组合逻辑电路。

(5)培养查找和排除数字电路常见故障的初步能力。

实验器材

(1)数字信源状态分析实验箱。

(2)双踪示波器、万用表。

(3)74LS00、74LS20、74LS148、74LS138、74LS139。

实验原理及设计步骤

组合逻辑电路是最常见的逻辑电路,其特点是在任何时刻电路的输出信号仅取决于该时刻的输入信号,而与信号作用前电路原来所处的状态无关。组合逻辑电路的设计,就是如何根据逻辑功能的要求及器件资源情况,设计出实现该功能的最佳电路。

在采用小规模器件(SSI)进行设计时,通常将函数化简成最简与-或表达式,使其包含的乘积项最少,且每个乘积项所包含的因子数也最少。最后根据所采用的器件的类型进行适当的函数表达式变换,如变换成与非-与非表达式、或非-或非表达式、与或非表达式及异或表达式等。

在数字系统中,常用的中规模集成器件(MSI)产品有编码器、译码器、全加器、数据选择/分配器、数值比较器等。用这些功能器件实现组合逻辑函数,基本采用逻辑函数对比方法。因为每一种中规模集成器件都具有某种确定的逻辑功能,都可以写出其输出和输入关系的逻辑函数表达式。在进行设计时,可以将要实现的逻辑函数表达式进行变换,尽可能变换成与某些中规模集成器件的逻辑函数表达式类似的形式。

组合电路的设计是由给定的逻辑功能要求,设计出实现该功能的逻辑电路,设计过程大致按下列步骤进行:

(1)分析设计要求,把文字描述形式的设计要求抽象成输入、输出变量的逻辑关系;

(2)根据分析出的逻辑关系,通过真值表或其他方式列出逻辑函数表达式;

(3)根据题目提供的芯片,将逻辑函数化简到所需要的函数式;

(4)画出逻辑电路图或电路原理图。

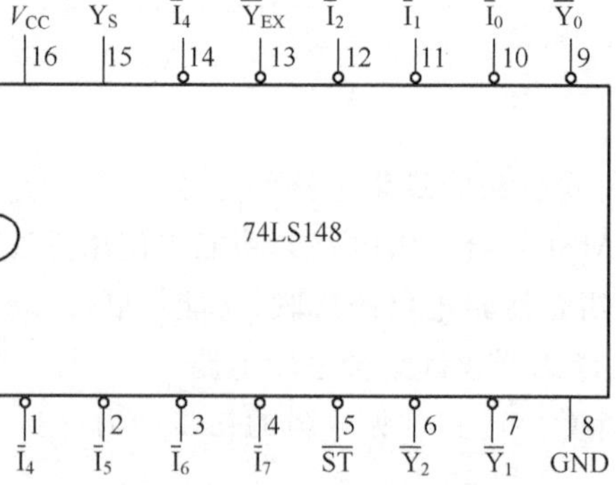

图 2.18 编码器 74LS148 引脚图

下面介绍常用的编码器和译码器：74LS148（八-三线优先编码器）、74LS138（三-八译码器）、74LS139（二-四译码器）。

74LS148 编码器的引脚图及逻辑功能表分别如图 2.18 和表 2.8 所示。74LS148 编码器有 8 个输入端 $\bar{I}_0 \sim \bar{I}_7$，三个二进制码输出端 $\overline{Y}_2$、$\overline{Y}_1$、$\overline{Y}_0$，输入使能端 $\overline{ST}$，输出使能端 Y_S 和优先编码工作状态标志 $\overline{Y}_{EX}$。优先级分别从 $\bar{I}_7$ 至 $\bar{I}_0$ 递减，是将输入端 $\bar{I}_0 \sim \bar{I}_7$ 这 8 个状态分别编成二进制码输出。

表 2.8　74LS148 功能表

输入									输出				
$\overline{ST}$	$\bar{I}_0$	$\bar{I}_1$	$\bar{I}_2$	$\bar{I}_3$	$\bar{I}_4$	$\bar{I}_5$	$\bar{I}_6$	$\bar{I}_7$	$\overline{Y}_2$	$\overline{Y}_1$	$\overline{Y}_0$	$\overline{Y}_{EX}$	Y_S
1	×	×	×	×	×	×	×	×	1	1	1	1	1
0	1	1	1	1	1	1	1	1	1	1	1	1	0
0	×	×	×	×	×	×	×	0	0	0	0	0	1
0	×	×	×	×	×	×	0	1	0	0	1	0	1
0	×	×	×	×	×	0	1	1	0	1	0	0	1
0	×	×	×	×	0	1	1	1	0	1	1	0	1
0	×	×	×	0	1	1	1	1	1	0	0	0	1
0	×	×	0	1	1	1	1	1	1	0	1	0	1
0	×	0	1	1	1	1	1	1	1	1	0	0	1
0	0	1	1	1	1	1	1	1	1	1	1	0	1

74LS138 译码器的引脚图及逻辑功能表分别如图 2.19 和表 2.9 所示。其中 A、B、C 为地址输入端，$Y_0 \sim Y_7$ 是译码输出端，G_1、G_2 是使能端。二进制译码器能方便地实现逻辑函数，如图 2.20 所示，实现的逻辑函数是 $Z=\overline{A}\overline{B}\overline{C}+A\overline{B}\overline{C}+\overline{A}B\overline{C}+ABC$。

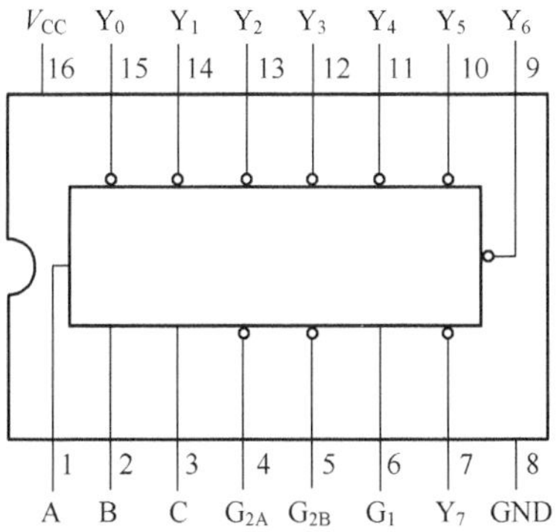

图 2.19　三-八译码器 74LS138 引脚图

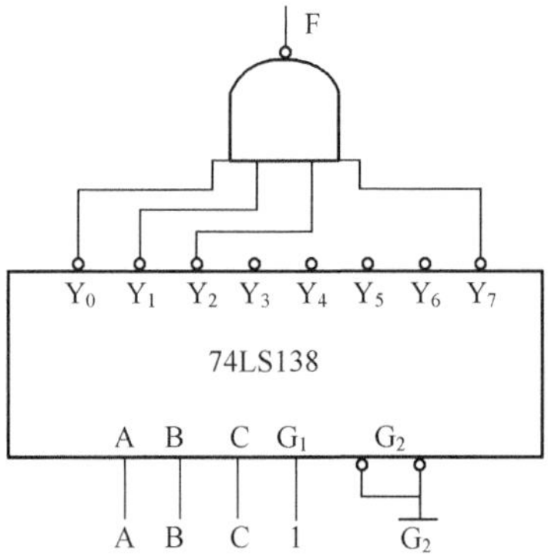

图 2.20　74LS138 实现逻辑函数图

74LS139 译码器的引脚图及逻辑功能表分别如图 2.21 和表 2.10 所示。它是由两个结构完全相同且独立的二-四译码器组成，每个二-四译码器各有两个输入端、四个输出端和一个使能控制端。

表 2.9 74LS138 功能表

输入						输出							
使能			选择										
G_1	G_{2A}	G_{2B}	C	B	A	Y_0	Y_1	Y_2	Y_3	Y_4	Y_5	Y_6	Y_7
×	1	1	×	×	×	1	1	1	1	1	1	1	1
0	×	×	×	×	×	1	1	1	1	1	1	1	1
1	0	0	0	0	0	0	1	1	1	1	1	1	1
1	0	0	0	0	1	1	0	1	1	1	1	1	1
1	0	0	0	1	0	1	1	0	1	1	1	1	1
1	0	0	0	1	1	1	1	1	0	1	1	1	1
1	0	0	1	0	0	1	1	1	1	0	1	1	1
1	0	0	1	0	1	1	1	1	1	1	0	1	1
1	0	0	1	1	0	1	1	1	1	1	1	0	1
1	0	0	1	1	1	1	1	1	1	1	1	1	0

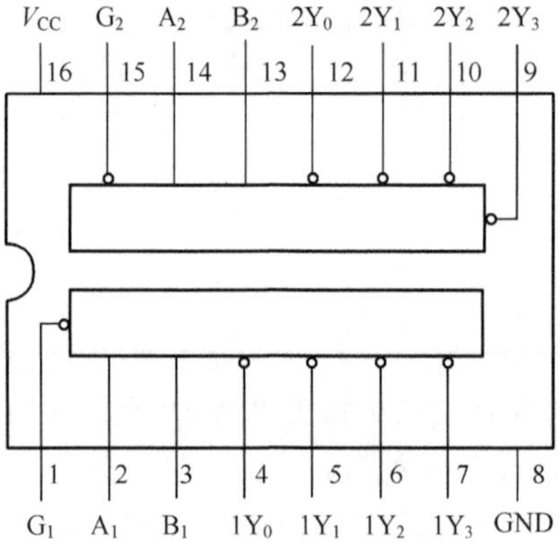

图 2.21 74LS139 引脚图

表 2.10 74LS139 功能表

输入			输出			
使能	选择					
G	B	A	Y_0	Y_1	Y_2	Y_3
1	×	×	1	1	1	1
0	0	0	0	1	1	1
0	0	1	1	0	1	1
0	1	0	1	1	0	1
0	1	1	1	1	1	0

对于MSI组合逻辑电路的设计是以所用MSI个数最少、品种最少,同时MSI间的连线也最少作为最基本的原则。

下面使用中小规模器件举例说明。

【例 2.1】用与非门设计三位多数表决器。

步骤:(1)定义输入变量A、B、C,输出变量F;

(2)按题目要求画出真值表如表 2.11 所示;

表 2.11 三位多数表决器真值表

A	B	C	F
0	0	0	0
0	0	1	0
0	1	0	0
0	1	1	1
1	0	0	0
1	0	1	1
1	1	0	1
1	1	1	1

(3)根据真值表写出逻辑表达式：

$$F = AB + BC + AC = \overline{\overline{AB} \cdot \overline{BC} \cdot \overline{AC}}$$

(4)选用二输入与非门器件 74LS00，画出逻辑图，如图 2.22 所示。

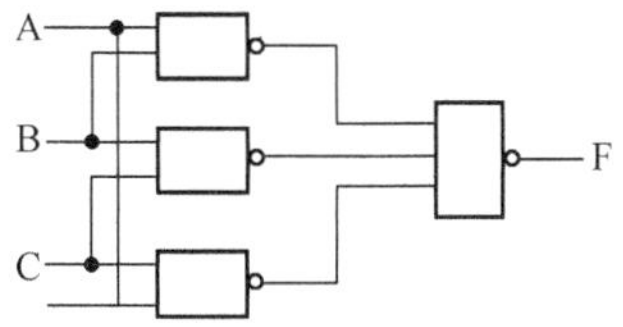

图 2.22　与非门实现多数表决器电路图

【例 2.2】用译码器 74LS138 设计一位全加器。

步骤：(1)定义输入变量 A、B 为加数和被加数，C_0 为低位向本位的进位，输出变量 S 为全加和，C 为本位向高位的进位；

(2)按题目要求画出真值表如表 2.12 所示；

表 2.12　一位全加器真值表

A	B	C_0	S	C
0	0	0	0	0
0	0	1	1	0
0	1	0	1	0
0	1	1	0	1
1	0	0	1	0
1	0	1	0	1
1	1	0	0	1
1	1	1	1	1

(3)根据真值表写出全加器逻辑表达式：

全加和　$S = \overline{A}\overline{B}C_0 + \overline{A}B\overline{C}_0 + A\overline{B}\overline{C}_0 + ABC_0$

进　位　$C = \overline{A}BC_0 + A\overline{B}C_0 + AB\overline{C}_0 + ABC_0$

(4)将 S、C 改写为

$$S = m_1 + m_2 + m_4 + m_7 = \overline{\overline{m}_1 \cdot \overline{m}_2 \cdot \overline{m}_4 \cdot \overline{m}_7}$$

$$= \overline{Y_1 \cdot Y_2 \cdot Y_4 \cdot Y_7}$$

$$C = m_3 + m_5 + m_6 + m_7 = \overline{\overline{m}_3 \cdot \overline{m}_5 \cdot \overline{m}_6 \cdot \overline{m}_7}$$

$$= \overline{Y_3 \cdot Y_5 \cdot Y_6 \cdot Y_7}$$

(5)画出逻辑图，如图 2.23 所示。

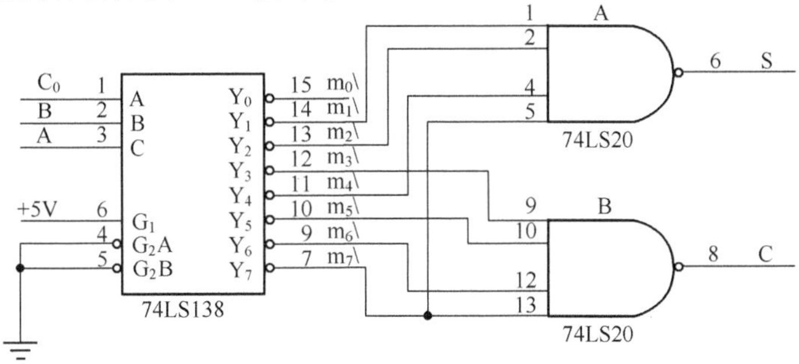

图 2.23　用 74LS138 设计全加器

若选用双二线-四线译码器74LS139，因该译码器只有两个地址输入端，只能对应两个输入变量，利用使能端可将其扩展为三线-八线译码器。对于任意一个三变量的函数表达式总可以写成它的分解式

$$F(A_2A_1A_0)=\overline{A}_2F_1(A_1A_0)+A_2F_1(A_1A_0)$$

式中，$F_1(A_1A_0)$用二线-四线译码器实现，则上式可用两个同样的译码器来连接，如图2.24所示。当$A_2=0$时，译码器(A)工作，输出$\overline{m}_3\sim\overline{m}_0$；当$A_2=1$时，译码器(B)工作，输出$\overline{m}_7\sim\overline{m}_4$。

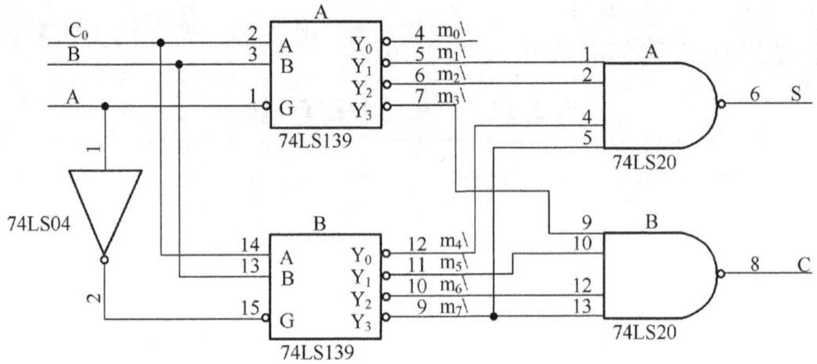

图2.24 用双二线-四线译码器74LS139实现全加器

实验内容

(1)测试74LS148、74LS138和74LS139的逻辑功能。

(2)用与非门实现一个四线-二线编码器电路。

(3)用逻辑门设计一个判断三台仪器设备工作状态的电路(要求：只有一台设备出现故障时，第一个故障指示灯闪烁报警；两台设备出现故障时，第二个故障指示灯闪烁报警；当三台设备都出现故障时，则两个故障指示灯都闪烁报警)。

(4)用74LS138和与非门实现$F=A\overline{B}+B\overline{C}$函数运算。

(5)用74LS138实现一位全减器。

(6)用74LS139实现奇偶校验电路(三输入端二输出端)。

实验思考题

(1)实验中逻辑出现故障时采取哪些方法排查？

(2)用两片74LS138怎么实现四-十六译码器？

实验报告要求

(1)写出实验目的、实验中使用的仪器仪表及器材。

(2)写出实验电路的设计过程，画出实验逻辑电路图。

(3)记录实验测试结果，分析实验过程中出现的问题及解决的办法，写出本次实验的心得体会。

(4)回答实验思考题，总结SSI和MSI器件的功能及使用方法。

实验 4　组合逻辑电路的设计(数据选择器和全加器)

实验预习

一、预习 74LS151、74LS283 的逻辑功能和引脚图。

二、写出以下实验的真值表,画出逻辑电路图。

(1)用 74LS151 设计一个 8421 BCD 非法码检测电路。当为非法码组时,输出为 1,否则为 0。

(2)用八选一数据选择器 74LS151 和门电路设计一个电路,要求输入为四位二进制数,当输入数据能被 2 或 5 整除时输出 1,否则为 0。

(3)用四位全加器 74LS283 实现 8421 BCD 码至余 3BCD 码的转换。

(4)用四位全加器 74LS283 和门电路实现二位二进制数相乘。

实验目的

(1)熟悉各种常用 MSI 组合逻辑电路的功能与使用方法。

(2)掌握多片 MSI 组合逻辑电路的级联、功能扩展。

(3)掌握使用数据选择器和全加器设计组合逻辑电路。

(4)进一步培养查找和排除数字电路常见故障的能力。

实验器材

(1)74LS151 八选一数据选择器。

(2)74LS283 四位二进制全加器。

实验原理

(1)数据选择器又叫多路开关。数据选择器在地址码(或叫选择控制)电位的控制下,从几个数据输入选择一个并将其送到一个公共的输出端。它的功能类似一个多掷开关。

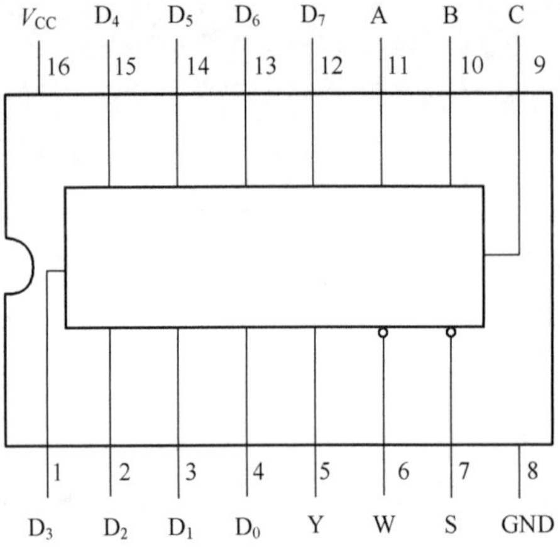

图 2.25 74LS151 引脚图

(2)74LS151 为互补输出的八选一数据选择器,选择控制端(地址端)为 A、B、C,按二进制译码,从 8 个输入数据中选择一个需要的数据送到输出端 Y,S 为使能端,低电平有效。当 S=0 时,若 CBA=000,则选择 D_0 数据到输出端,即 $Y=D_0$;若 CBA=001,则选择 D_1 数据到输出端,即 $Y=D_1$,其余以此类推。引脚图如图 2.25 所示,功能表如表 2.13 所示。当函数输入变量数大于数据选择器地址端时,可以选用一个或几个变量做数据。

表 2.13 74LS151 功能表

输入				输出	
选择			使能	Y	W
C	B	A	S		
×	×	×	1	0	1
0	0	0	0	D_0	$\overline{D_0}$
0	0	1	0	D_1	$\overline{D_1}$
0	1	0	0	D_2	$\overline{D_2}$
0	1	1	0	D_3	$\overline{D_3}$
1	0	0	0	D_4	$\overline{D_4}$
1	0	1	0	D_5	$\overline{D_5}$
1	1	0	0	D_6	$\overline{D_6}$
1	1	1	0	D_7	$\overline{D_7}$

(3)全加器是数字系统尤其是计算机中最基本的运算单元电路,其主要功能是实现二进制数算数加法运算,所谓全加器是指既考虑低位来的进位也考虑对高位进位的加法器。以串行方式完成全加运算的逻辑电路,称为串行全加器;以并行方式完成

全加运算的逻辑电路，称为并行全加器。我们常用的是具有超前进位功能的四位全加器 74LS283，是典型的中规模二进制超前进位全加器。C_0 是最低位的进位输入，C_4 为相加后的进位输出，它可以完成 $A_4A_3A_2A_1+B_4B_3B_2B_1+C_0=C_4S_3S_2S_1S_0$ 二进制加法运算，其引脚图如图 2.26 所示，功能表如表 2.14 所示。

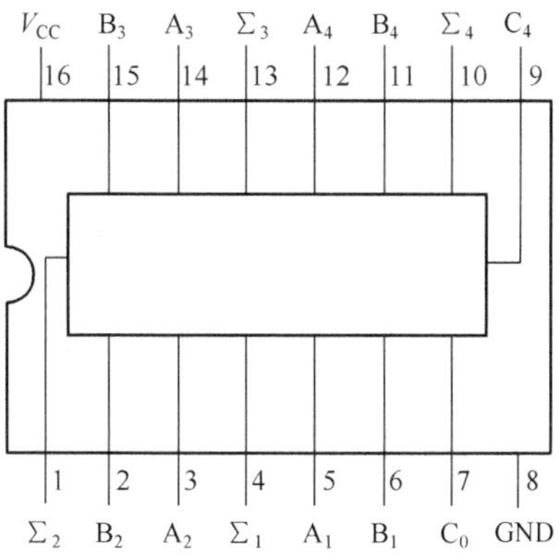

图 2.26　74LS283 引脚图

表 2.14　74LS283 功能表

输入				输出 当 $C_0=0$ / 当 $C_2=0$			输出 当 $C_0=1$ / 当 $C_2=1$		
A_1 / A_3	B_1 / B_3	A_2 / A_4	B_2 / B_4	Σ_1 / Σ_3	Σ_2 / Σ_4	C_2 / C_4	Σ_1 / Σ_3	Σ_2 / Σ_4	C_2 / C_4
0	0	0	0	0	0	0	1	0	0
1	0	0	0	1	0	0	0	1	0
0	1	0	0	1	0	0	0	1	0
1	1	0	0	0	1	0	1	1	0
0	0	1	0	0	1	0	1	1	0
1	0	1	0	1	1	0	0	0	1
0	1	1	0	1	1	0	0	0	1
1	1	1	0	0	0	1	1	0	1
0	0	0	1	0	1	0	1	1	0
1	0	0	1	1	1	0	0	0	1
0	1	0	1	1	1	0	0	0	1
1	1	0	1	0	0	1	1	0	1
0	0	1	1	0	0	1	1	0	1
1	0	1	1	1	0	1	0	1	1
0	1	1	1	1	0	1	0	1	1
1	1	1	1	0	1	1	1	1	1

设计举例

【例 2.3】使用全加器实现四位二进制相减。

原理：减去某个二进制数就是加上该数的补码（即反码加“1”），所以二进制数 A 和 B 相加，先将 B 变为反码，然后与数 A 相加，并令 $C_0=1$，即可完成，电路如图 2.27 所示。

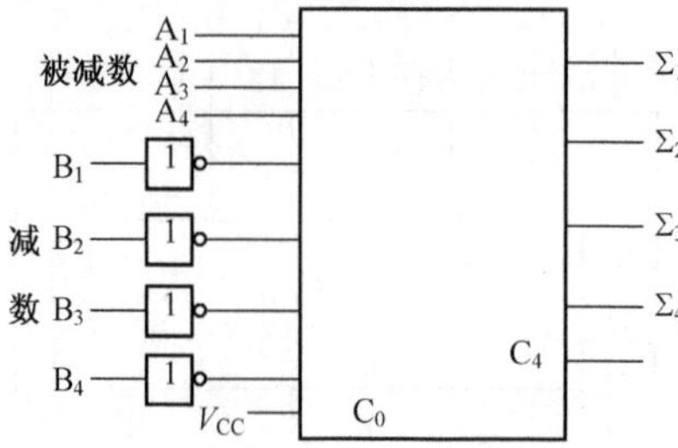

图 2.27 全加器实现四位二进制相减

【例 2.4】设计一四变量输入组合逻辑电路。当四个输入中有奇数个高电平“1”时输出高电平“1”，否则输出低电平“0”。

(1)设输入四变量为 DCBA，输出为 Y。

(2)由真值表画出卡诺图如图 2.28(a)所示。

(3)输出函数 Y 为

$$Y(D,C,B,A)=\sum m(1,2,4,7,11,13,14)$$

$$=\overline{D}\overline{C}\overline{B}A+\overline{D}\overline{C}B\overline{A}+\overline{D}C\overline{B}\overline{A}+\overline{D}CBA+D\overline{C}\overline{B}\overline{A}+D\overline{C}BA+DC\overline{B}A+DCB\overline{A}$$

(4)画逻辑电路图。

用八选一数据选择器 74LS151 实现四变量逻辑函数时，以其中三个变量做地址，另外一个变量做数据。选 DCB 三变量作为地址，A 为数据，画出电路图如图 2.28(b)所示。

DC \ BA	00	01	11	10
00		1		1
01	1		1	
11		1		1
10	1		1	

(a)

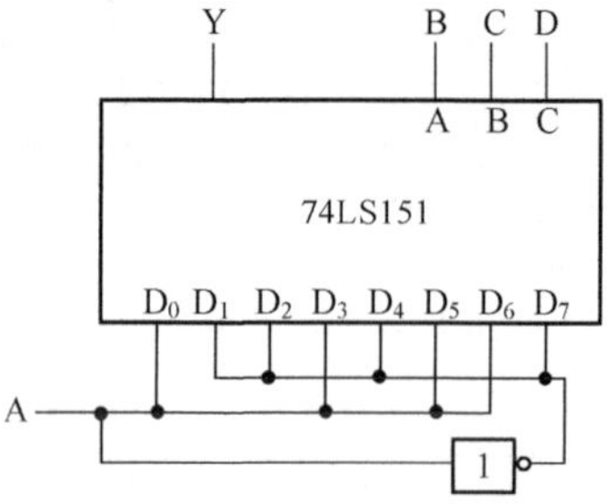

(b)

图 2.28 卡诺图和逻辑电路图

实验内容

(1)用八选一数据选择器 74LS151 设计一个 8421 BCD 非法码检测电路，当输入为非法码组时，输出为 1，否则为零。

(2)用八选一数据选择器 74LS151 和门电路设计一个电路，要求输入为四位二进制数，当输入数据能被 2 或 5 整除时输出 1，否则为 0。

(3)用四位全加器 74LS283 实现 8421 BCD 码至余 3BCD 码的转换。

(4)用四位全加器 74LS283 和门电路实现二位二进制数相乘。

实验思考题

(1)实验逻辑出现故障时应采取哪些方法排查？

(2)用两片 74LS151 怎么实现十六选一数据选择器?

(3)试设计一个 9 的补码发生器,器件自选。

实验报告要求

(1)写出实验目的、实验中使用的仪器仪表及器材。

(2)写出实验电路的设计过程,画出实验逻辑电路图。

(3)记录实验测试结果,并分析实验过程中出现的问题及实验结果,证明设计电路的正确性。

(4)分析实验故障的原因及解决的办法,写出本次实验的心得体会。

(5)总结 SSI 和 MSI 器件的功能及使用方法。

(6)回答实验思考题。

实验 5 组合逻辑电路的竞争与冒险

实验预习

一、预习竞争和冒险产生的原因。

二、预习消除竞争与冒险的方法。

三、画出用 74LS00 实现 $F=AB+\overline{A}C$ 的逻辑电路图。

四、画出用 74LS20 实现 $F=\overline{A}B+AD+\overline{B}\,\overline{C}\,\overline{D}$ 的逻辑电路图,并设计出消除冒险的方法。

实验目的

(1)理解竞争与冒险发生的原因,掌握判断是否产生冒险的方法。

(2)掌握消除冒险现象的常用方法。

实验器材

(1)数字信源状态分析实验箱。

(2)数字示波器、信号发生器。

(3)74LS00、74LS20。

实验原理

在组合逻辑电路的设计分析中,经常把高低电平的变化看成是理想化的。但在实际电路中,信号通过连线与集成门都有一定的延迟时间,输入信号变化也需要一个过渡时间,当多个信号发生变化时,也可能有先后快慢的差别。因此,它们到达同一逻辑门的不同输入端的时间就存在差别,或同一逻辑门上的不同信号的变化过渡时间不同,这种现象就是竞争。由于竞争的存在,导致电路的输出出现不正确的尖峰信号,从而导致后级电路产生错误动作的现象称为冒险。产生0尖峰脉冲的称为0型冒险,如图2.29所示;产生1尖峰脉冲的称为1型冒险,如图2.30所示。

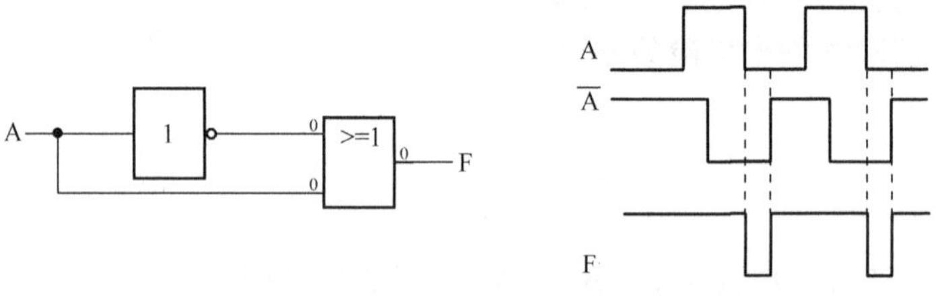

图2.29 0型冒险

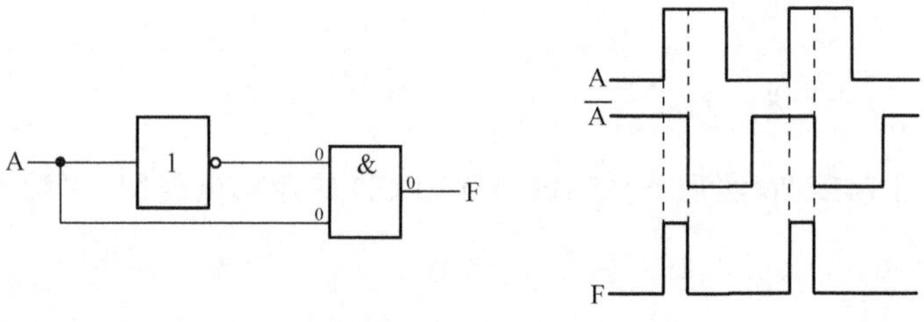

图2.30 1型冒险

1)判断电路中是否存在冒险

如何判断组合逻辑电路中是否存在冒险,常用的有两种方法:代数法和卡诺图法。

(1)代数法:在一个组合逻辑电路中,如果某个门电路的输出表达式在一定条件

下能简化为 $A+\overline{A}$ 或 $A\cdot\overline{A}$ 的形式，而式中的 A 和 $\overline{A}$ 是变量 A 经过不同传输途径来的，则存在冒险，如图 2.31 所示。

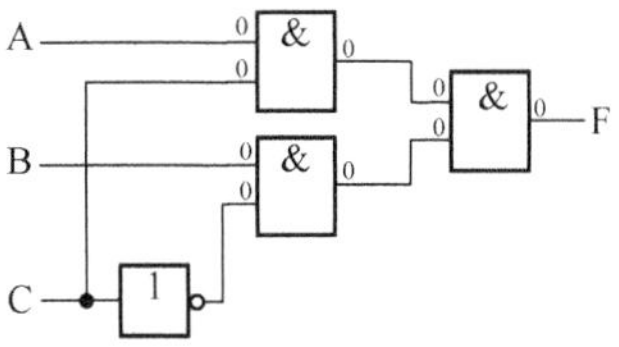

图 2.31

$F=AC+B\overline{C}$，当 $A=1$，$B=1$ 时，$F=C+\overline{C}$，则该电路存在竞争-冒险。

(2)卡诺图法：如果逻辑函数对应的卡诺图中存在相切的圈，而相切的两个方格又没有同时被另一个圈包含，则当变量在相切的方格之间变化时，存在竞争-冒险现象。如图 2.32 所示电路图和卡诺图。

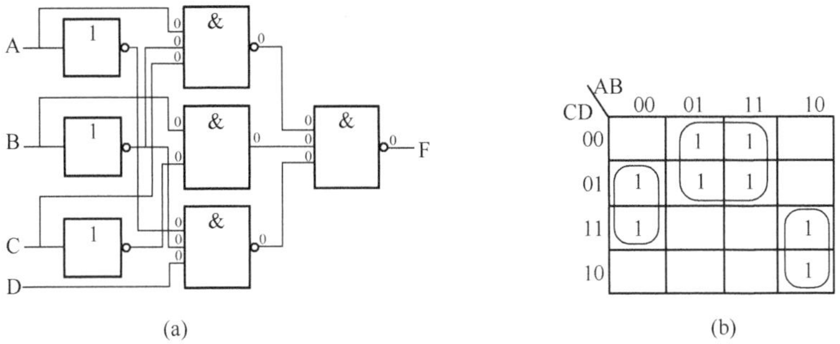

图 2.32

输出 $F=A\overline{B}C+B\overline{C}+\overline{A}\,\overline{B}D$，当 $A=0$，$C=0$，$D=1$ 时 B 变化。当 $B=0$，$C=1$，$D=1$时 A 变化，这时存在冒险。

2)消除电路中的冒险

为了消除组合逻辑电路中的冒险现象，常用的方法有修改逻辑设计、脉冲选通法和在输出端加滤波电容。

(1)修改逻辑设计：在保证逻辑功能不变的情况下，通过增加冗余项的方法消除冒险。例如，将图 2.31 的逻辑表达式 $F=AC+B\overline{C}$通过增加冗余项 AB，使 $F=AC+B\overline{C}+AB$。将图 2.32 卡诺图中相切的方格用一个圈圈起来，使 $F=A\overline{B}C+B\overline{C}+\overline{A}\,\overline{B}D+\overline{A}\,\overline{C}D+\overline{B}CD$，通过增加冗余项来消除冒险。

(2)脉冲选通法：在电路中加入一个选通脉冲，在确定电路进入稳定状态后，才让电路输出选通，否则封锁电路输出。

(3)输出端加滤波电容：在对输出波形要求不高的情况下，在逻辑电路中也可以在输出端接上一个大约几百皮法的滤波电容，以滤除冒险的毛刺信号。

实验内容

1)用 74LS00 实现 $F=AB+\overline{A}C$

(1)令 $B=C=1$，输入 1MHz 的方波，用示波器观察输出端波形是否存在冒险。

(2)在输出端接一个 100pF 的电容，再观察输出端波形。

(3)将 $F=AB+\overline{A}C$ 变换为 $F=AB+\overline{A}C+BC$ 再观察输出波形。

2)用与非门 74LS20 实现 $F=\overline{A}B+AD+\overline{B}\overline{C}\overline{D}$

(1)分析在哪些情况下会产生冒险,并用实验验证,观察输出波形。

(2)自行设计消除冒险的方法并将其实现,观察输出波形。

实验思考题

(1)冒险的产生是否和信号的频率有关?

(2)为了能清楚观察到冒险现象,信号的频率应选取高一些还是低一些?

实验报告要求

(1)记录、整理实验所观察的波形并分析,得出结论。

(2)回答实验思考题。

(3)写出实验解决的问题、出现的故障及其原因。

实验6　触发器及其应用

实验预习

一、预习 74LS74、74LS112 的逻辑功能和引脚图。

二、分析串行数值比较器的工作原理。

三、分析如图 2.37 所示同步时序逻辑电路图的工作原理,画出波形图。

实验目的

(1)熟悉常用触发器的基本结构及逻辑功能。

(2)掌握触发器的正确使用方法。

实验器材

(1)数字信源状态分析实验箱。

(2)双踪示波器、数字万用表。

(3)74LS00、74LS20、74LS74、74LS112。

实验原理

触发器是一种具有记忆功能、能存储数字信号的最常用的基本单元电路，是组成时序逻辑电路的主要元件，在数字系统和计算机中有着广泛的应用。触发器按逻辑功能可分为RS触发器、D触发器、JK触发器和T触发器。按电路结构可分为钟控式、维持阻塞式、主从式和边沿触发式。

RS触发器具有置0、置1及保持的功能，但存在RS=0的约束条件。JK触发器是最主要的触发器之一，它的特性方程为$Q^{n+1}=J\overline{Q}^n+\overline{K}Q^n$，它具有置0、置1和翻转的功能。D触发器是一种边沿触发器，它广泛应用于数据锁存、控制电路中，是组成移位、计数和分频电路的基本逻辑单元，它的特性方程是$Q^{n+1}=D$。

实验内容

1)基本RS触发器的构成和逻辑功能的测试

(1)用74LS00中的两个与非门，按如图2.33所示的电路接成基本RS触发器。

(2)按表2.15要求，改变$\overline{R}$和$\overline{S}$，观察并记录Q和$\overline{Q}$的状态。

表2.15

$\overline{R}$	$\overline{S}$	Q	$\overline{Q}$
0	0		
0	1		
1	0		
1	1		

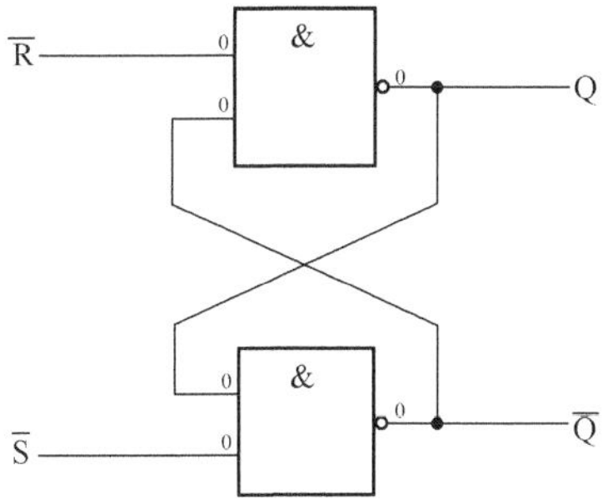

图2.33

2)JK触发器(74LS112)功能测试

74LS112是双下降沿JK触发器，引脚图如图2.34所示，功能表如表2.16所示。

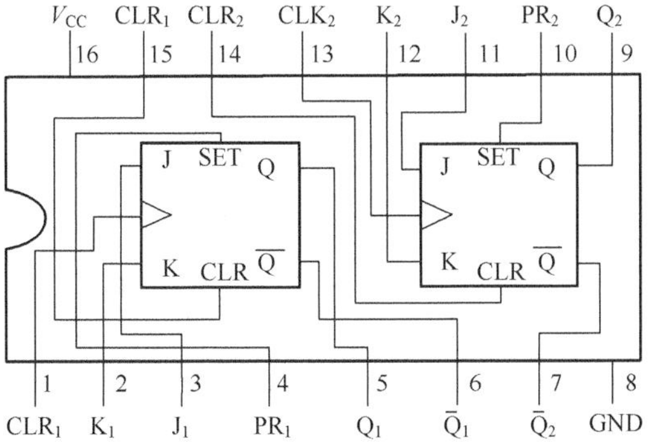

图2.34 74LS112引脚图

表 2.16 74LS112 功能表

输入					输出	
PR	CLR	CP	J	K	Q	$\overline{Q}$
0	1	×	×	×	1	0
1	0	×	×	×	0	1
0	0	×	×	×	Φ	Φ
1	1	↓	0	0	保持	保持
1	1	↓	0	1	1	1
1	1	↓	1	0	1	0
1	1	↓	1	1	翻转	翻转
1	1	1	×	×	保持	保持

(1)异步置位和复位功能的测试。按表 2.17 要求,改变 PR 和 CLR,观察并记录 Q 和 $\overline{Q}$ 的状态。

表 2.17

CP	J	K	PR	CLR	Q	$\overline{Q}$
×	×	×	0	1		
×	×	×	1	0		
×	×	×	0	0		

(2)JK 触发器功能测试。由 JK 触发器的异步置位和复位端分别将触发器的初始状态 Q^n 预置为 0 态和 1 态,当 J、K 端为表 2.18 所示的状态时,在 CP 端加上单次脉冲,观察触发器输出端所对应的状态 Q^{n+1},将结果记录于表 2.18 中。

表 2.18

输 入 端		触发器状态	
J	K	初态(Q^n)	次态(Q^{n+1})
0	0	0	
		1	
0	1	0	
		1	
1	0	0	
		1	
1	1	0	
		1	

(3)当 J=1,K=1 时,由 CP 端加上连续脉冲,用双踪示波器观察 CP 端和 Q 端的波形,比较两个波形频率的关系,并将观测的波形记录于表 2.19 中。

表 2.19

CP 端	
Q 端	

3)D 触发器(74LS74)的功能测试

74LS74 是双上升沿 D 触发器,引脚图、功能表分别如图 2.35 和表 2.20 所示。

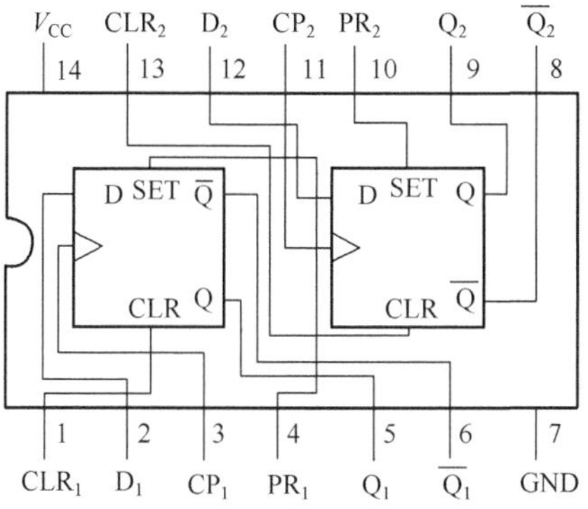

图 2.35 74LS74 引脚图

表 2.20 74LS74 功能表

输入				输出	
PR	CLR	CP	D	Q	$\overline{Q}$
0	1	×	×	1	0
1	0	×	×	0	1
0	0	×	×	Φ	Φ
1	1	↑	0	0	1
1	1	↑	1	1	0
1	1	0	×	保持	保持

(1)异步置位和复位逻辑功能的测试。选择 74LS74 双 D 触发器的任一个 D 触发器,按表 2.21 要求,改变 PR 和 CLR,观察并记录 Q 和 $\overline{Q}$ 的状态。

表 2.21

CP	D	PR	CLR	Q	$\overline{Q}$
×	×	0	0		
×	×	0	1		
×	×	1	0		

(2)D 触发器逻辑功能的测试。将 D 触发器预置 0 态(初态 $Q^n=0$),输入端 D 为低电平(D=0),CP 端接单次脉冲,观察触发器 Q 端对应的状态 Q^{n+1},将观察结果记录于表 2.22 中;将 D 触发器预置 1 态(初态 $Q^n=1$),重复以上步骤,将结果记录于表 2.22 中。

表 2.22

D	CP	触发器状态	
		初态 Q^n	次态 Q^{n+1}
0	↑	0	
	↑	1	
1	↑	0	
	↑	1	

将 D 触发器预置 0 态(初态 $Q^n=0$),输入端 D 为高电平(D=1),CP 端接单次脉冲,观察触发器 Q 端对应的状态 Q^{n+1},将观察结果记录于表 2.22 中;将 D 触发器预置 1 态(初态 $Q^n=1$),重复以上步骤,将结果记录于表 2.22 中。

4)触发器应用

(1)串行数值比较器。用 JK 触发器 74LS112 和一片或非门 74LS02 组成如

图2.36所示的串行数值比较器电路。数据输入为 A_i 和 B_i，输出为比较结果。若 $A_i=B_i$，$Q_2=1$，数据可逐位串行比较下去，直至 $A_i \neq B_i$ 时为止。此时，若 $A_i>B_i$，则 $Q_1=1$，若 $A_i<B_i$，则 $Q_3=1$。通过清零后再进行比较，时钟用单次脉冲，比较结果 Q_1、Q_2、Q_3 用LED显示灯显示。将实验结果用真值表表示，并分析说明电路工作原理。

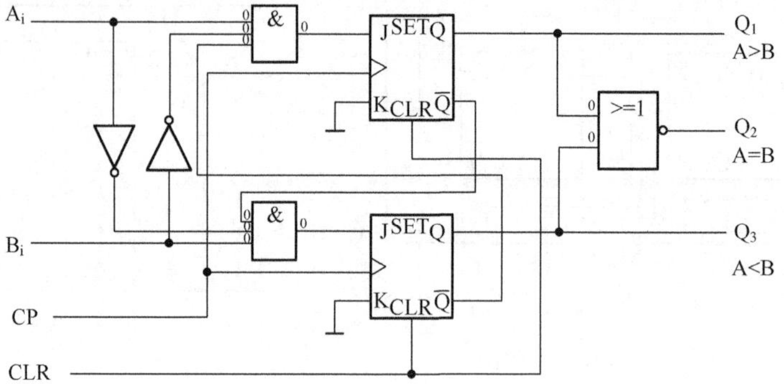

图2.36

(2)一同步时序逻辑电路图如图2.37所示，由一片74LS74和一片74LS02或非门组成，当CP为连续脉冲时，用数字信源状态分析实验箱观察并记录输出 Q_1、Q_2、Z的波形。观察输入CP与输出Z的波形关系，分析说明电路工作原理。

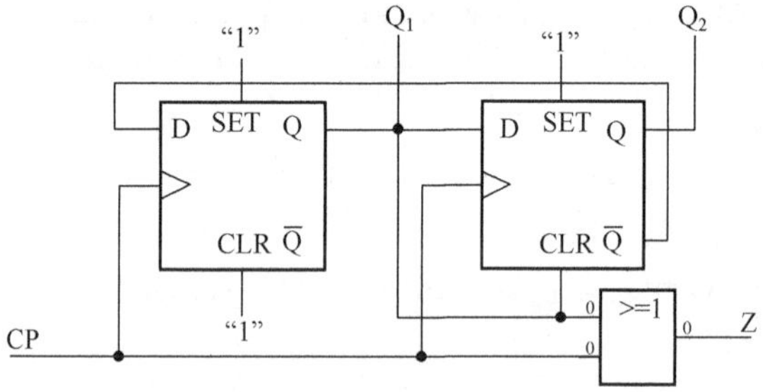

图2.37 同步时序逻辑电路

实验思考题

(1)在串行数值比较器中，当一次比较结束后，为什么要清零后再继续进行比较，可否不清零就进行比较，为什么？

(2)用触发器设计分频器有哪些步骤？

实验报告要求

(1)写出实验目的、实验中使用的仪器仪表及器材。

(2)记录实验测试结果，分析实验中电路图的工作原理。

(3)分析实验过程中出现的问题以及解决的办法，写出本次实验的心得体会。

(4)回答实验思考题。

实验 7　小规模 SSI 计数器及其应用

实验预习

完成实验内容中电路的设计(要求画出卡诺图,写出逻辑表达式,完成电路图)。

(1)用 D 触发器和门电路设计一个同步带有借位输出端的三位二进制减法计数器。

(2)用 D 触发器和门电路设计如图 2.43 所示的四位扭环形计数器,能自启动。

(3)用 JK 触发器和门电路设计带有控制变量 X 的计数器,当 X=0 时为三进制计数器,当 X=1 时为四进制计数器,设置一位进位输出端 CO。

(4)用 JK 触发器设计一个单次脉冲发生器。

实验目的

(1)熟悉触发器的逻辑功能。

(2)掌握小规模时序逻辑电路的设计方法、安装及调试。

(3)学会用状态转换表、状态转换图和时序图来描述时序逻辑电路的逻辑功能。

实验器材

(1)数字信源状态分析实验箱。

(2)74LS00、74LS20、74LS74、74LS112。

(3)双踪示波器、数字万用表。

实验原理

1)SSI时序逻辑电路设计原则和步骤

当选用小规模集成电路时,所用的触发器和逻辑门电路的数目应最少,而且触发器和逻辑门电路输入端数目也应为最少,所设计出的逻辑电路应力求最简,并尽量采用同步系统。

同步时序电路设计步骤如下:

(1)根据设计要求,画出状态图和状态表。

(2)状态编码。把状态表中各个字符表示的状态规定一个二进制代码,并使代码与各触发器的状态相对应。

(3)选定触发器的类型。不同逻辑功能的触发器驱动方式不同,所以用不同类型触发器设计出的电路也不同。因此,在设计具体电路前必须根据需要选定触发器的类型。

(4)根据代码形式的状态表和所选用的触发器直接写出输出方程。或者根据状态表画出每个输出的卡诺图,写出输出方程。

(5)对照所选触发器的状态方程画出逻辑电路图。

(6)检查设计的电路能否自启动。

2)应用举例

【例2.5】设计一个带有进位输出端的六进制计数器。

(1)画出状态图和状态表。取进位信号为输出逻辑变量CO,同时规定有进位输出时CO=1,无进位输出时CO=0,六进制计数器应该有6个状态S_0~S_5,即可画出如图2.38所示的电路状态转换图。

(2)状态编码。若无特殊要求,取自然二进制(000~101)为S_0~S_5的编码,于是便得到表2.23中所示的状态编码表。

表2.23 状态编码表

状态序号	状态编码			进位输出CO
	Q_2	Q_1	Q_0	
S_0	0	0	0	0
S_1	0	0	1	0
S_2	0	1	0	0
S_3	0	1	1	0
S_4	1	0	0	0
S_5	1	0	1	1

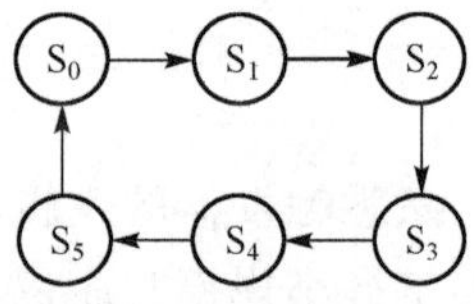

图2.38 状态转换图

(3)确定触发器的类型和个数。因为状态数$M=6$,而$2^2<M<2^3$,故取触发器个数$n=3$,选取JK触发器(74LS112)或者D触发器(74LS74)。

(4)根据编码后的状态表,列出状态转换表(表2.24),画出卡诺图,写出状态方程。

表 2.24 状态转换表

Q_2^n	Q_1^n	Q_0^n	Q_2^{n+1}	Q_1^{n+1}	Q_0^{n+1}	CO
0	0	0	0	0	1	0
0	0	1	0	1	0	0
0	1	0	0	1	1	0
0	1	1	1	0	0	0
1	0	0	1	0	1	0
1	0	1	0	0	0	1

根据状态转换表画出卡诺图如图 2.39 所示。

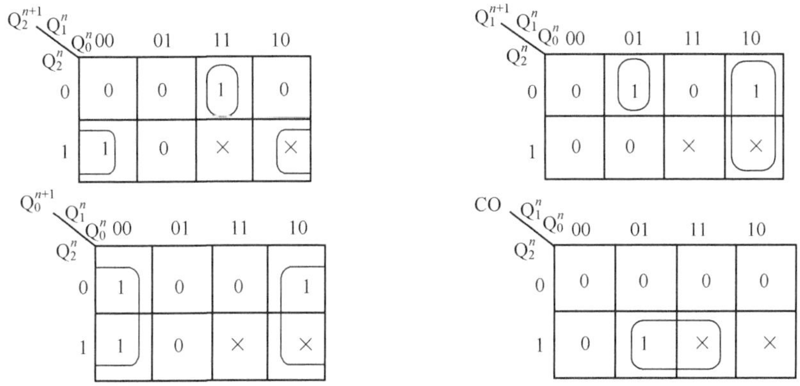

图 2.39

根据卡诺图得：

若选取 JK 触发器(74LS112)

$Q_2^{n+1}=Q_1^n Q_0^n \overline{Q_2^n}+\overline{Q_0^n} Q_2^n=J_2 \overline{Q_2^n}+\overline{K_2} Q_2^n$

$J_2=Q_1^n Q_0^n$

$K_2=Q_0^n$

$Q_1^{n+1}=\overline{Q_2^n} Q_0^n \overline{Q_1^n}+\overline{Q_0^n} Q_1^n=J_1 \overline{Q_1^n}+\overline{K_1} Q_1^n$

$J_1=\overline{Q_2^n} Q_0^n$

$K_1=Q_0^n$

$Q_0^{n+1}=\overline{Q_0^n}=J_0 \overline{Q_0^n}+\overline{K_0} Q_0^n$

$J_0=K_0=1$

$CO=Q_2^n Q_0^n$

若选取 D 触发器(74LS74)

$Q_2^{n+1}=Q_1^n Q_0^n+Q_2^n \overline{Q_0^n}=D_2$

$Q_1^{n+1}=\overline{Q_2^n}\,\overline{Q_1^n} Q_0^n+Q_1^n \overline{Q_0^n}=D_1$

$Q_0^{n+1}=\overline{Q_0^n}=D_0$

$CO=Q_2^n Q_0^n$

(5)由驱动方程和状态方程画出六进制计数器的逻辑图。

用 JK 触发器实现，如图 2.40 所示。

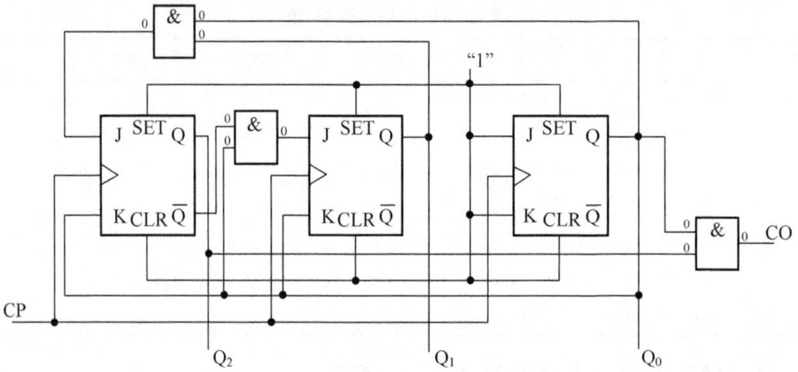

图 2.40

用D触发器实现,如图 2.41 所示。

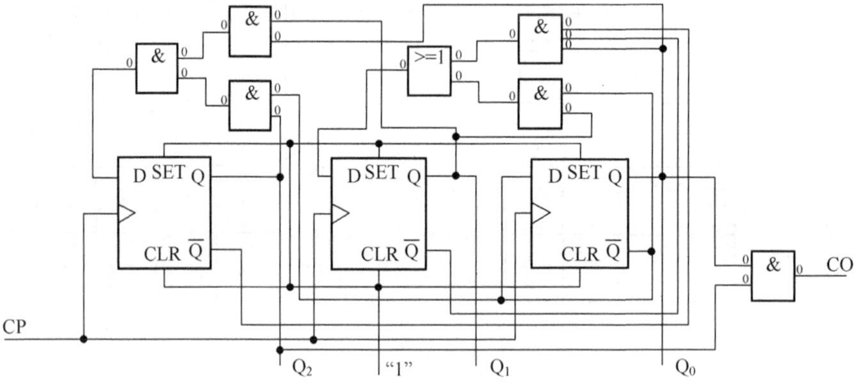

图 2.41

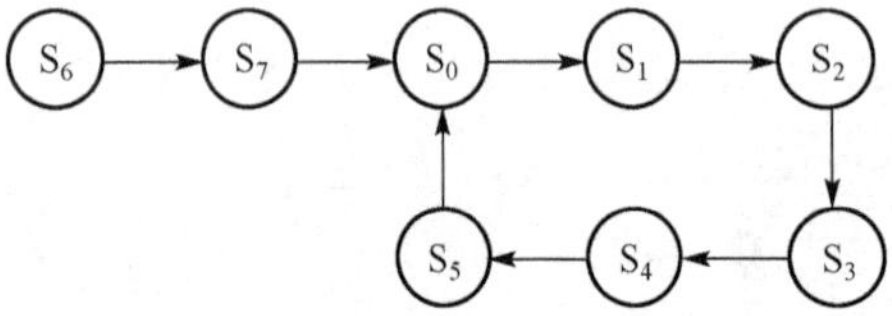

图 2.42

(6)检查电路能否自启动。将有效循环之外的两个状态 110 和 111 分别代入上式状态方程中计算,所得次态对应为 111 和 000,故电路能自启动。如图 2.42所示是电路完整的状态转换图。

实验内容

(1)试用 D 触发器和门电路设计一个同步带有借位输出端的三位二进制减法计数器。

(2)试用 D 触发器和门电路设计一个四位扭环形计数器,并能自启动。状态转换图如图 2.43 所示。

(3)试用 JK 触发器和门电路设计带有控制变量 X 的计数器,当 X=0 时为三进制计数器,当 X=1 时为四进制计数器,设置一位进位输出端 CO。

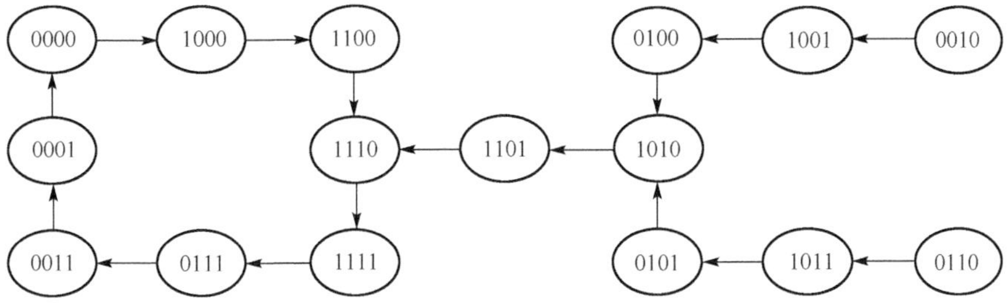

图 2.43

(4)试用 JK 触发器设计一个单次脉冲发生器。

实验思考题

(1)在设计时序逻辑电路时如何处理各触发器的置“0”端子和置“1”端子。

(2)如果设计的时序电路不能自启动应该如何处理?

实验报告要求

(1)写出实验目的、实验中使用的仪器仪表及器材。

(2)写出实验电路的设计过程,画出实验逻辑电路图。

(3)写出实验中所遇到的问题,分析其原因,提出解决问题的办法。

(4)总结 SSI 同步时序电路设计思路。

(5)回答实验思考题。

实验 8　计数器及其应用

实验预习

一、预习 74LS161、74LS163、74LS290 的逻辑功能和引脚图。

二、完成实验内容中电路的设计。

(1)用 74LS161 和 74LS163 分别设计模 $N=8$ 的加法计数器,用反馈清零法。

(2)设计一个十进制模 $N=36$ 的加法计数器。

实验目的

(1)熟悉计数器的工作原理,掌握中规模(MSI)计数器的逻辑功能及其应用。

(2)掌握计数器的级联方法。

(3)学会用中规模(MSI)计数器实现任意进制计数器。

实验器材

(1)数字信源状态分析实验箱。

(2)74LS00、74LS20、74LS161、74LS163。

(3)双踪示波器、数字万用表。

实验原理

计数器是一种使用相当广泛的功能器件,现在无论是TTL还是CMOS集成电路,都有品种齐全的MSI计数器。

计数器按计数方式分为加法计数器、减法计数器,以及既可进行加、又可进行减的可逆计数器。按照工作方式可分为同步计数器和异步计数器。按照技术内容可分为二进制、十进制和任意进制计数器。

下面介绍常用的几种MSI计数器集成芯片。

1)同步计数器

74LS161是同步四位二进制可预置计数器,它具有异步清零的功能。它的引脚分布如图2.44所示,功能表如表2.25所示。

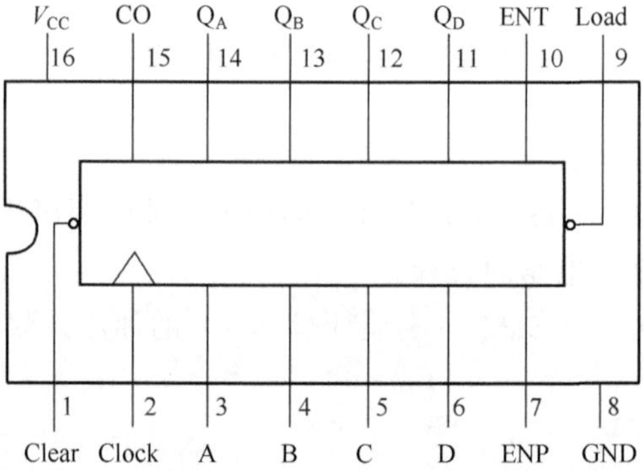

图2.44 74LS161引脚图

图2.44中:

CO——进位输出端,当$Q_D \sim Q_A$为1111时,CO=1,其余状态CO=0。

Clock——时钟输入端(上升沿有效)。

Clear——清零端(直接清零),当Clear=0,不管其他引脚为何状态,输出均为零。

表 2.25　74LS161 功能表

输入									输出			
Clock	Clear	ENP	ENT	Load	D	C	B	A	Q_D	Q_C	Q_B	Q_A
×	0	×	×	×	×	×	×	×	0	0	0	0
×	1	1	0	1	×	×	×	×	保持			
×	1	0	1	1	×	×	×	×	保持			
×	1	0	0	1	×	×	×	×	保持			
↑	1	×	×	0	d	c	b	a	d	c	b	a
↑	1	1	1	1	×	×	×	×	增量计数器			

Load——同步并行置入控制端(低电平有效)，当 Clear＝1，Load＝0，在 Clock 上升沿时，将 DCBA 置入 $Q_D \sim Q_A$。

ENP——计数控制端，ENT——计数控制端，当 Clear＝1，Load＝1 时，ENP * ENT＝0，计数器保持；ENP * ENT＝1，在 Clock 上升沿时实现同步计数。

DCBA——并行数据输入端，D 为高位端。

$Q_D \sim Q_A$——输出端，Q_D 为高位端。

注意　74LS163 和 74LS161 引脚图完全一致，只是在清零作用时，必须满足 Clear＝0，Clock 为上升沿时才能清零。

应用举例：

【例 2.6】设计一个模 $N=5$ 的计数器，用 74LS161 和 74LS163 实现。

(1)反馈清“0”法：如果用 74LS161 实现，计数到 N，异步清“0”。其逻辑图如图 2.45(a)所示。该方法产生的波形有毛刺，清“0”不可靠。如果用 74LS163 实现，计数到 $N-1$，同步清“0”。其逻辑图如 2.45(b)所示。

(2)反馈置数法：检测末态，预置初态。此时 74LS161 和 74LS163 完全一样。

四位二进制计数器有十六种状态，任取其中五个连续状态作为计数序列。具体的做法有两种：①置计数器初态为 $S_0=0000$，计数器末态为 $S_{N-1}=0100$，LOAD＝$\overline{Q_C}$，其逻辑图如图 2.45(c)所示。②利用串行进位输出 CO，同步预置补数(2^K-N)，$N=5$，一片 74LS161，$K=4$，故预置数为 $2^4-5=11(1011)_2$，LOAD＝$\overline{CO}$，其逻辑图如图 2.45(d)所示。

2)异步计数器

74LS290 是异步二-五-十进制计数器。该计数器具有计数、清“0”及置“9”等功能，该计数器由四只下降沿触发的 JK 触发器构成。该计数器的基本用途是可获得模 $N=2$、5、10 三种计数功能。若引入适当反馈就可构成模 10 以内的任意进制计数器。引脚图如图 2.46 所示，功能表如表 2.26 所示。

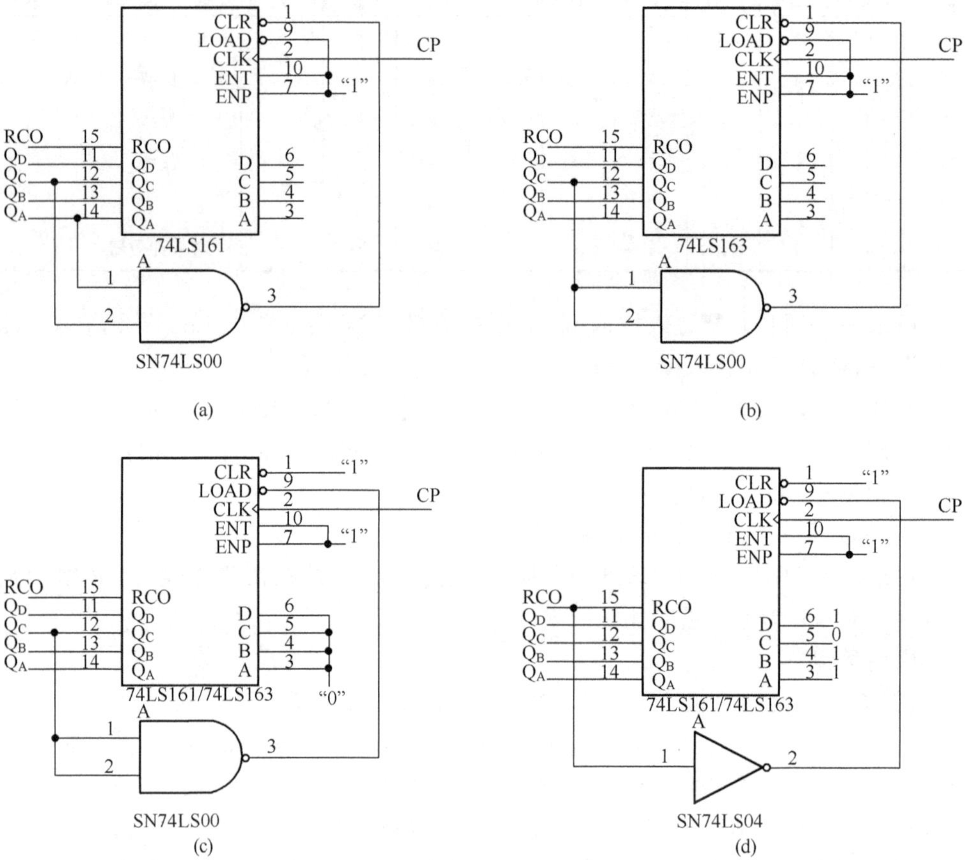

图 2.45

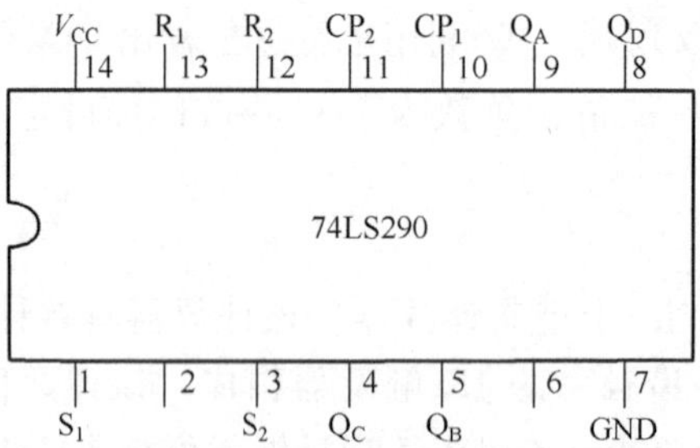

图 2.46　74LS290 引脚图

表 2.26　74LS290 功能表

输入					输出			
R_1	R_2	S_1	S_2	CP	Q_D	Q_C	Q_B	Q_A
1	1	0	×	×	0	0	0	0
		×	0					
×	×	1	1	×	1	0	0	1
×	0	×	0	↓	计数			
0	×	0	×	↓	计数			
0	×	×	0	↓	计数			
×	0	0	×	↓	计数			

现以模 $N=7$ 的计数器为例说明如何构成任意进制计数器。

【例 2.7】用 74LS290 设计一个模 $N=7$ 的计数器。

(1)反馈清“0”法:计数到 N,异步清“0”

$$S_N = S_7 = \begin{cases} Q_D Q_C Q_B Q_A = 0111(8421\text{ 码}) \\ Q_A Q_D Q_C Q_B = 1010(5421\text{ 码}) \end{cases}$$

图 2.47(a)是以 5421 码形式设计的七进制计数器,若用 8421 码形式,则需加逻辑门,故不可取。

(2)反馈置数法:计数到 $N-1$,异步置 9。图 2.47(b)是以 8421 码形式构成的七进制计数器逻辑图。一片 74LS290 可实现模 $N\leqslant 10$ 的任意进制计数。

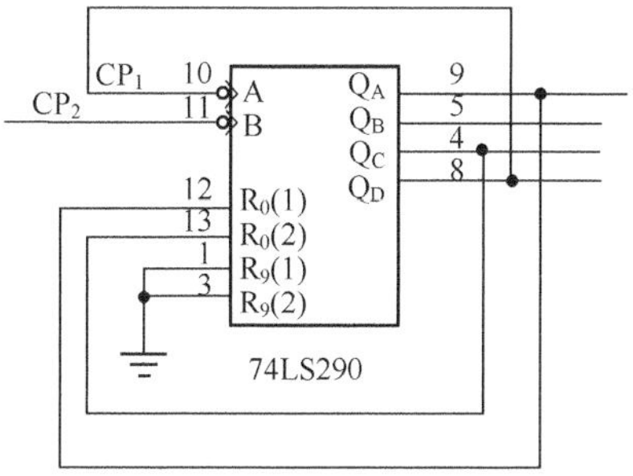

(a) 反馈清零法

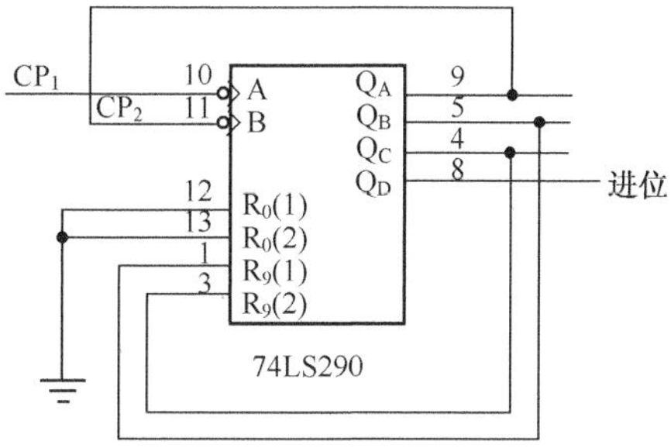

(b) 反馈置数法

图 2.47　用 74LS290 构成模 $N=7$ 计数器

(3)计数器的级联。上面介绍的计数器的计数能力是有限的,一个十进制计数器只能表示 0～9 十个数,而一个十六进制计数器最多也只能表示 0～15 十六个数。在实际应用中,需计的数往往很大。解决这个问题的办法是把几个相同的计数器级联起来。同步计数器都带有进位端子,可用进位输出端驱动下一级计数器,实现十六进制计数器,如图 2.48 所示。

(4)实现任意进制计数。四位二进制计数器可实现任意 M 进制计数器($M<16$),下面举例来说明任意进制计数器以及级联的实现。

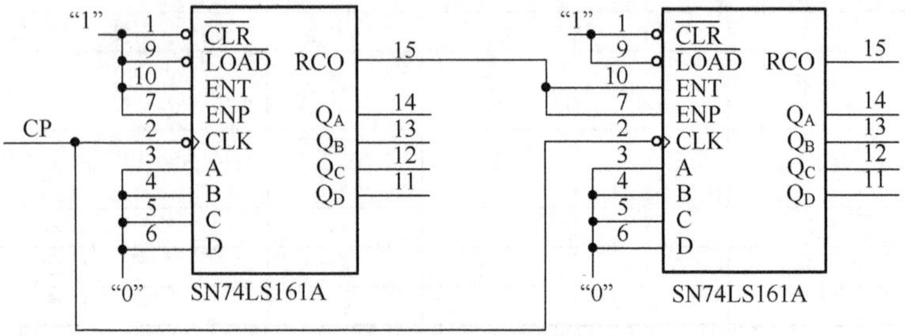

图 2.48 74LS161 级联实现模 24 计数器

【例 2.8】用 74LS161 实现十进制模 24 的计数器。

因为 $10^1<24<10^2$，所以选用两片 74LS161，输出为十进制 00～23。低位片从 0000 计数到 1001，当 1001 时，向高位片进位，同时低位片清零，即可实现十进制计数。电路图如图 2.49 所示。

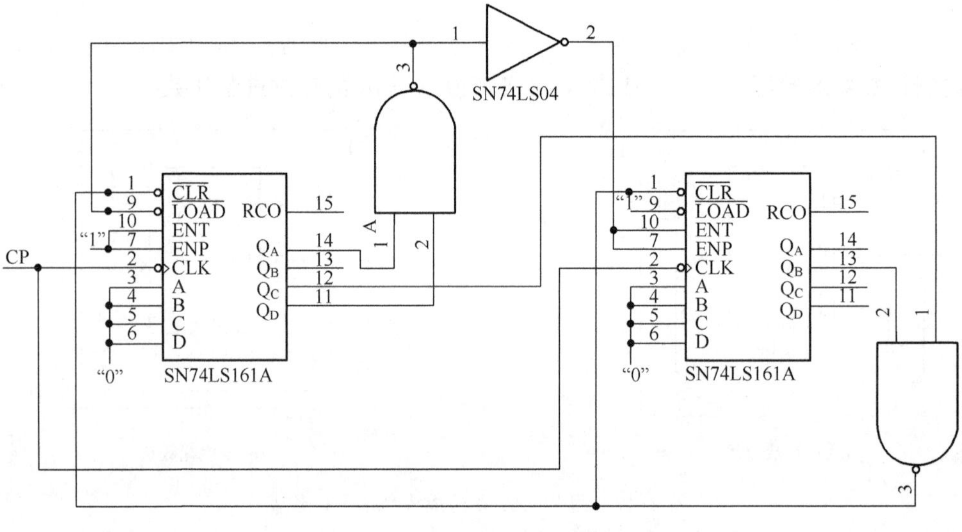

图 2.49 十进制模 24 计数器

实验内容

(1)测试 74LS161 和 74LS163 芯片的逻辑功能。①74LS161 的功能测试。根据测试条件输入，观察测试结果并将其填入表 2.27 中。②74LS163 的功能测试。根据测试条件输入，观察测试结果并将其填入表 2.28 中。

表 2.27 74LS161 的功能测试表

Clock	测 试 条 件	$Q_D \sim Q_A$
↑	Clear=1,Load=0,DCBA=1111	
×	Clear=0	
↑	Clear=1,Load=1,ENT=1,ENP=1	

表 2.28 74LS163 的功能测试表

Clock	测 试 条 件	$Q_D \sim Q_A$
↑	Clear=1,Load=0,D CBA=1111	
↑	Clear=0	
↑	Clear=1,Load=1,ENT=1,ENP=1	

(2)采用反馈清零法设计一个模 $N=8$ 的加法计数器,要求用 74LS161 和 74LS163 分别实现。

(3)用一片 74LS161 和一片 74LS163 设计一个十进制的模 $N=36$ 的加法计数器。

实验思考题

(1)用反馈清零法设计计数器,74LS161 和 74LS163 有什么区别?

(2)用 74LS163 实现级联,进位端可否去激励下一级计数器的 Clock 端?

实验报告要求

(1)写出实验目的、实验中使用的仪器仪表及器材。

(2)写出实验电路的设计过程,画出实验逻辑电路图。

(3)分析实验过程中出现的问题以及解决的办法,写出本次实验的心得体会。

(4)总结各种计数器在使用上的异同点,总结实现 N 进制计数器的不同方法。

实验 9 移位寄存器及其应用

实验预习

一、预习 74LS194、74LS195 的逻辑功能和引脚图。

二、完成实验内容中的电路设计。

(1)用 74LS194 设计扭环计数器。

(2)用 74LS195 设计一个模 $N=7$ 具有自启动特性的移位型计数器。

(3)分析可预置分频器电路的工作原理,画出 $A_2A_1A_0=110$ 时,输出的波形图。

CP 端	
Q 端	

实验目的

(1)熟悉移位寄存器的结构及工作原理。

(2)掌握移位寄存器的应用。

实验器材

(1)数字信源状态分析实验箱。

(2)双踪示波器。

(3)74LS00、74LS20、74LS194、74LS195。

实验原理

移位寄存器是具有移位功能的寄存器。它是一种由触发器链型连续组成的同步时序网络。代码的移位是在统一的位移脉冲 CP 控制下进行的。每来一个位移脉冲,原存储于寄存器的信息代码就按规定的方向(左方或右方)同步移一位。移位寄存器的类型,按移位的方式可分为左移、右移和双向移位寄存器;按其输入输出方式可分为并行输入-并行输出、并行输入-串行输出、串行输入-并行输出和串行输入-串行输出等几种。

移位寄存器应用较广,利用移位寄存器可以构成计数分频电路、序列信号发生器、串/并行代码转换器、延时电路等。移位寄存器的状态转移是按移存规律进行的,一般称为移存型计数器。常用的移存型计数器有环行计数器和扭环形计数器。

下面介绍几种常用的 MSI 移位寄存器及其应用。

74LS194 为四位双向通用移位寄存器,它具有左移、右移、并行输入数据、保持及清除等五种功能。74LS195 为四位并行存取移位寄存器。它们的功能表及引脚图分别如表 2.29、表 2.30 和图 2.50、图 2.51 所示。

表 2.29　74LS194 功能表

输入										输出			
Clear	Mode		Clock	串行		并行				Q_A	Q_B	Q_C	Q_D
	S_1	S_0		左移	右移	A	B	C	D				
0	×	×	×	×	×	×	×	×	×	0	0	0	0
1	×	×	0	×	×	×	×	×	×	保持			
1	1	1	↑	×	×	a	b	c	d	a	b	c	d
1	0	1	↑	×	1	×	×	×	×	1	Q_{An}	Q_{Bn}	Q_{Cn}
1	0	1	↑	×	0	×	×	×	×	0	Q_{An}	Q_{Bn}	Q_{Cn}
1	1	0	↑	1	×	×	×	×	×	Q_{Bn}	Q_{Cn}	Q_{Dn}	1
1	1	0	↑	0	×	×	×	×	×	Q_{Bn}	Q_{Cn}	Q_{Dn}	0
1	0	0	×	×	×	×	×	×	×	hold			

表 2.30　74LS195 功能表

输入									输出				
Clear	Shift/Load	Clock	串行		并行				Q_A	Q_B	Q_C	Q_D	$\overline{Q}_D$
			J	$\overline{K}$	A	B	C	D					
0	×	×	×	×	×	×	×	×	0	0	0	0	1
1	0	↑	×	×	a	b	c	d	a	b	c	d	$\overline{d}$
1	1	0	×	×	×	×	×	×	保持				
1	1	↑	0	1	×	×	×	×	Q_{An}	Q_{An}	Q_{Bn}	Q_{Cn}	$\overline{Q}_{Cn}$
1	1	↑	0	0	×	×	×	×	0	Q_{An}	Q_{Bn}	Q_{Cn}	$\overline{Q}_{Cn}$
1	1	↑	1	1	×	×	×	×	1	Q_{An}	Q_{Bn}	Q_{Cn}	$\overline{Q}_{Cn}$
1	1	↑	1	0	×	×	×	×	$\overline{Q}_{An}$	Q_{An}	Q_{Bn}	Q_{Cn}	$\overline{Q}_{Cn}$

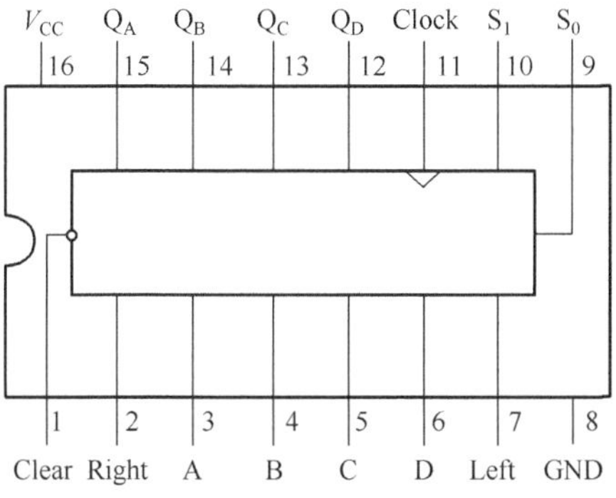

图 2.50　74LS194 引脚图

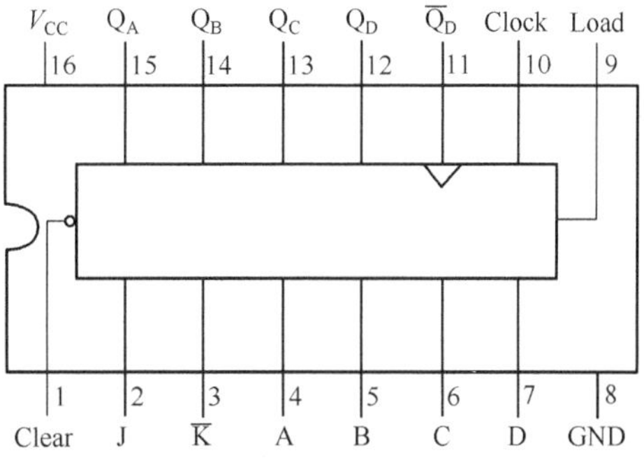

图 2.51　74LS195 引脚图

1)移存型计数器

(1)环形计数器。环形计数器的特点其计数模数 M=移位寄存器位数 N,且工作状态是依次循环出 1 或 0,如四位环形计数器状态为 0001-0010-0100-1000 或 1110-1101-1011-0111。设计该类计数器往往要求电路能自启动。

(2)扭环计数器。扭环计数器又称约翰逊计数器。其特点是四位扭环计数器具

有 $N=2n=8$ 个有效计数状态，且相邻两状态间只有一位代码不同，因此扭环计数器的输出所驱动的组合网络不会产生功能竞争。

(3)任意进制移存型计数器。只要是状态转移关系符合移存规律的计数器，就称为移存型计数器。

移存型计数器只要 $M\neq 2^N$ 时，就要考虑计数器的自启动问题。移存型计数器自启动的方法有两种：

(1)改变移位寄存器串行输入 D_0 的反馈方程，如让循环出"1"的四位环形计数器的 $D_0=\overline{Q_2+Q_1+Q_0}$，使全"0"状态时的 $D_0=1$；如果是循环出"0"的四位环形计数器，则 $D_0=\overline{Q_2Q_1Q_0}$，使全"1"状态时的 $D_0=0$，从而实现自启动。

(2)利用预置功能实现自启动。

用 74LS194 完成具有自启动特性的扭环计数器，其实现逻辑电路图及完全状态图分别如图 2.52、图 2.53 所示。不同的完全状态图对应于不同的逻辑电路图。

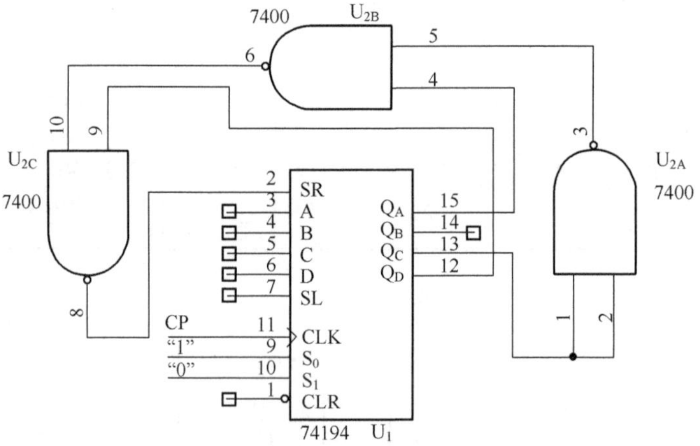

图 2.52

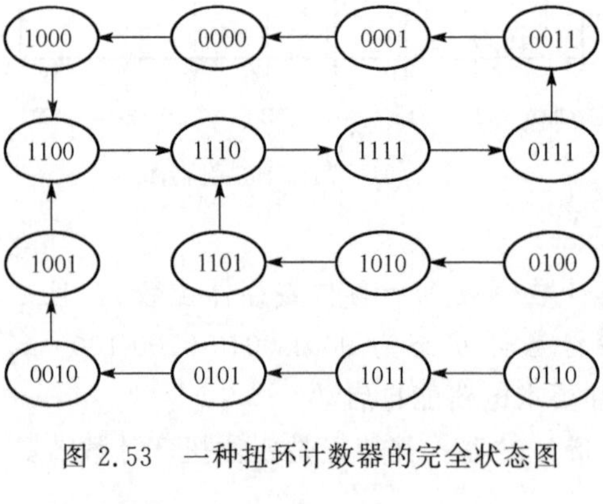

图 2.53 一种扭环计数器的完全状态图

2)可预置分频器

在数字系统设计中，经常需要频率不同的时钟信号。它们通常都是系统时钟 CP 的若干分频，并且分频比往往是可变的，这种分频器称为可预置分频器。采用 SSI 实现可预置分频器，其设计工作量是很大的。但若选用合适的 MSI 器件，实现这种分频器则是十分方便的。

采用 74LS194 实现可预置分频器的逻辑结构如图 2.54 所示。两个 74LS194

级联构成八位右移寄存器，分频后的脉冲信号从 74LS194(U_2)的 Q_D 输出。分频比由三-八译码器确定，改变译码器的地址可以改变分频比，当三-八译码器的地址码为 N 时，可以得到 $N+1$ 分频的输出脉冲，这里 $1 \leqslant N \leqslant 7$。该分频器从 X 端输出的为负脉冲，若从 X′端输出，则可得到正脉冲输出信号。

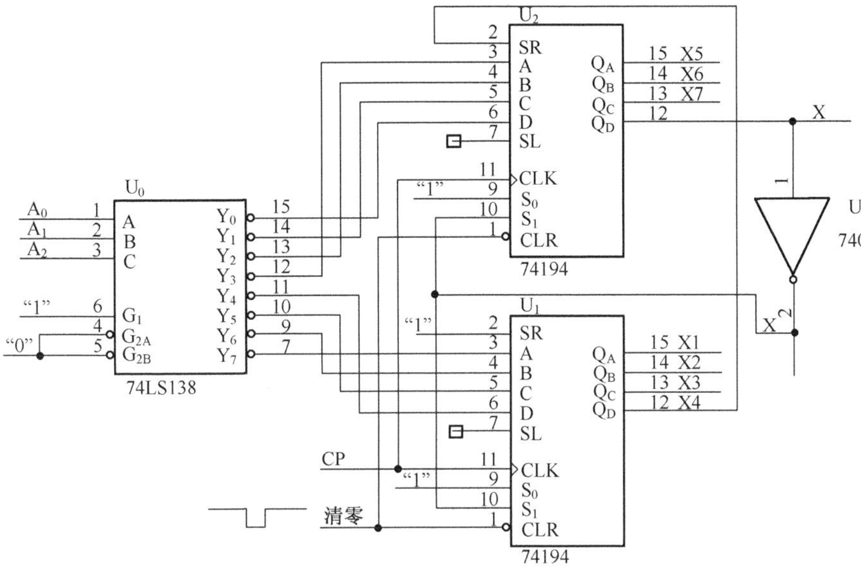

图 2.54 可预置分频器

工作过程如下：先将计数器清零，由于 74LS194(U_2)$Q_D=0$，故 $S_1=S_0=1$。这样当第一个移位脉冲 CP 的上升沿到来时，计数器进行并行置数操作。设此三-八译码器的地址输入端 $A_2A_1A_0=110$，则译码器除第六个输出端为 0 外，其余输出端均为 1。从而并行置数操作的结果就是两片移位寄存器的状态成为 10111111，与此同时，片(U_1)和片(U_2)的 S_1 又变为 0，因此从第二个 CP 脉冲开始，两片移位寄存器便进行右移操作，直到第七个 CP 作用之后，移位寄存器状态成为 11111110，从而使 $S_1=0$。当第八个 CP 到达时，两片移位寄存器再次进行并行置数操作，开始了下一个分频循环。

3)用集成移位寄存器 74LS195 完成七位串-并转换

如图 2.55 所示为七位串行-并行转换器。其中，$\overline{CR}$为异步清零端，当$\overline{CR}=0$ 时，所有 D 触发器全部清 0；J、$\overline{K}$ 为串行数据输入端；D_0、D_1、D_2、D_3 为并行数据输入端；SH/$\overline{LD}$为移位控制/置入控制(低电平有效)端。

图中串行数据 D_1 送入片 U_1 的串行数据输入端 J、$\overline{K}$ 及并行输入端 D_0。片 U_1 的并行输入端 D_1 接 0，为标志码。D_2、D_3 接 1。芯片 U_2 的串行数据输入端 J、$\overline{K}$ 接片 U_1 的输出 Q_3，片 U_2 的 D_0～D_3 均接 1。片 U_2 的 Q_3 作为片 U_1 和片 U_2 的 SH/

$\overline{LD}$输入。在CP的作用下,即能完成七位串行-并行转换。此转换器常用于数模转换系统。

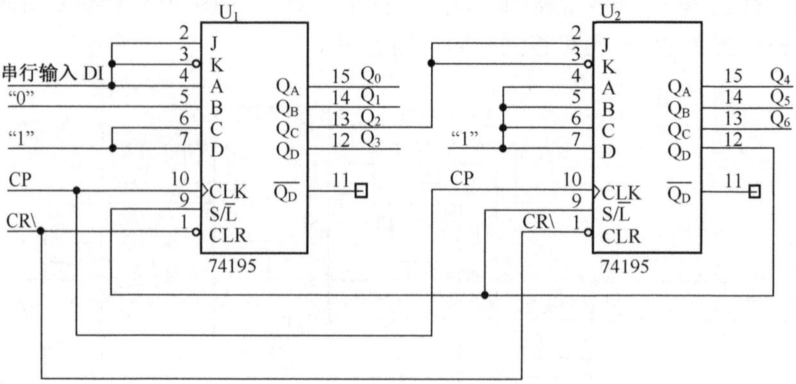

图 2.55 七位串行-并行转换器

实验内容

(1)测试74LS194和74LS195芯片的逻辑功能。

①74LS194的功能测试:根据测试条件输入,观察测试结果并将其填入表2.31中。

②74LS195的功能测试:根据测试条件输入,观察测试结果并将其填入表2.32中。

表 2.31 74LS194 的功能测试表

Clock	测试条件	$Q_A \sim Q_D$
×	Clear=0	
↑	Clear=1, S_1S_0=11 DCBA=1111	
↑	Clear=1, S_1S_0=01 SR=0	
↑	Clear=1, S_1S_0=10 SL=0	

表 2.32 74LS195 的功能测试表

Clock	测试条件	$Q_A \sim Q_D$
↑	Clear=0	
↑	Clear=1, Load=0 DCBA=1111	
↑	Clear=1, Load=1 JK=00	
↑	Clear=1, Load=1 JK=11	

(2)用74LS194设计如图2.56所示的具有自启动特性的扭环计数器。

(3)用74LS195设计一个模$N=7$具有自启动特性的移位型计数器,并用实验验证。

(4)验证可预置分频器电路的正确性(任意确定分频比)并画出波形图。

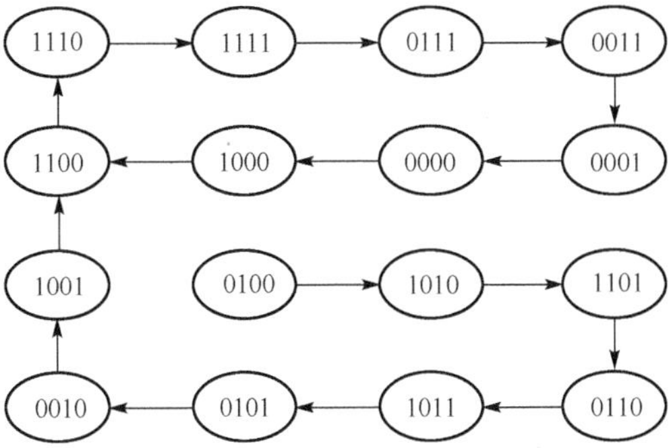

图 2.56　一种扭环计数器完全状态图

实验思考题

(1)使寄存器清零,除采用 CLR 输入低电平外,可否采用右移或左移的方法?可否使用并行送数法?若可行,如何进行操作?

(2)如何设计一个七位并行-串行数据转换器?

实验报告要求

(1)写出实验目的、实验中使用的仪器仪表及器材。

(2)按实验要求写出设计全过程,画出实验逻辑电路图。

(3)写出实验中所遇到的问题,分析其原因,提出解决问题的办法。

实验 10　555 定时器及其应用

实验预习

一、预习 555 定时器的引脚图及其特性。

二、完成实验内容中理论值的计算及电路的设计。

(1)施密特触发器。

(2)单稳态触发器。

(3)多谐振荡器。

实验目的

(1)熟悉集成555定时器的特性参数和使用方法。

(2)掌握使用555定时器组成施密特触发器的方法。

(3)掌握使用555定时器组成单稳态触发器的方法和定时元件 RC 对脉冲宽度的影响。

(4)掌握使用555定时器组成自激多谐振荡器的方法和定时元件 RC 对振荡周期和脉冲宽度的影响。

实验器材

(1)数字信源状态分析实验箱。

(2)555定时器,电阻、电容若干。

(3)双踪示波器,数字万用表。

实验原理

1)555定时器的特性

555定时器是一种中规模集成电路,外形为双列直插8脚结构,体积很小,该集成电路的用途广泛,可构成施密特触发器、单稳态触发器及多谐振荡器等电路。

555定时器的内部电路框图及逻辑符号和引脚图分别如图2.57和图2.58所示。

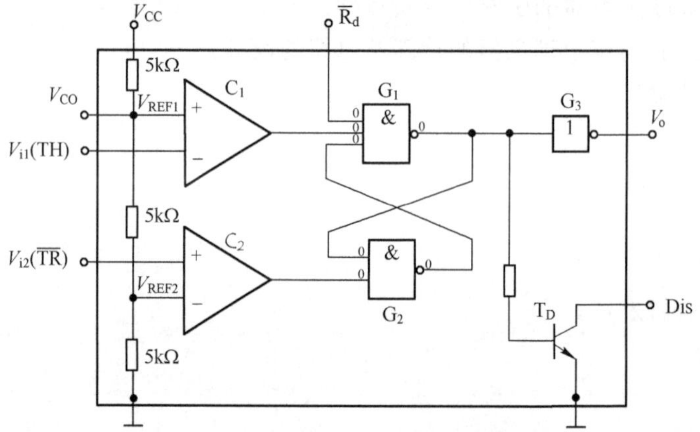

图2.57　555定时器的内部电路框图

其中:

V_{i1}(TH)——高电平触发端,简称高触发端,又称阈值端,标志为TH。

$V_{i2}(\overline{TR})$——低电平触发端,简称低触发端,标志为$\overline{TR}$。

V_{CO}——控制电压输入端。

V_o——信号输出端。

Dis——放电端。

$\overline{R}_d$——异步置零输入端。

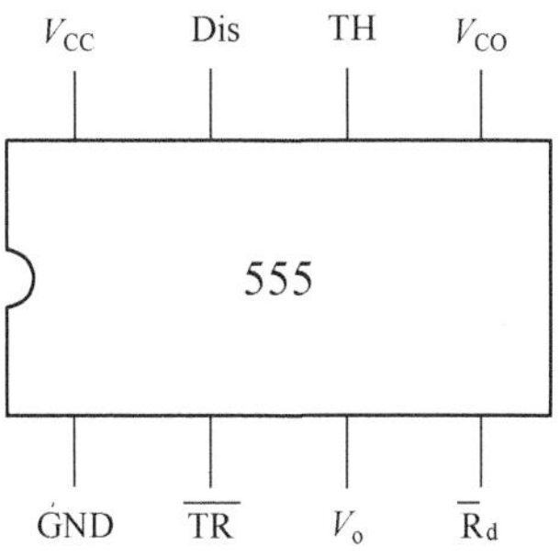

图 2.58　555 定时器引脚图

555 定时器内含有两个电压比较器 C_1、C_2。模拟比较器是一种具有两个模拟信号输入端和一个数字信号输出端的电路。当标有“+”端的输入电位高于标有“-”端的输入电位时，输出高电平，反之输出低电平。

555 定时器内还含有一个由三个阻值相同的电阻 R 组成的分压网络，产生 $\frac{1}{3}V_{CC}$ 和 $\frac{2}{3}V_{CC}$ 两个基准电压；一个由与非门 G_1、G_2 组成的基本 RS 触发器(低电平触发)；放电三极管 T 和输出反相缓冲器 G_3。

根据电路我们可以看到，当 TH 输入端的电位高于 $\frac{2}{3}V_{CC}$ 时，比较器 C_1 输出低电平，使基本 RS 触发器置 0，放电三极管 T 导通，V_o 输出为 0。当 $\overline{TR}$ 输入端的电位低于 $\frac{1}{3}V_{CC}$ 时，比较器 C_2 输出 0，基本 RS 触发器置 1，放电三极管 T 截止，V_o 输出为 1。当 TH 输入端的电位低于 $\frac{2}{3}V_{CC}$ 时，$\overline{TR}$ 输入端的电位高于 $\frac{1}{3}V_{CC}$，555 定时器处于“保持”状态。

$\overline{R}_d$ 是复位端，低电平有效。复位后，基本 RS 触发器的 $\overline{Q}$ 端为 1(高电平)，经反相缓冲器后，输出为 0(低电平)。当 $\overline{R}_d$ 不用时，应将其接高电平。

控制电压输入端 V_{CO} 可接入参考电压，以改变比较器 C_1 的“+”端电压。当 V_{CO} 端不用时，应接入 0.01μF 滤波电容，以消除干扰。放电管 T_D 的输出端 Dis 为集电极开路输出。

555 定时器的控制功能说明见表 2.33。

表 2.33　555 定时器控制功能表

输入			输出	
$\overline{R}_d$	TH	$\overline{TR}$	V_o	Dis
0	×	×	0	导通
1	$<\frac{2}{3}V_{CC}$	$<\frac{1}{3}V_{CC}$	1	截止
1	$<\frac{2}{3}V_{CC}$	$>\frac{1}{3}V_{CC}$	保持	保持
1	$>\frac{2}{3}V_{CC}$	×	0	导通

2)施密特触发器

施密特触发器在数字电路中用于脉冲信号的整形。不论输入信号 V_i 是何种波形,经施密特触发器处理后,输出均为矩形脉冲。

将 555 定时器的 V_{i1}(TH)端和 V_{i2}($\overline{TR}$)端连接在一起,作为输入端 V_i;V_o为输出端,便构成一个施密特触发器,如图 2.59(a)所示。图 2.59(b)为施密特触发器波形图。

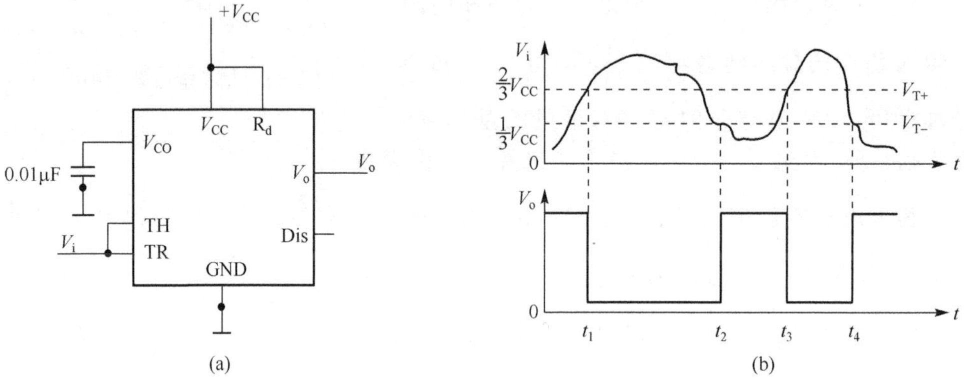

图 2.59　555 构成施密特触发器及波形图

因为 V_i 端与 TH 和 $\overline{TR}$ 端连接,所以 $V_i=V_{TH}=V_{TR}$。令 $v_-=\frac{1}{3}V_{CC}$,$v_+=\frac{2}{3}V_{CC}$,由表 2.33 分析可知:

(1)$V_i<v_-$ 时,$V_{TH}=0$,$V_{TR}=0$,555 定时器"低触发",V_o输出为高电平。

(2)$v_-<V_i<v_+$ 时,$V_{TH}=0$,$V_{TR}=1$,555 定时器"保持",V_o保持。

(3)$V_i>v_+$ 时,$V_{TH}=1$,$V_{TR}=1$,555 定时器"高触发",V_o输出为低电平。可在 V_{CO}端接入参考电压 V_{REF},则 $v_+=V_{REF}$,$v_-=V_{REF}/2$。

3)单稳态触发器

单稳态触发器在数字电路中常用于脉冲波形的整形,将脉宽不一致的信号输入单稳态触发器后,可输出脉宽一致的脉冲信号。单稳态触发器也常用于定时器电路中,调整 *RC* 的值可以得到不同的定时值。单稳态触发器电路图和波形图如图 2.60(a)、(b)所示。

由电路图分析可得:

(1)稳态时:V_i为高电平时,放电管 T 导通,C_T上的电压近似为 0V,输出 V_o为低电平。当 V_i端输入低电平时,放电管 T 截止,电路进入暂稳态,V_o端输出高电平信号。

(2)暂稳态时:定时电容器 C_T经 R_1充电,V_T逐渐升高。当 V_T充电略高于$\frac{2}{3}V_{CC}$时,V_o跳转为低电平,暂稳态结束。

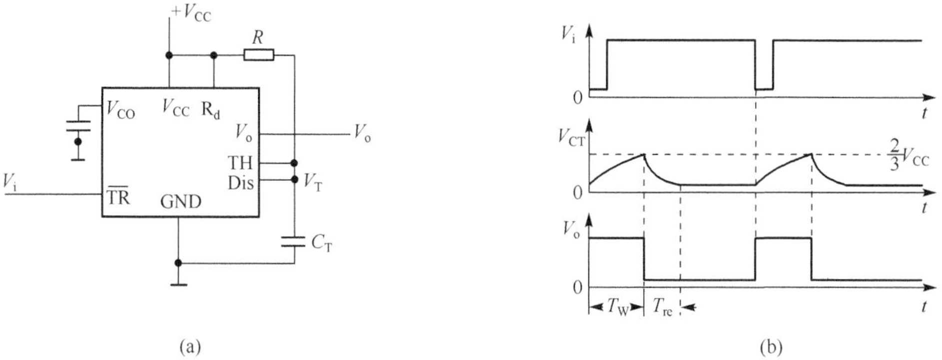

图 2.60　555 构成单稳态触发器及波形图

(3)恢复期：电容 C_T 把暂稳态期间存储的电荷通过放电管 T 放掉，V_T 将为 0V。

单稳态触发器采用电阻、电容组成 RC 定时电路，用于调节输出信号的脉冲宽度 T_W。脉冲宽度其实就是由电容器 C_T 开始充电至 $V_T=\frac{2}{3}V_{CC}$ 的这段暂稳态时间。

脉冲宽度计算公式

$$T_W \approx 1.1RC_T$$

注意　该电路 V_i 端输入信号的脉宽必须小于输出脉冲 V_o 的脉宽(即需要窄脉冲触发)才能定时准确，因此当使用方波信号作为输入信号时，必须经“微分电路”变为窄脉冲。

4)自激多谐振荡器

自激多谐振荡器不需外加触发信号便能在两个稳态之间连续交替转换，产生重复周期和脉宽都固定的矩形脉冲，用于产生连续的脉冲信号。电路图如图 2.61(a)、(b)所示。

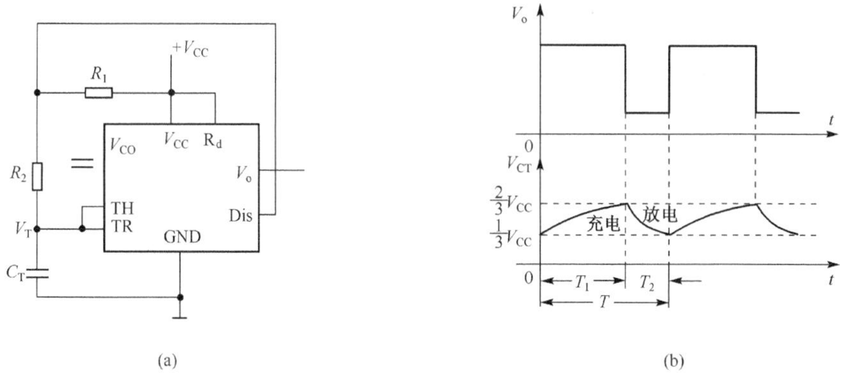

图 2.61　555 构成多谐振荡器及波形图

由电路图分析可得，电容器的充电电阻是 R_1+R_2，放电电阻是 R_2。当 V_C 是低电平时，555定时器低触发，V_o为高电平，放电管T截止，电容器经R_1+R_2充电，当充电至$V_C=V_{TH}>\frac{2}{3}V_{CC}$时，电路高触发，输出$V_o$变为低电平，放电管T导通，电容器经$R_2$放电，当放电至$V_C=V_{TR}<\frac{1}{3}V_{CC}$时，电路又进入低触发，$V_o$变为高电平，如此周而复始，循环不止，输出连续脉冲信号。改变电阻、电容值，可得到不同的时间常数，还可产生周期和脉宽可变的方波输出。

振荡周期计算公式

$$T \approx 0.7\,(R_1+2R_2)C_T$$

实验内容

1)施密特触发器

(1)按照图2.59(a)接线。输入端V_i接直流电源，输出端V_o接示波器，改变电源电压由5～0V，观察输出电压情况，再由0～5V，观察输出电压情况。

(2)用数字信号发生器给出三角波，观察并记录V_i、V_o波形。

(3)改变参考电压V_{REF}，观察并记录V_i、V_o波形。

2)单稳态触发器

(1)按照图2.60(a)接线，取$R=100\text{k}\Omega$，$C_T=47\mu\text{F}$，输入单次脉冲一次，输出接LED电平显示，观察状态灯亮的时间。改变R大小，再进行输入V_i的操作，观察状态灯亮的时间。更换定时电容C_T为$10\mu\text{F}$，再进行上述操作，观察输出V_o的延时情况。

(2)输入端加连续脉冲发生器产生999Hz方波信号，取$R=1\text{k}\Omega$，$C=0.1\mu\text{F}$，用示波器Y_1观测V_i、V_o和V_C波形并记录。

3)多谐振荡器

(1)按照图2.61(a)接线，取$R_1=5.1\text{k}\Omega$，$R_2=5.1\text{k}\Omega$，$C_T=1\mu\text{F}$，用示波器观察V_o和V_C的波形并记录。

(2)在R_2处接电阻箱，改变R_2的大小，用示波器观察V_o的波形及占空比的变化，验证是否与理论相一致。

实验思考题

(1)在实验中555定时器第5引脚所接电容起什么作用？

(2)如在555定时器的第5引脚施加直流电压，试问这个直流电压的最大值是多少？此电压的增加或减少对输出有何影响？

实验报告要求

(1)写出实验目的、实验中使用的仪器仪表及器材。

(2)整理实验线路，记录实验数据，画出各种实验波形。

(3)分析、总结每个实验结果。

实验 11　数模/模数转换器基本应用

实验预习

一、熟悉理论课中数模/模数转换的基本原理。

二、预习 ADC0832 和 ADC0809 的引脚图及特性，掌握其工作原理。

三、实验内容理论值的计算。

实验目的

(1) 了解 DAC0832 和 ADC0809 的基本结构和特性。

(2) 掌握 ADC0832 和 ADC0809 的基本使用方法。

(3) 掌握数字信源状态分析实验箱中数字信源的工作原理及使用方法。

实验器材

(1) 数字信源状态分析实验箱。

(2) 数字示波器。

(3) DAC0832、ADC0809、LM324、电阻、电容等。

实验原理

1) 数模转换器

DAC0832 是电压输入、电流输出的 R-$2R$ 电阻网络的 8 位 D/A 转换器，DAC0832 采用了 CMOS 和薄膜 Si-Cr 电阻相容工艺，温漂低，逻辑电平输入与 TTL 电平兼容。DAC0832 的内部功能框图如图 2.62 所示，外引线排列如图 2.63 所示。

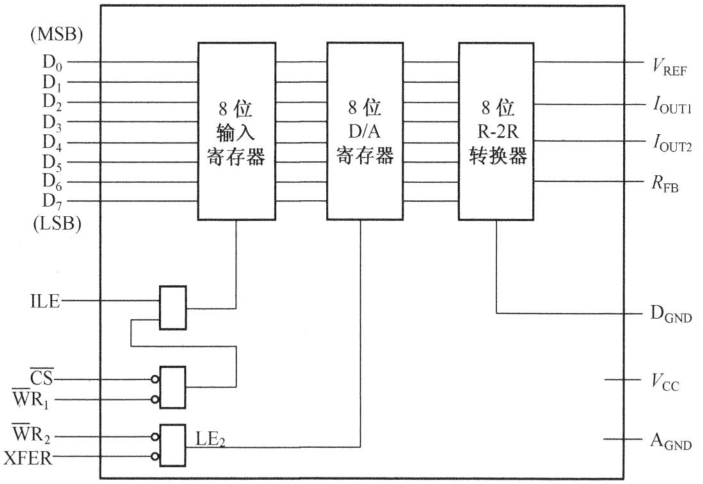

图 2.62　DAC0832 功能框图

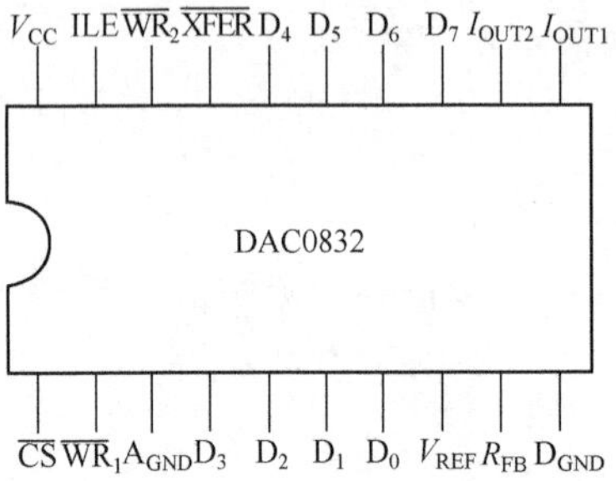

图 2.63 DAC0832 外引线排列图

DAC0832 主要由三部分构成，第一部分是 8 位 D/A 转换器，输出为电流形式；第二部分是由两个 8 位数据锁存器构成的双缓冲形式；第三部分是控制逻辑。计算机可利用控制逻辑通过数据总线向输入锁存器存数据，因控制逻辑的连接方式不同，可使 D/A 转换器的数据输入具有双缓冲、单缓冲和直通三种方式。

当$\overline{WR_1}$、$\overline{WR_2}$、$\overline{XFER}$、$\overline{CS}$接低电平时，ILE 接高电平，即不用写信号控制，使两个寄存器处于开通状态，外部输入数据直通内部 8 位 D/A 转换器的数据输入端，这种方式称为直通方式。当$\overline{WR_2}$、$\overline{XFER}$接低电平时，使 DAC0832 中两个寄存器中的一个处于开通状态，只控制一个寄存器，这种方式叫单缓冲工作方式。当 ILE 为高电平时，$\overline{CS}$和$\overline{WR_1}$为低电平，8 位输入寄存器有效，输入数据存入寄存器。当 D/A 转换时，$\overline{WR_2}$、$\overline{XFER}$为低电平，LE_2 使 8 位 D/A 寄存器有效，将数据置入 D/A 寄存器中，进行 D/A 转化。两个寄存器均处于受控状态，输入数据要经过两个寄存器缓冲控制后才进入 D/A 转换器，这种工作方式叫双缓冲工作方式。

DAC0832 管脚定义说明如下：

$\overline{CS}$——片选输入端，低电平有效，与 ILE 共同作用，对$\overline{WR_1}$信号进行控制。

ILE——允许输入锁存信号，高电平有效。

$\overline{WR_1}$——写信号 1，低电平有效，当$\overline{WR_1}=0$，$\overline{CS}=0$，且 ILE=1 时，将输入数据锁存到输入寄存器中。

$\overline{WR_2}$——写信号 2，低电平有效，当$\overline{WR_2}=0$，$\overline{XFER}=0$ 时，将输入寄存器中的数据锁存到 8 位 DAC 寄存中。

$\overline{XFER}$——传输控制信号，低电平有效，控制$\overline{WR_1}$有效。

$D_0 \sim D_7$——8 位数据输入端。

I_{OUT1}——DAC 电流输出 1，当 DAC 寄存器全为 1 时，输出电流最大，全为 0 时，输出电流最小。

I_{OUT2}——DAC 电流输出 2，输出电流值为 I_{OUT1} 与常数之差。

R_{FB}——反馈电阻引出端，通过该引脚将外部的高精度电压源与片内的 R-$2R$ 电阻网络相连，其电压范围为$-10 \sim +10$V。

V_{REF}——参考电压输入端，电源电压范围为$+5 \sim +15$V，最佳状态为$+15$V。

AGND——模拟地。

DGND——数字地。

为了将模拟电流转换为模拟电压，需把 DAC0832 的两个输出端 I_{OUT1} 和 I_{OUT2} 分别接到运算放大器的两个输入端，经过一级运放得到单极性输出电压 V_{A1}。当需要把输出电压转换为双极性输出时，可由第二级运放对 V_{A1} 及基准电压 V_{REF} 反相求和，得到双极性输出电压 V_{A2}。如图 2.64 所示，电路为 8 位数字量 $D_0 \sim D_7$ 经 D/A 转换器转换为双极性电压输出的电路图。

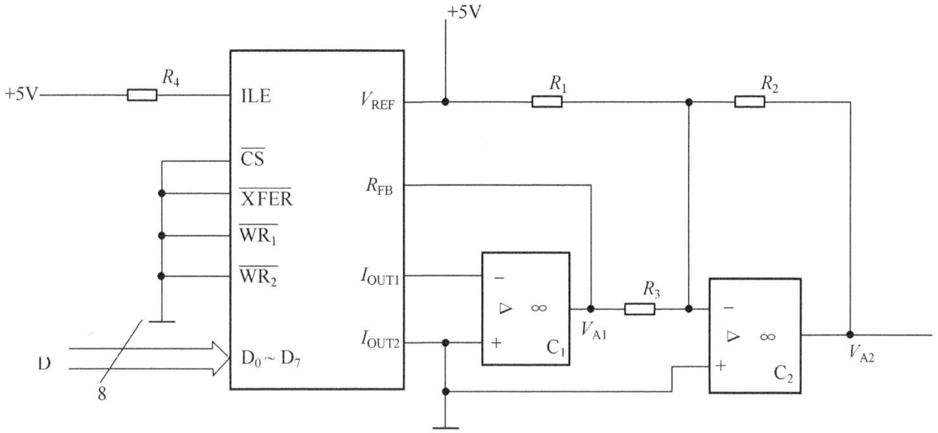

图 2.64　D/A 转换双极性输出电路图

第一级运放的输出为

$$V_{A1} = -V_{REF} \times \frac{D}{2^8}$$

其中，D 为数字量的十进制数。

第二级运放的输出电压为

$$V_{A2} = -\left(\frac{R_2}{R_3}V_{A3} + \frac{R_2}{R_1}V_{REF}\right)$$

当 $R_1 = R_2 = 2R_3$ 时，$V_{A2} = -(2V_{A1} + V_{REF}) = \frac{D-128}{128}V_{REF}$。

2）模数转换器

ADC0809 是采用逐位逼近技术进行 A/D 转换的 CMOS 集成芯片，它的转换时间为 100μs，分辨率为 8 位，转换速度为 ±LSD/2，单 5V 供电，输入模拟电压范围为 0～5V，内部集成了可以锁存控制的 8 路模拟转换开关，输出采用三态输出缓冲寄存器，电平与 TTL 电平兼容。ADC0809 内部结构如图 2.65 所示，引脚分布如图 2.66 所示。

8 路模拟输入信号选择哪一路进行转换，用多路选择器完成。多路选择器包括 8 个标准的 CMOS 模拟开关，3 个地址锁存器。ADDA～ADDC 三位地址选择开关有 8 种状态，可以选中 8 个通道之一。各通道对应地址如表 2.34 所示。

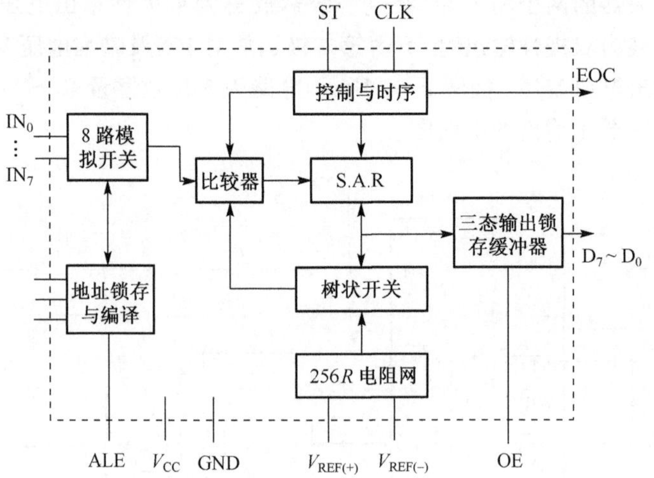

图 2.65 ADC0809 内部结构图

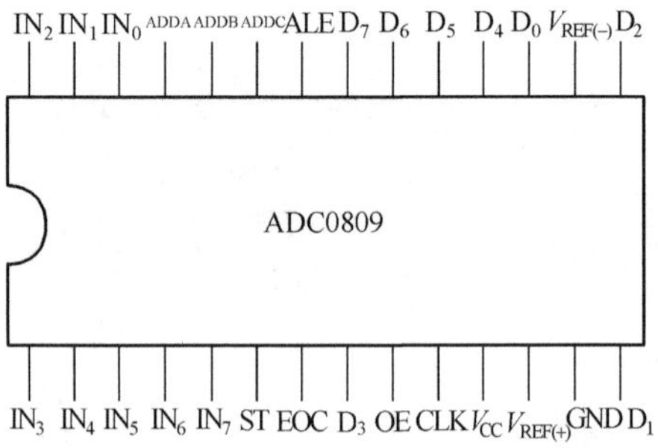

图 2.66 ADC0809 引脚图

表 2.34 地址码对应的模拟通道

地址			模拟通道
ADDC	ADDB	ADDA	
0	0	0	IN_0
0	0	1	IN_1
0	1	0	IN_2
0	1	1	IN_3
1	0	0	IN_4
1	0	1	IN_5
1	1	0	IN_6
1	1	1	IN_7

256个电阻和256个模拟开关组成DAC电路。模拟开关受8位逐次比较寄存器输出状态的控制，8位逐次比较寄存器可记录 $2^8=256$ 种不同的状态，因此开关树输出 V_{REF} 也有256个参考电压，将 V_{REF} 送入比较器与输入模拟电压进行比较，比较

结果再送入 8 位逐次比较寄存器，8 位逐次比较寄存器的状态再控制开关树，如此不断进行比较，直至转换完最低位为止。

如果将 ST 与 ALE 相连，则在通道地址选定的同时也开始 A/D 转换。若将 ST 与 EOC 相连，上一次转换结束就开始下一次转换。当不需要高精度基准电压时，$V_{REF(+)}$、$V_{REF(-)}$ 接在系统电源 V_{CC} 和 GND 上。此时最低位所示的输入电压值为

$$\frac{5V}{2^8} = 20mV$$

$V_{REF(+)}$ 和 $V_{REF(-)}$ 也不一定要分别接在 V_{CC} 和 GND 上，但要满足以下条件：

$$0 \leqslant V_{REF(-)} < V_{REF(+)} \leqslant V_{CC}$$

$$\frac{V_{REF(-)} + V_{REF(+)}}{2} = \frac{1}{2}V_{CC}$$

模拟量的输入有单极性输入和双极性输入两种方式。单极性模拟电压的输入范围为 0～5V，双极性模拟电压的输入范围为 −5～+5V。双极性输入时需要外加输入偏置电路，如图 2.67 所示。

ADC0809 各引脚的功能说明如下：

IN_0～IN_1——8 路模拟信号输入通道。

ADDA、ADDB、ADDC——8 路模拟信号输入通道的三位地址输入端。

ALE——地址锁存允许输入端，该信号的上升沿使多路开关的地址码 ADDA、ADDB、ADDC 锁存到地址寄存器中。

ST——启动信号输入端，此输入信号的上升沿使内部寄存器清零，下降沿使 A/D 转换器开始转换。

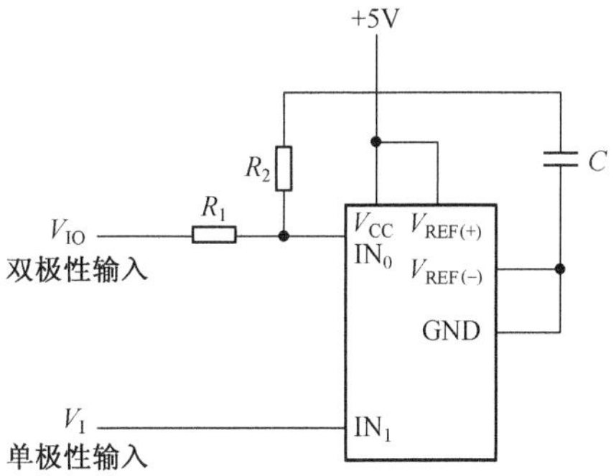

图 2.67 单极性双极性输入方式图

EOC——A/D 转换结束信号，它在 A/D 转换开始时由高电平变为低电平，转换结束后，由低电平变为高电平，此信号的上升沿表示 A/D 转换完毕，常用作终端申请信号。

OE——输出允许信号，高电平有效，用来打开三态输出锁存器，将数据送到数据总线。

D_7～D_0——8 位数据输出端。

CLK——时钟信号输入端，时钟的频率决定 A/D 转换的速度，A/D 转换器的转换时间 T_C 等于 64 个时钟周期，CLK 的频率范围为 10～1280kHz。当时钟脉冲频率为 640 kHz 时，T_C 为 100μs。

$V_{REF(+)}$ 和 $V_{REF(-)}$——基准电压输入端，它们决定了输入模拟电压的最大值和最小值。

GND——地线。

实验内容

(1)将 DAC0832 接成直通工作方式,且输出为单极电压输出。数字量输入端 $D_0 \sim D_7$ 均置 0,测量模拟输出电压 V_o 的值。

(2)按表 2.35 所列,用数字信源输入 8 种状态:从数字量的最低端 D_0 起逐位置 1,用示波器观察对应模拟输出电压 V_o 的值,填入表中并记录输出波形。

表 2.35 DAC0832 实验记录表

输入数字量								输出模拟量 V_o
D_7	D_6	D_5	D_4	D_3	D_2	D_1	D_0	
0	0	0	0	0	0	0	1	
0	0	0	0	0	0	1	1	
0	0	0	0	0	1	1	1	
0	0	0	0	1	1	1	1	
0	0	0	1	1	1	1	1	
0	0	1	1	1	1	1	1	
0	1	1	1	1	1	1	1	
1	1	1	1	1	1	1	1	

(3)按图 2.68 所示接线并分析 ADC0809 实验电路的连接原理。

(4)确定该电路中 R_p 的电阻值,选择 500kHz 脉冲信号作为时钟信号。调节 R_p 使 ADC0809 的输出全为高电平,测量模拟电压值。

(5)按表 2.36 要求,记录 $IN_0 \sim IN_7$ 8 路模拟信号的转换结果,并将结果换算成十进制数表示的电压值,与数字电压表实测的各路输入电压值进行比较,分析误差原因。

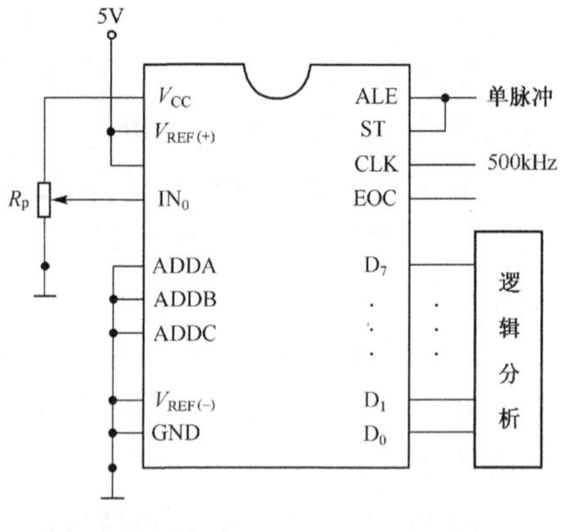

图 2.68 ADC0809 实验电路

表 2.36 ADC0809 实验记录表

模拟通道	输入模拟量	地址			输出数字量								
IN	V_1/V	ADDC	ADDB	ADDA	D_7	D_6	D_5	D_4	D_3	D_2	D_1	D_0	十进制
IN_0	4.5												
IN_1	4.0												
IN_2	3.5												
IN_3	3.0												
IN_4	2.5												
IN_5	2.0												
IN_6	1.5												
IN_7	1.0												

实验思考题

(1)数模转换器的转换精度与什么有关?

(2)DAC 的主要技术指标有哪些?

(3)欲使实验电路的输出电压的极性反相,应该采取什么措施?

(4)为什么 DAC 转换器的输出都要接运算放大器?

(5)ADC 的主要技术指标有哪些?

实验报告要求

(1)写出实验目的、实验中使用的仪器仪表及器材。

(2)记录、整理实验数据并对其进行分析,若存在误差,试分析产生误差的原因有哪些?

(3)回答实验思考题。

(4)分析实验中出现的故障及其原因。

2.2　数字电路综合实验

综合一　交通灯控制系统

实验目的

(1)了解交通信号灯的工作原理。

(2)掌握利用中小规模器件组成交通信号灯的设计及测试方法。

实验任务与要求

设计一个十字路口的交通灯控制电路,如图 2.69 所示,要求如下:

(1)要求有甲通道、乙通道交通灯红、黄、绿三色,红灯表示该道路禁行,黄灯表示停车,绿灯表示该道路通行。

(2)甲通道红、黄、绿灯持续时间为 30s、5s、55s,乙通道红、黄、绿灯持续时间为 60s、5s、25s。

(3)十字路口红灯、绿灯、黄灯要有数字显示作为时间显示,要求用减法计数。

(4)黄灯每秒闪亮一次。

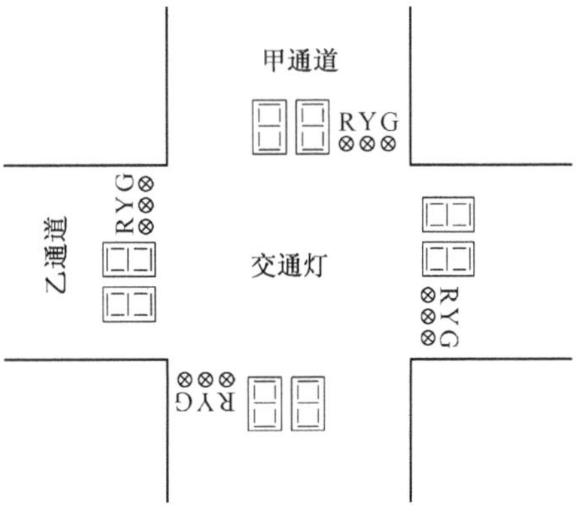

图 2.69　交通灯示意图

实验设计提示

交通灯实验设计方案很多,可用中小规模器件实现,也可用大规模器件或可编程逻辑器件、单片机实现,本实验要求用中小规模器件实现,框图如图 2.70 所示。

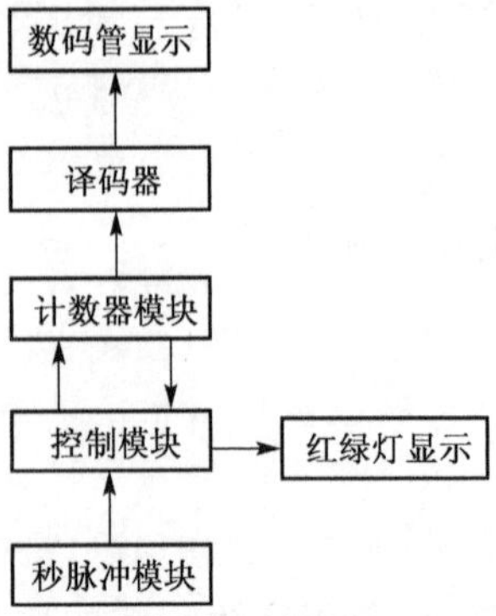

图 2.70 交通灯控制系统框图

主要设计模块有：秒脉冲电路模块，一般由多谐振荡器及分频器构成，多谐振荡器可由 555 定时器及相关的电阻电容组成。计数显示模块包括计数器、译码器、数码管三部分，计数器可采用加、减法计数器，如 74LS161、74LS163、74LS290 等实现。译码器可由 74LS138、74LS248 等实现；显示模块可用 74LS47、74LS48 来实现。红绿灯信号控制模块可由状态控制器、状态译码器及模拟三色信号灯构成。分析可得系统共有四种不同的工作状态，可选用计数器或触发器作为状态控制端，状态分别为 00、01、10、11。四种状态对应甲、乙通道信号灯的控制要求，如表 2.37 所示。

表 2.37

状态控制器	甲通道			乙通道		
Q_1Q_0	红	黄	绿	红	黄	绿
00	0	0	1	1	0	0
01	0	1	0	1	0	0
10	1	0	0	0	0	1
11	1	0	0	0	1	0

实验报告要求

(1)完成交通灯设计逻辑电路图，说明工作原理与工作过程。

(2)对实验中产生的故障进行分析，并提出解决办法。

(3)根据实际中十字路口的交通情况，可调整设计方案，如增加左转指示等功能。

综合二　多路彩灯的设计

实验目的

(1)熟悉双向移位寄存器的工作原理。

(2)掌握用移位寄存器实现彩灯的设计方法。

实验任务与要求

设计 8 路彩灯控制电路，要求按照以下三种花型循环变化：

(1)由左到右依次亮，然后依次灭；由右到左依次亮，然后依次灭。

(2)由中间两个点到两边依次亮，依次灭。

(3)实现如图 2.71 所示的状态变换。

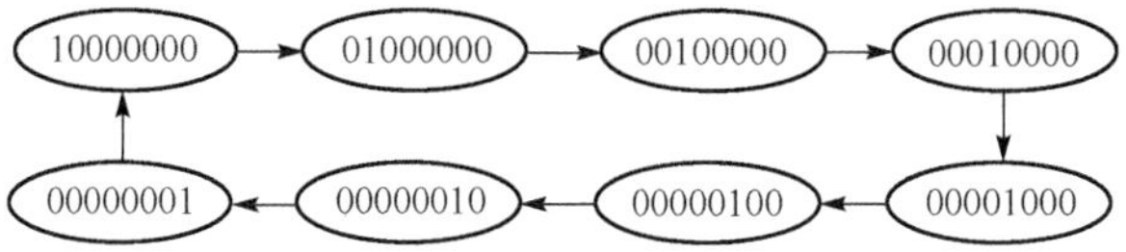

图 2.71 状态转换图

实验设计提示

电路框图如图 2.72 所示。

用 555 定时器加一些阻容器件实现秒脉冲,用于控制彩灯的频率。计数器或触发器产生三个状态分别对应彩灯的三种花型。移位寄存器的左移、右移实现具体的花型变换,可用 74LS194 来实现。

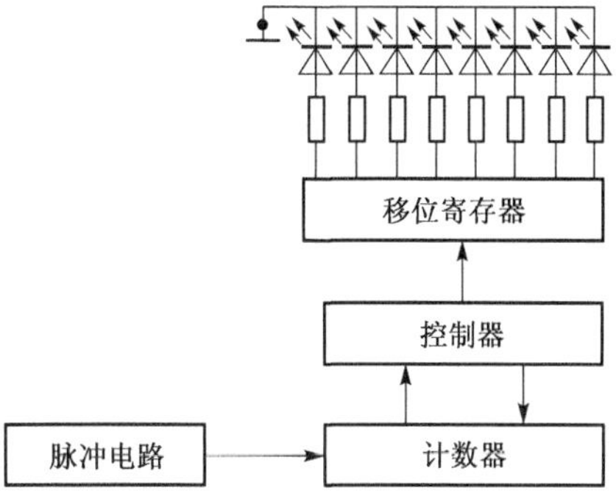

图 2.72 多路彩灯电路框图

实验报告要求

(1)画出电路设计图,分析其工作原理。

(2)对实验中产生的故障进行分析,提出解决办法。

(3)可适当扩展一些功能,如频率进行变换等。

综合三 抢答器的设计

实验目的

(1)熟悉多路抢答器的工作原理。

(2)掌握利用中小规模器件实现抢答器的设计及测试方法。

实验任务与要求

设计一个可供四名选手竞赛的抢答器,要求如下:

(1)给所有选手编号 D_1、D_2、D_3、D_4,分别对应抢答按钮 1、2、3、4。

(2)给主持人设置一个开关 K,用来控制抢答开始或者清零,抢答生效时,主持人旁抢答计时器显示 30,同时开始倒计时,30s 内抢答有效。若 30s 内无人抢答,抢答计时器停在 00,同时有 5s 铃声提示。

(3)当主持人按下抢答开关 K 时,在 30s 内有选手抢答,数码管 A 显示第一个按下抢答按钮的选手编号,同时有 1s 铃声提示,抢答计时器则停留在抢答时刻的时间,其余选手抢答无效。选手编号一直保持到主持人按下清零开关为止。

实验设计提示

本实验要求用中小规模器件实现。主要设计模块有:秒脉冲电路模块,一般由多谐振荡器及分频器构成，多谐振荡器可由555定时器及相关的电阻电容组成。计数译码显示模块，由计数器、译码器、数码管三部分组成，计数器可采用加、减法计数器，可由74LS161、74LS163、74LS290等实现；译码器可由74LS138、74LS248等实现；显示模块可用74LS47、74LS48来实现。锁存模块，当抢答开始时，锁存器工作，一旦检测到有抢答信号，立刻锁存，可由74LS75等实现。控制模块是抢答器电路设计的关键，主要控制抢答器的工作状态，主持人按下开关K时，进入正常抢答状态；当选手按下抢答按钮时，抢答器进入锁存状态，计时电路停止；抢答无效时，抢答电路、计时电路停止，同时报警电路工作。报警模块主要用于提示主持人有选手抢答，或30s内无人抢答，可由555集成芯片、三极管、蜂鸣器等组成。设计框图如图2.73所示。

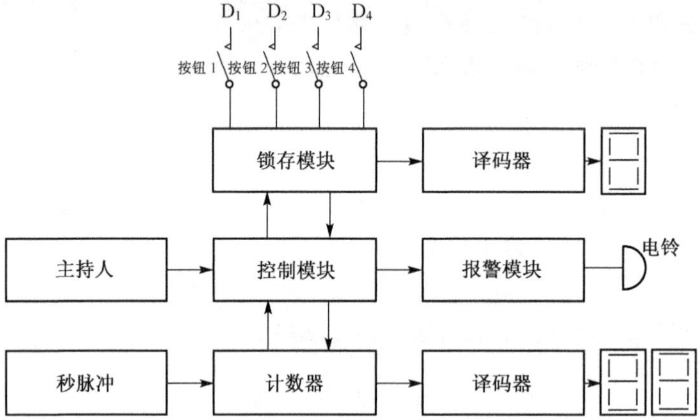

图2.73 抢答器设计框图

实验报告要求

(1)完成抢答器设计逻辑电路图，说明工作原理与工作过程。

(2)对实验中产生的故障进行分析，并提出解决办法。

(3)可根据实际情况扩展一些功能，如增加选手人数等。

综合四 数字钟逻辑电路的设计

实验目的

(1)了解利用中小规模器件组成数字钟的基本原理及具体电路。

(2)掌握 N 进制计数器及其整点报时逻辑电路的设计方法。

(3)进一步掌握中规模计数器、译码器及数码管的使用方法。

实验任务与要求

设计一个多功能数字钟，要求如下：

(1)具有“秒”、“分”、“时”计时和显示功能，小时计数按24h进制。

(2)具有手动校时功能,能对"时"和"分"进行调整。

(3)具有整点报时功能。

实验设计提示

数字钟一般由振荡器、计数器、译码器、显示器和校时电路等部分组成,如图2.74所示,时钟脉冲信号作为秒信号送入计数器进行计数,并使计数的结果通过"时"、"分"、"秒"译码器和显示器后,显示时间。

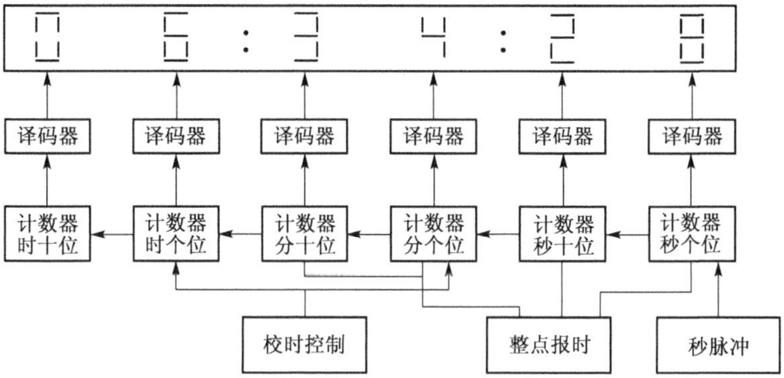

图2.74　数字钟框图

计数电路是由时钟脉冲信号CP经过六级计数器,分别得到"秒"个位、十位;"分"个位、十位;"时"个位、十位的计数。"秒"、"分"计数器为六十进制,"时"为二十四进制。采用反馈置零法,先按二进制计数级联起来构成计数器,当计数状态达到所需的模值后,经门电路译码反馈,产生"复位"脉冲将计数器清零,然后重新开始进行下一个循环。译码和显示电路是将反映"时"、"分"、"秒"的8421代码翻译成驱动LED七段数码管所需的代码。校时控制电路和数字钟电路刚通电时,显示的时间需要校对,或工作一段时间出现误差时,也需要校对。

实验报告要求

(1)完成电子钟设计逻辑电路图,说明工作原理与工作过程。

(2)对实验中产生的故障进行分析,并提出解决办法。

(3)可根据实际情况扩展一些功能,如定时闹钟、日历等功能。

综合五　数字频率计的设计

实验目的

(1)熟悉数字频率计的工作原理。

(2)掌握利用中小规模器件实现数字频率计的设计及测试方法。

实验任务与要求

设计一个四位十进制数的简易数字频率计，要求如下：

(1)四挡量程分别为×1000、×100、×10、×1。

(2)四位十进制数字显示，小数点随量程的变更自动移动。

(3)测量范围 1Hz～10MHz。

实验设计提示

电路框图如图 2.75 所示。

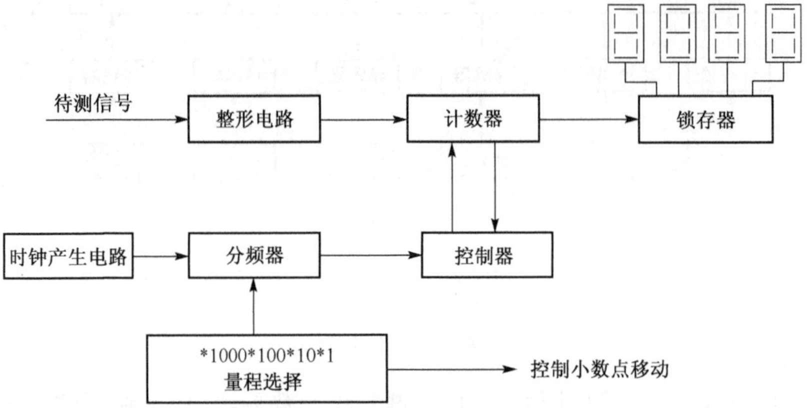

图 2.75 数字频率计的设计框图

主要电路包括：

• 时钟产生电路，由 555 定时器构成多谐振荡器组成或由晶体振荡器及分频器组成，电路输出频率为 1kHz。整形模块，由于待测信号的多样性，要使计数器准确计数必须对待测信号进行整形，通常采用施密特集成触发器，可由 555 定时器搭配门电路组成。

• 分频电路，可由计数器构成，对 1kHz 的时钟信号进行三次十分频，依次产生 100Hz、10Hz、1Hz 三种基准信号，分别对应量程为×1000、×100、×10、×1。

• 计数电路，对待测信号进行脉冲计数，所得结果乘以量程即为频率。

• 控制电路，对分频器输出基准信号整形二分频，输出信号为方波，高电平持续时间分别为 0.001s、0.01s、0.1s、1s，送入计数器对待测信号计数，同时触发锁存器，使计数器在计数完毕后更新锁存器数值。

• 锁存和显示电路，将计数器所得结果送入锁存器锁存，用七段数码管显示所测信号频率。

实验报告要求

(1)完成频率计逻辑电路图设计，说明其工作原理与工作过程。

(2)对实验中产生的故障进行分析，并提出解决办法。

下篇

可编程逻辑设计

第3章　数字系统设计基础

随着数字集成技术和计算机技术的迅猛发展，数字系统设计的理论和方法也在不断地发展和变化。数字系统的实现方法经历了由分立元件、小规模集成电路(SSI)、中规模集成电路(MSI)、大规模集成电路(LSI)到超大规模集成电路(VLSI)的过程。

传统的数字系统设计方法是利用真值表、卡诺图、状态方程组、状态转换表、状态转换图等描述工具建立系统模型来进行系统设计的，而对于一个复杂的数字系统(含有几万、甚至几十万个逻辑门)，如果用这种传统的数字电路设计方法求解，往往是非常困难甚至有时是根本无法进行的。

近年来电子设计自动化(EDA)技术的发展使得数字系统设计的理论、方法和设计工具发生了很大变化，传统的设计方法逐步被基于 EDA 技术的设计方法所替代。一般狭义的 EDA 技术是指以大规模可编程逻辑器件为载体，以硬件描述语言(hardware description language，HDL)为系统逻辑的主要表达方式，借助功能强大的计算机，在 EDA 工具软件平台上，对用 HDL 描述完成的设计文件，自动完成由软件方式设计的电子系统到硬件系统的逻辑编译、逻辑简化、逻辑分割、逻辑综合和优化、逻辑布线、逻辑仿真，直至对特定目标芯片的适配编译、逻辑映射、编程下载等工作，最终形成集成电子系统或专用集成电路(application specific integrated circuits，ASIC)芯片的一门新技术。书中以下章节均对这种 EDA 设计思想进行讲述。

3.1　数字系统基本结构

数字系统是指对数字信息进行存储、传输和处理的电子系统。数字系统一般由输入、输出接口，数据处理器和控制器三部分组成，如图 3.1 所示。其中输入、输出接口完成物理量和数字量的相互转换，数据处理和控制器是对数字量进行处理的功能模块，也称作数字逻辑子系统，大型的数字系统还可以包含若干子系统。

数据处理器由寄存器和组合逻辑电路组成。寄存器用于暂存操作中的源数据和中间结果，组合逻辑电路根据内部寄存器的现态和输入值生成寄存器的次态、输出信号和状态信号，实现对数据的加工和处理。数据处理器按不同的次序完成数字系统中最基本的信息传送并对信息进行各种处理操作，这种操作的次序是由控制器决定的。

为了让数字系统执行复杂的任务，必须将任务转化为多个操作和测试序列，通常称为算法。控制器的任务就是接受外部输入信号和各个逻辑功能部件或子系统的反馈输入信号，进行处理后，发出各种控制命令，用来控制各逻辑功能部件或子系统协调工作,以实现整个数字系统的复杂功能。一般来说,有无控制器是区分数字系统和逻辑功能部件的主要标志。

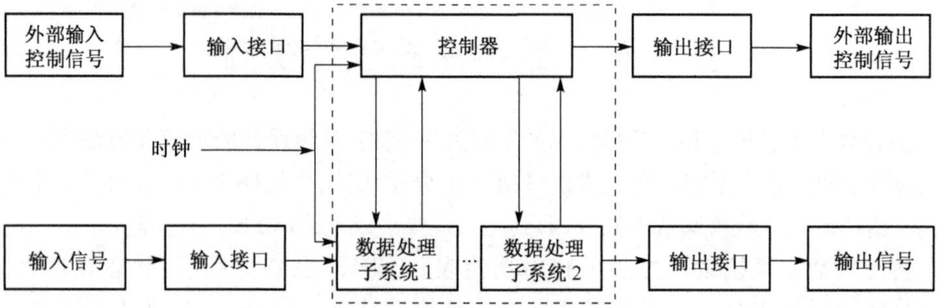

图 3.1 数字系统结构

3.2 现代数字系统描述工具和设计方法

3.2.1 数字系统设计的描述工具

为了在系统设计的各个阶段精确地定义和描述设计目标的功能和性能,需要采用适当的描述工具,常用的有:方框图、算法流程图、算法状态机(ASM)图和备有记忆文档的状态(MDS)图等。

1. 方框图

方框图用于描述数字系统的模型,是系统设计阶段最常用的描述手段。方框图可以详细描述数字系统的总体结构,并作为进一步详细设计的依据。方框图中每一个方框定义了一个信息处理、存储或传送的子系统,在方框内用文字、表达式、通用符号或图形来表示该子系统的名称或主要功能。方框之间采用带箭头的直线相连,表示各个子系统之间数据流或控制流的信息通道,箭头指示了信息传送的方向。图 3.2 是某一个数据采集系统的方框图以及某一模块的细化方框图。

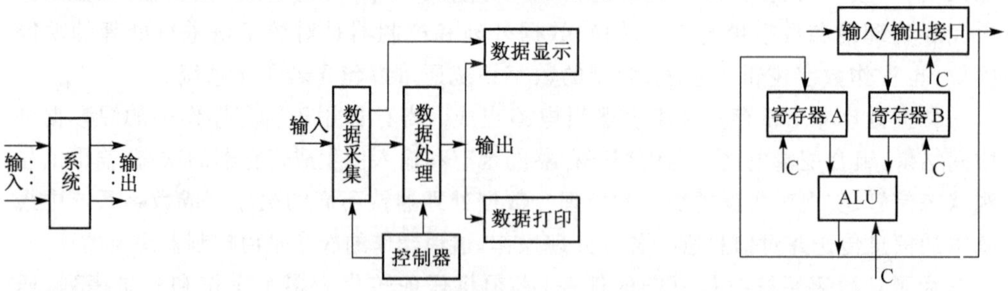

(a) 系统框图 (b) 细化框图 (c) 数据处理器框图

图 3.2 某系统的方框图及细化方框图

方框图的设计是一个自顶向下、逐步细化的过程。一般总体结构设计方框图需要有一份完整的系统说明书。在说明书中，不仅需要给出表示各子系统的方框图，同时还需要给出每个子系统功能的详细描述。如图3.2所示的例子中，首先设计系统的粗框图，如图3.2(a)，仅定义和描述了系统的输入输出。图3.2(b)是进一步的系统分解和细化，将系统分解为数据采集、数据处理、数据显示、数据打印和控制器五个部分。图3.2(c)是对数据处理模块的进一步细化。

方框图的划分原则是尽可能以功能块为基本单位对数字系统进行划分，这种功能块不一定是现成的逻辑模块，可以是有利于描述、有利于设计和实现的逻辑模块。用PLD器件设计数字系统时，用方框图描述方法作为系统设计的辅助手段，是经常采用的一种有效方法。

2. 算法流程图

算法流程图简称流程图，一般用来表示算法。算法是按照先后顺序排列的计算步骤，与电路的时序无关。算法流程图的设计过程也是系统的一个逐步细化的过程。算法流程图由工作块、判别块、条件块、开始块、结束块以及指向线组成。

如图3.3(a)所示的矩形框是工作块，也称传输框，表示要完成的寄存器传输操作。矩形框内用文字简要说明要进行的逻辑操作或算术运算，以及应输出的信号。工作块中的操作与相应的硬件有良好的对应关系，同一工作块规定的操作可对应不同的硬件实现方案。

如图3.3(b)所示的菱形符号是判断块，表示计算的分支。菱形框内用简短术语给出判别条件，判别量可以是状态变量，也可以是外输入变量。根据判别量数量的不同，可以构成两个以上的分支，如果分支较多，可以用多个判别块并联使用。

图3.3(c)中带一个横线的矩形块是条件块。条件块的输入路径与判别块的一个输出分支相连接。仅当该分支条件满足时，条件块中标明的操作才执行，而且是在分支条件满足时立即执行。条件块规定的操作与特定条件有关，故称为条件操作；条件操作的输出称为条件输出。而工作块规定的操作属于无前提条件操作。

图3.3(d)是开始块和结束块的符号，以标注算法流程图的开始和结束。指向线用箭头线表示，指示了运算的先后步骤。

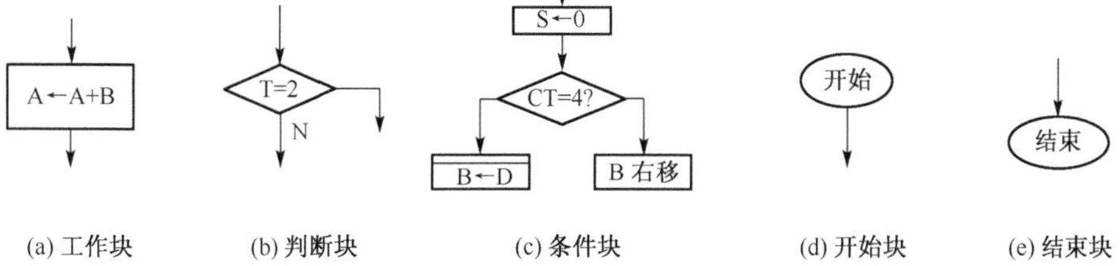

图3.3 算法流程图图例

3. 算法状态机(ASM)图

算法流程图描述数字系统时，仅规定了操作顺序、操作内容，并未严格规定各操作的时间及各操作之间的时序关系。而在设计系统同步时序结构的控制器时，由于控制器是在时钟脉冲的驱动下完成各种操作，应该对各种操作之间的时间关系做出严格的描述。此外，算法流程图对于控制器的输出信号也没有做具体规定。因此在设计系统控制器时，对于控制器的状态转换和相应输出的描述要用到另一种描述工具——算法状态机图(algorithmic state machine chart，ASM图)。

1)ASM图简介

ASM图是一种用于描述同步时钟控制流程的图形方式，其符号及符号意义与算法流程图相似。但ASM图是用来描述控制器在不同时间内完成的一系列操作，指出了控制器状态转换顺序、转换条件以及控制器的输出，它与控制器硬件的实现有很好的对应关系。

ASM图与算法流程图之间的主要区别在于：

(1)算法流程图是一种事件驱动的流程图，而ASM是以时钟CP驱动的流程图。算法流程图的工作块可能对应ASM图中的一个或几个状态块，即对应控制器的几个状态。

(2)ASM图强调状态转移即状态转移的条件，以及相应状态下的输出值。而算法流程图强调执行的操作及顺序。

在系统设计的初期，一般是进行高层次设计，多使用算法流程图；在进一步细化时，为了精确控制器设计才使用ASM图。

2)ASM图形符号

ASM图的图形符号主要有：状态块(图3.4)、判别块(图3.5)、条件输出块(图3.6)和ASM块。

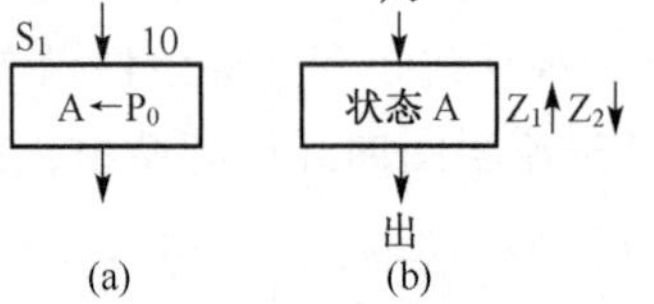

图3.4 状态块

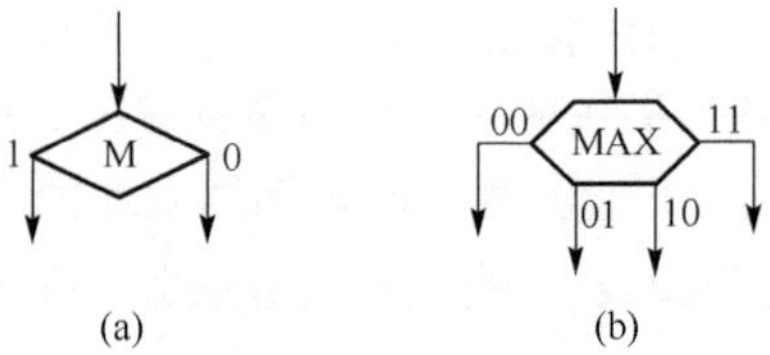

图3.5 判断块

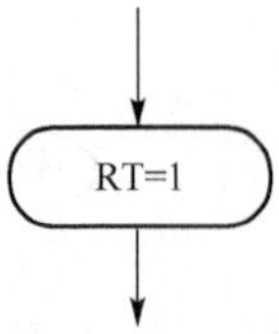

图3.6 条件输出块

状态块用一个矩形框表示，矩形框内定义在此状态下实现的寄存器传输操作和输出。矩形框的左上角标明状态的名称，右上角标明分配给该状态的二进制码，如图3.4(a)所示。有时可以在状态块旁标注Moore型输出(图3.4(b))，用“Z↑”表示输出信号Z进入状态A有效；“Z↓”表示输出信号 Z 退出状态 A 无效;“Z↑↓”表示进入状态 A 输出信号 Z 有效,退出状态 A 输出信号 Z 无效(注意:这里没有设计该信号 Z 是高或低有效。)

ASM 图判别块的符号与算法流程图中判别块的符号相同。

ASM 图的条件输出块是一个圆角矩形块,如图 3.6 所示。条件输出块的输入必定与判断块的某一分支的输出相连。条件输出块内所规定的操作是在与其输入相连的判断块内的判断条件满足的情况下才发生的。因此,条件输出块的独特之处在于:条件输出块中所规定的操作必须在条件满足时才进行。

ASM 图表示事件的时间间隔序列。ASM 图状态由现态转到次态的这种状态改变是在时钟信号的控制下实现的。一个 ASM 图可以由若干个 ASM 块组成。一个 ASM 块表示一个时钟周期内的系统状态。每个 ASM 块必定包含且只允许包含一个状态块,与此状态块相连的若干个判断块和条件输出块也属于该 ASM 块。

3)ASM 图的建立

ASM 图是在算法流程图的基础上得到的,两者之间工作块(状态块)、判别块、条件操作块(条件输出块)均一一对应。由算法流程图很容易转换成 ASM 图,ASM 图也可以直接由状态图转换得到。

根据算法流程图求 ASM 图主要是安排状态,安排状态的原则是:在算法的起点安排一个状态;为不能同时实现的寄存器操作分配不同的状态;在受寄存器操作影响的判断处安排一个状态。

根据以上原则可以把如图 3.7(a)所示的流程图转换成图 3.7(b)所示的 ASM 图。

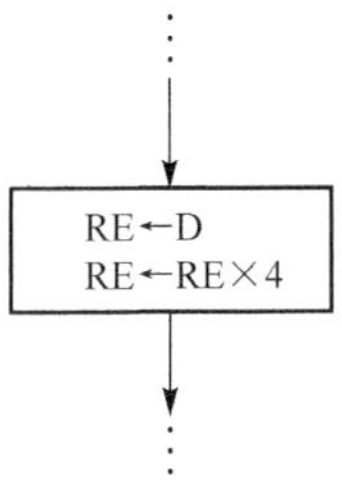

(a) 流程图局部

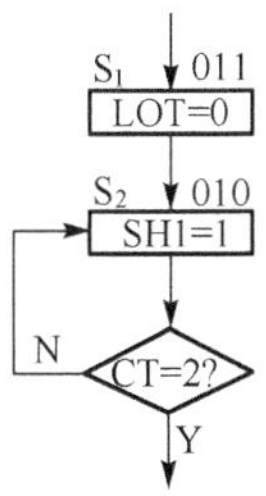

(b) 对应的 ASM 图

图 3.7 局部流程图和对应的 ASM 图

4.备有记忆文档的状态图(MDS 图)

备有记忆文档的状态图(memonic documented diagrams,MDS)又称为助记状态图。它是 1980 年由美国人 William Fletcher 提出的一种系统设计方法。MDS 图可以描述出整个数字系统的逻辑关系,并且与硬件有良好的对应关系;同时 MDS 图可以清楚地反映出所要设计部分的电路应提供的状态数、各个状态之间的转换必须符合的条件以及在状态转换时需要哪些输入信号、何时产生输出信号、输出信号的输出方式等，以便设计者依照 MDS 图方便地设计出符合数字系统要求的逻辑电路。需要注意的是，从 MDS 图中不能反映器件的时延影响，因此需要设计相应的附加电路。MDS 图与一般的数字电路中时序电路的状态转移图极为类似，这两种描述方法都与硬件实现有良好的对应关系。但状态转移图只能针对某一局部电路设计，而不能描述整个数字系统的逻辑关系。

1）MDS 图表示方法、常用符号及其含义

MDS 图用一个圆圈表示状态，在圆圈内用符号表示状态名称，在圆圈外用符号或者逻辑表达式表示输出。用定向线表示状态转换方向，定向线旁的符号或者逻辑表达式表示状态转换条件。

MDS 图中符号的含义如下：

Ⓢi——表示状态 S_i。

Ⓢi→Ⓢj——表示状态 S_i 无条件转换到状态 S_j，即只要时钟脉冲 CP 的有效作用沿到来，状态 S_i 自动转换为 S_j。

Ⓢi $\xrightarrow{E}$ Ⓢj——表示在满足条件 E 的情况下，状态 S_i 转换到 S_j；转换条件 E 可以是一个变量，也可以是一个较为复杂的布尔代数表达式。需要指出的是，该状态的转换必须在系统时钟有效沿的作用下实现。

Ⓢi Z↑——表示进入状态 S_i 时，输出信号 Z 变为有效。若 Z 的有效电平已经确定，则可在 Z 旁边注明。例如，Z 为高有效，则用Ⓢi Z＝H↑表示。

Ⓢi Z↓——表示进入状态 S_i 时，输出信号 Z 变为无效。若 Z 的有效电平已经确定，则可在 Z 旁边注明。例如，Z 为高有效，则用Ⓢi Z＝H↓表示。

Ⓢi Z↑↓——表示进入状态 S_i 时，输出信号 Z 变为有效，退出状态 S_i 时，Z 变为无效。若 Z 的有效电平已经确定，则可在 Z 旁边注明。例如，Z 为高有效，则用Ⓢi Z＝H↑↓表示。

Ⓢi Z↑↓＝S_i・T——表示如果条件 T 满足，则进入状态 S_i 时，输出信号 Z 变为有效；退出状态 S_i 时，Z 变为无效。

Ⓢi* $\xrightarrow{X_i}$——表示 X_i 是一个异步输入变量，而 S_i 是在异步输入作用下才退出这一状态的。

2）MDS 图的建立

ASM 图可以作为系统方案的最终结果来直接设计电路，也可作为阶段性成果，转换成设计 MDS 图的控制器。由 ASM 图导出 MDS 图的方法如下：

(1)ASM 图的一个状态块对应于 MDS 图的一个状态圆。两个状态块之间允许存在一个异步输入信号，当两个状态块之间多于一个异步输入信号时，必须增加状

态块，以免丢失异步输入信号。两个状态块之间若存在前后连续的多个判别块，则表示判别条件同时满足时，转入下一个状态块。

(2) ASM 图的判别块对应 MDS 图的分支，其中判别变量是转换条件或分支条件的一部分或全部。两个状态圆之间允许有一个分支。

(3) ASM 图中的条件输出和 MDS 图中的条件输出相对应。条件输出信号标注在当前状态圆旁边。

(4) ASM 图条件输出块中的信息就是 MDS 图中对应的状态输出。

3.2.2 数字系统设计步骤及方法

1. 数字系统设计步骤

数字系统的设计过程通常有五个步骤：功能确定、系统描述、算法设计、结构选择和电路实现。

1) 系统逻辑功能的确定

确定数字系统逻辑功能，即根据用户要求，经反复交流和分析，确定系统要"设计什么样的功能，系统要达到什么样的指标"。具体包含以下三方面：

(1) 确定所设计系统的输入、输出信息，包括输入输出量的特征、格式及传送方式；

(2) 确定所设计系统中所有控制信号的作用、格式及控制信号之间，控制信号与输入、输出信息之间的关系；

(3) 数据处理过程和系统控制过程要达到的技术指标。

2) 系统描述

系统描述就是用某种形式如文字、图形、符号或表达式等正确地描述用户要求及系统应具有的逻辑功能。

3) 算法设计

算法的设计是指寻求一个可以实现系统功能的方法。实际上就是将系统要实现的复杂运算分解成一组有序进行的子运算。为确切表示设计师所构思的算法，也需要适当的描述工具把算法用适当的形式表示出来，供分析和下一步设计用。一般采用算法流程图和硬件描述语言。特别需要说明的是，在确定所设计系统的功能后，实现该功能的算法并不是唯一的。

4) 电路结构选择

电路结构选择是指寻求一个可以实现上述算法的电路结构。算法设计与电路结构选择密切相关。不同的算法可实现同一系统功能，但将会有不同的电路结构。同一算法在不同情况下也可以对应不同的电路结构。

在数字系统设计中，不但要考虑用户对系统逻辑功能的要求，同时也要考虑许多非逻辑因素。首先就是运算速度和系统成本价格，还有系统的可靠性、可测试性、功耗、体积、工艺等。

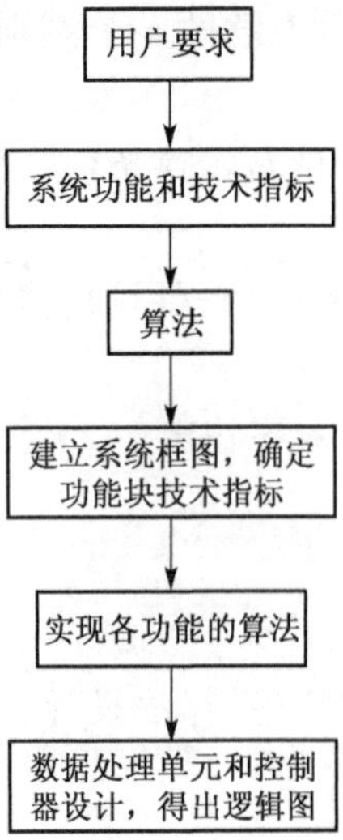

图 3.8 数字系统逻辑设计

5)电路的实现

根据设计和生产的条件,选择适当的器件来实现电路,并导出详细的逻辑电路图。

从以上五个步骤可以看出,一旦确定了待设计系统的逻辑功能,可以用不同的算法来实现;而每一种算法又可以选择不同的电路结构;同一种结构又可以采用不同的电路,最终的设计结果是多种多样的,以满足实际需要和性价比。

上面所述五个步骤的设计过程通常称为数字系统的逻辑设计。图 3.8 描述了这一过程。逻辑设计的任务是把用户的各种逻辑和非逻辑要求变成一张实现这些要求的详细逻辑图。这之后的工作就是工程设计阶段:电路印制板设计、接插件选择及形成整机的工艺文件。

2.数字系统的设计方法

传统的数字系统设计方法是利用真值表、卡诺图、状态方程组、状态转换表、状态转换图等描述工具建立系统模型进行系统设计的方法。对于一个比较复杂的数字系统,由于它的输入变量、输出变量数和内部的状态变量数很多,如果用传统的设计方法来描述和设计将会十分困难,有时甚至无法进行。因此必须寻求从系统总体出发来描述和设计的方法,目前这样的数字系统设计方法有很多种,常用的有自顶向下和自底向上。

1)自顶向下

自顶向下法是一种从系统抽象定义到具体电路的实现,从高层次(如系统框图)到低层次(如子框图)直至具体逻辑电路,逐步由粗到细的分层次、分模块的设计方法。

首先从功能分割角度将设计由上到下进行层次化和模块化分割,也就是对系统进行分层次(总系统图层、子系统层、功能块层、电路逻辑块层等)设计和仿真。功能分割时,将系统功能分解为功能块,功能块再分解为逻辑块,逻辑块又分解为更小的逻辑块和电路,如此分割最后将设计细化,将功能逐步具体化、模块化。这种设计是逐渐逼近于具体电路的。

逻辑块的划分应遵循尽可能独立且便于描述的原则。在对系统进行划分时需要注意子系统的数目要合适。子系统划分的太少,则失去了模块化设计的优点;子系统划分的太多,则系统之间的连接过于复杂,容易出错。当然,如果数字系统并不复杂,也可以不划分出子系统。子系统设计的首要任务是对其功能进行正确划分,即能正确地把子系统划分为控制器模块(控制电路及由其产生的控制信号)和数据处理器模块(进行逻辑运算、算术运算的电路)。数据处理器模块的设计一般比较简单,而且也有很多标准模块可以使用。通常子系统设计的中心工作是对控制器模块进行设计,而控制器模块设计的关键是对同步时序电路进行设计。

根据系统层次的划分,自顶向下设计方法分为四个阶段:①系统级的设计。确定设计任务,对系统总的技术指标进行描述,这是最高一级的描述。②算法级设计。算法级设计是对系统功能的一种描述,给出了实现系统功能的方法。③逻辑级设计。确定系统经分解后各功能模块的组成和相互联系。④器件级设计。详细的逻辑电路图,实现系统的各集成块及它们之间的连线。

2)自底向上

自底向上法是根据系统功能要求,从具体的器件、逻辑部件或者相似系统开始,凭借设计者熟练的技巧和丰富的经验,通过对其进行相互连接、修改和扩大,构成所要求的系统。该方法是从底层(具体部件)开始的,实际上无论是取用已有模块还是自行设计电路,其设计成本和开发周期都优于自顶向下法,但由于设计是从最底层开始的,所以难以保证总体设计的最佳性,如电路结构不优化、能够公用的器件没有公用等。

应当说明的是,自底向上法并非一切从硬件开始设计,设计之初,依然要了解系统要求,设计中要保证系统功能的实现。所谓自底向上主要指在设计功能模块时,应考虑如何使用现有器件。

实际上在现代许多设计中,是混合使用自顶向下和自底向上法的,因为这样可以取得更好的设计效果。一般来说,自顶向下的设计方法适用于设计各种规模的数字系统,自底向上法则更适用于小型数字系统。

3.3 设计举例

3.3.1 交通灯控制器的设计

1. 设计要求

(1)设计一个用于十字路口的交通灯控制器。十字路口由一条南北方向的主干道和一条东西方向的支路交叉而成,通常情况下主干道车辆通行。

(2)东西向支路有车并且南北向主干道放行已超过 30s,则支路放行;若支路无车则不放行。支路放行时间不超过 30s。

(3)红黄绿灯要求显示计时时间。

(4)交通灯变化规律为:绿变黄、黄变红、红变绿,其中黄灯亮的时间为 5s。

(5)特殊情况红灯亮,计时时间显示停止并且以“8”字形闪烁。

2. 交通灯控制器的系统结构框图(图 3.9)

交通灯控制器由控制器模块、计时显示、红黄绿灯、支路车辆传感器、紧急按钮组成,如图 3.9 所示。

3. 交通灯控制器的逻辑划分方框图(图 3.10)

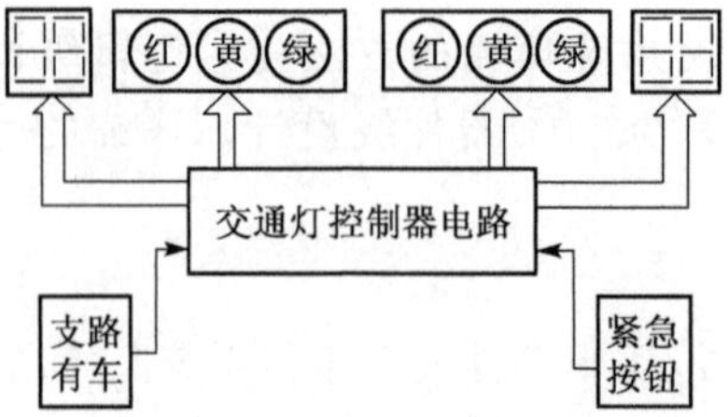

图 3.9　交通灯控制器框图

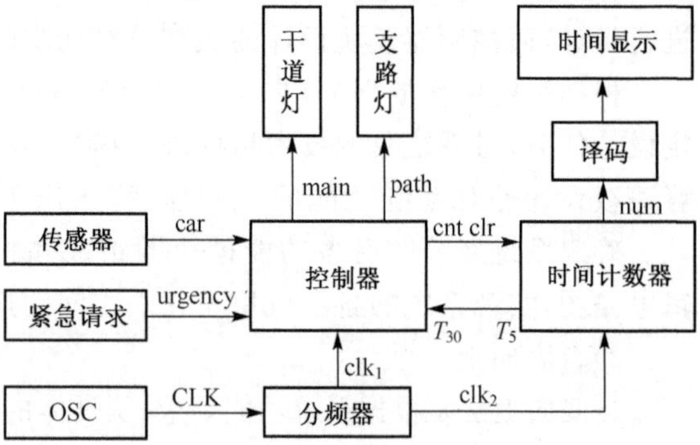

图 3.10　逻辑功能图

4. 交通灯控制器逻辑流程图(图 3.11)

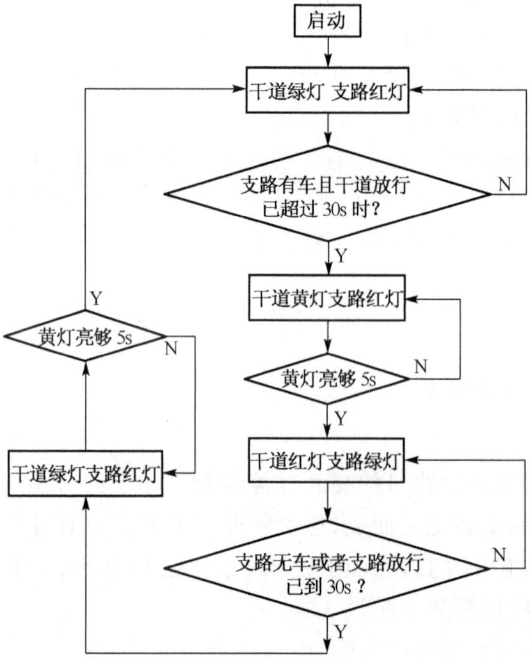

图 3.11　交通灯控制器算法流程图

5. 交通灯控制器 MDS 图

如图 3.12 所示,系统状态为 S_0、S_1、S_2、S_3,主干道和支路交通灯信号分别为 main、path,其逻辑组合为“红灯、黄灯、绿灯”;相应的逻辑值若为“1”则表示灯亮,若为“0”则表示灯灭。信号“T_{30}”和“T_5”的取值为“1”表示计时满 30s 和计时满 5s，为“0”表示计时不到 30s 或计时不到 5s。“Car”取值为“1”时表示支路有车，为“0”表示支路无车。

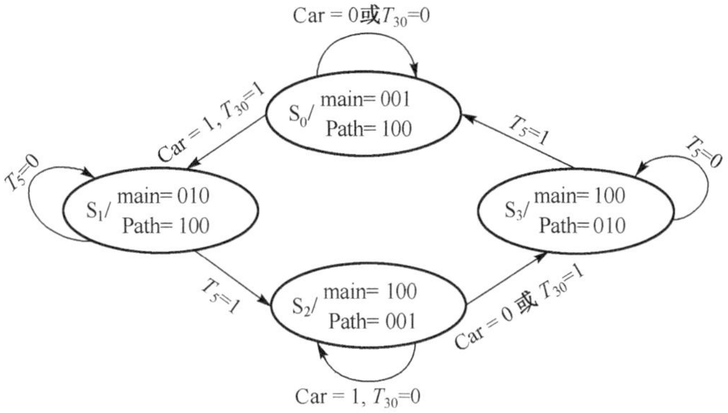

图 3.12　交通灯控制器 MDS 图

3.3.2　乘法器设计

1. 设计要求

(1)用移位相加原理设计一个 4 位二进制乘法器。

(2)输入信号：4 位被乘数 A($A_3A_2A_1A_0$)，4 位乘数 B($B_3B_2B_1B_0$)，启动信号 ST；输出信号：8 位乘积 P($P_7P_6P_5P_4P_3P_2P_1P_0$)，结束信号 END。

(3)当发出一个高电平的 ST 信号后，乘法器开始乘法运算，运算完成以后发出高电平的 END 信号。

2. 乘法器的框图(图 3.13)

图 3.13　乘法器框图

3. 乘法器的逻辑方框图(图 3.14)

图 3.14 中，REGA 和 REGB 为 4 位寄存器，分别用于存放被乘数 A 和乘数 B。REGS 为一个 5 位寄存器，用于存放加法器 ADDER 的输出结果。REGS 和 REGB 合起来用于存放部分积 P，且具有右移功能，以实现部分积的右移。加法器 ADDER 实现 4 位二进制加法运算。计数器控制累加和移位的循环次数。控制器接收 REGB 的输出信号 B_i 和计数器输出信号；控制器发出 REGA 的置数和保持信号，REGS 和 REGB 的置数、右移、保持信号，计数器和 REGS 的异步清零信号等。

4. 乘法器算法流程图(图 3.15)

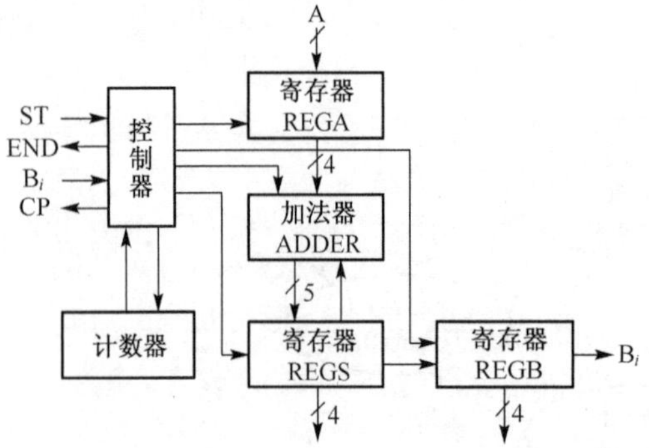

图 3.14 乘法器逻辑方框图

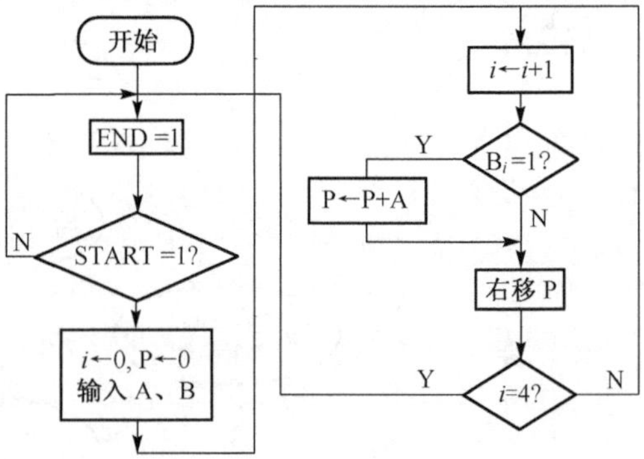

图 3.15 算法流程图

5. 乘法器 MDS 图

乘法器的控制模块有如图 3.16 所示的 5 个状态：运算等待状态 S_1、初始状态 S_2、加法状态 S_3、移位状态 S_4、运算结束状态 S_5。ST 为运算启动信号，Yn 为 REGB 的输出信号 B_i，CNT4 为计数信号，LDS、RS、CT、LTO 为寄存器的置数、移位、保持信号，CLR 为计数器和寄存器的清零信号。

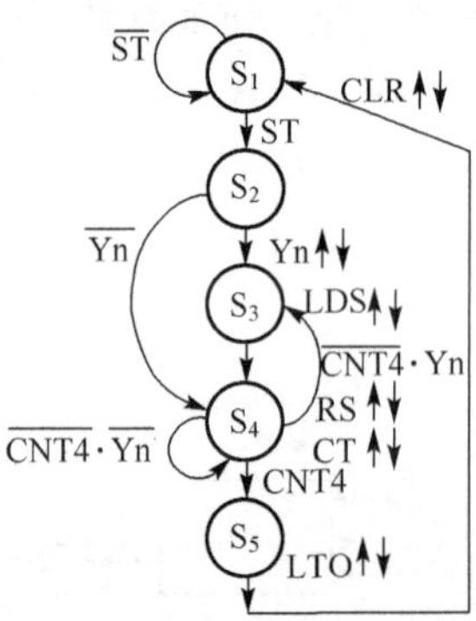

图 3.16 乘法器控制模块 MDS 图

第 4 章　EDA 技术及可编程逻辑器件

4.1　EDA 技术简介

4.1.1　概述

EDA(electronic design automation)即电子设计自动化。EDA 技术是指以计算机硬件和系统软件为基本工作平台，继承和借鉴前人在电路和系统、数据库、图形学、图论和拓扑逻辑、计算数学、优化理论等多学科上的最新科技成果而研制成的商品化通用支撑软件和应用软件包。EDA 旨在帮助电子设计工程师在计算机上完成电路的功能设计、逻辑设计、性能分析、时序测试直至 PCB(印刷电路板)的自动设计。

与早期的电子 CAD 软件相比，EDA 软件的自动化程度更高，功能更完善，运行速度更快，而且操作界面友好，有良好的数据开放件和互换性，即不同厂商的 EDA 软件可以相互兼容。因此，EDA 技术很快在世界各大公司、企业和科研单位得到了广泛应用，并已成为衡量一个国家电子技术发展水平的重要标志。

EDA 技术的范畴应包括电子工程师进行产品开发的全过程以及电子产品生产的全过程中期望由计算机提供的各种辅助工作。从一个角度看，EDA 技术可粗略分为系统级、电路级和物理实现级三个层次的辅助设计过程；从另一个角度来看，EDA 技术应包括电子电路设计的各个领域，即从低频电路到高频电路，从线性电路到非线性电路，从模拟电路到数字电路，从分立电路到集成电路的全部设计过程。

4.1.2　EDA 技术的基本特征

EDA 代表了当前电子设计技术的最新发展方向，现代 EDA 技术的基本特征是采用高级语言描述，具有系统级仿真和综合能力，下面介绍这些基本特征。

1. “自顶向下”(top-down)的设计方法

“自顶向下”的设计方法首先从系统级设计入手，在顶层进行功能框图的划分和结构设计；在框图级进行仿真、纠错，并用硬件描述语言对高层次的系统行为进行描述；在功能级进行验证，然后用逻辑综合优化工具生成具体的门级逻辑电路网表，其对应的物理实现级可以是印刷电路板或专用集成电路。“top-down”设计方法有利于在早期发现结构设计中的错误，提高设计的成功率，因而在现代 EDA 系统中被广泛采用。

2. 硬件描述语言

用硬件描述语言进行电路与系统的设计是当前EDA技术的一个重要特征。与传统的原理图输入设计方法相比，硬件描述语言更适合规模日益增大的电子系统，同时它还是进行逻辑综合优化的重要工具。它的突出优点是：语言的公开可利用性、设计与工艺的无关性、宽范围的描述能力、便于组织大规模系统的设计、便于设计的复用和继承等。目前最常用的硬件描述语言有VHDL和Verilog-HDL，它们都已经成为IEEE标准。

3. 逻辑综合优化

逻辑综合功能将高层次的系统行为设计自动转换成门级逻辑的电路描述，做到了设计与工艺的独立。优化则是对于上述综合生成的电路网表，根据布尔方程功能等效的原则，用更小更快的综合结果替代一些复杂的逻辑电路单元，根据指定的目标库映射成新的网表。

4. 开放性和标准化

框架是一种软件平台结构，它为EDA工具提供了操作环境。框架的关键在于提供与硬件平台无关的图形用户界面以及工具之间的通信、设计数据和设计流程的管理等，此外还包括各种与数据库相关的服务项目。任何一个EDA系统只要建立了一个符合标准的开放式框架结构，就可以接纳其他厂商的EDA工具一起进行设计工作。这样，框架作为一套使用和配置EDA软件包的规范，就可以实现各种EDA工具间的优化组合，并集成在一个易于管理的统一的环境之下，实现资源共享。

近年来，随着硬件描述语言等设计数据格式的逐步标准化，不同的设计风格和应用要求导致各具特色的EDA工具被集成在同一个工作站上，从而使EDA框架标准化。新的EDA系统不仅能够实现高层次的自动逻辑综合、版图综合和测试码生成，而且可以使各个仿真器对同一个设计进行协同仿真，进一步提高了EDA系统的工作效率和设计的正确性。

5. 库(library)的引入

EDA工具之所以能够完成各种设计过程，关键是有各类库的支持，如逻辑模拟时的模拟库、逻辑综合时的综合库、版图综合时的版图库、测试综合时的测试库等，这些库都是EDA设计公司与半导体生产厂商共同开发的。

集成电路技术的不断发展对EDA技术提出新的要求，也促进了EDA技术的发展。EDA工具的发展经历了两个大的阶段——物理工具阶段和逻辑工具阶段。物理工具用来完成设计中的实际物理问题，如芯片布局、印刷电路板布线等。另外它还能提供一些设计的电气性能分析，如设计规则检查。逻辑工具是基于网表、布尔逻辑、传输时序等概念的。首先由原理图编辑器或硬件描述语言进行设计输入，然后用EDA系统完成逻辑综合、仿真、优化等过程，最后生成物理工具可以接受的网表或 VHDL、Verilog-HDL 的结构化描述。现在 EDA 已被理解为一个整体的概念，即电子系统设计自动化。

4.1.3 未来 EDA 技术的发展趋势

近些年来 EDA 技术发展十分迅速，在教学科研、产品设计与制造等各方面都发挥了越来越大的作用。

在教学方面：现在几乎所有理工科的高校（特别是电子信息类）都开设了 EDA 课程。主要是让学生了解 EDA 的基本原理和基本概念、掌握用 VHDL 描述系统逻辑的方法、使用 EDA 工具进行电子电路课程的模拟仿真实验。在实验教学、课程设计、毕业设计、设计竞赛中均可借助 CPLD/FPGA 器件，使实验设备或设计出的电子系统既具有高可靠性，又经济、快速、容易实现、修改便利，同时也大大提高了学生的实践动手能力、创新能力和计算机应用能力。

在科研方面：主要利用电路仿真工具进行电路设计与仿真；利用虚拟仪器进行产品调试；将 CPLD/FPGA 器件的开发应用到仪器设备中，CPLD/FPGA 可直接应用批量产品的开发。作为高等院校有关专业的学生和广大的电子工程师了解并掌握这一先进技术是势在必行的，这不仅是提高设计效率的需要，更是时代发展的需求，只有掌握了 EDA 技术才有能力参与世界电子工业市场的竞争，才能生存与发展。

在产品设计与制造方面：从高性能的微处理器、数字信号处理器一直到彩电、音响和电子玩具电路等，EDA 技术不单是应用于前期的计算机模拟仿真、产品调试，而且在 PCB 的制作、电子设备的研制与生产、电路板的焊接、制作等过程中也有重要作用。可以说 EDA 技术已经成为电子工业领域不可缺少的技术支持。

进入 21 世纪后，EDA 技术全方位纳入电子技术领域，EDA 使得电子领域各学科的界限更加模糊，更加互为包容，突出表现在以下几个方面：使电子设计成果以自主知识产权的方式得以明确表达和确认成为可能；基于 EDA 工具的 ASIC 设计标准单元已涵盖大规模电子系统及 IP 核模块；软硬件 IP 核在电子行业的产业领域、技术领域和设计应用领域得到进一步确认；SOC(system-on-chip)高效低成本设计技术日趋成熟。随着半导体技术、集成技术和计算机技术的迅猛发展，电子系统的设计方法和设计手段都发生了很大的变化。传统的“固定功能集成块＋连线”的设计方法正逐步地退出历史舞台，而基于可编程芯片的设计方法正成为现代电子系统设计的主流。

4.2 可编程逻辑器件的分类和特点

4.2.1 可编程逻辑器件的分类

广义上讲，可编程逻辑器件是指一切通过软件手段更改、配置器件内部连接结构和逻辑单元，完成既定设计功能的数字集成电路。目前常用的可编程逻辑器件主要有简单的逻辑阵列(PAL/GAL)、复杂可编程逻辑器件(CPLD)和现场可编程逻辑阵列(FPGA)等三大类。

1. PAL/GAL

PAL是programmable array logic的缩写,即可编程阵列逻辑;GAL是generic array logic的缩写,即通用可编程阵列逻辑。PAL/GAL是早期可编程逻辑器件的发展形式,其特点是大多基于E^2CMOS工艺,结构较为简单,可编程逻辑单元多为与、或阵列,可编程单元密度较低,仅能适用于某些简单的数字逻辑电路。虽然目前较复杂的逻辑电路一般使用CPLD甚至FPGA完成,但是对应很多简单的数字逻辑,GAL这种简单的可编程逻辑器件仍然被大量使用。目前,国内外很多对成本十分敏感的设计都在使用GAL等低成本的可编程逻辑器件,越来越多的74系列逻辑功能都在被GAL取代。

2. CPLD

CPLD是complex programmable logic device的缩写,即复杂的可编程逻辑器件。Altera曾将自己的CPLD器件称为EPLD(enhanced programmable logic device),即增强型可编程逻辑器件。其实EPLD和CPLD属于同等性质的逻辑器件,目前Altera为了遵循称呼习惯,已经将其EPLD统称为CPLD。CPLD是在PAL、GAL的基础上发展起来的,一般也采用E^2CMOS工艺,也有少数厂商采用Flash工艺,其基本结构由可编程I/O单元、基本逻辑单元、布线池和其他辅助功能模块构成。CPLD可实现的逻辑功能比PAL、GAL有了大幅度的提升,一般可以完成设计中较复杂、较高速度的逻辑功能,如接口转换、总线控制等。

3. FPGA

FPGA是field programmable gate array的缩写,即现场可编程逻辑阵列。FPGA是在CPLD的基础上发展起来的新型高性能可编程逻辑器件,它一般采用SRAM工艺,也有一些专用器件采用Flash工艺或反熔丝(anti-fuse)工艺等。FPGA的集成度很高,其器件密度从数万系统门到数千万系统门不等,可以完成极其复杂的时序与组合逻辑电路功能,适用于高速、高密度的高端数字逻辑电路设计领域。FPGA的基本组成部分有可编程I/O单元、基本可编程逻辑单元、嵌入式块RAM、丰富的布线资源、底层嵌入功能单元、内嵌专用硬核等。

4.2.2 CPLD和FPGA的结构

1. CPLD的结构

CPLD一般都是基于乘积项结构的,结构相对比较简单,主要由可编程I/O单元、基本逻辑单元、布线池和其他辅助功能模块构成,如图4.1所示。

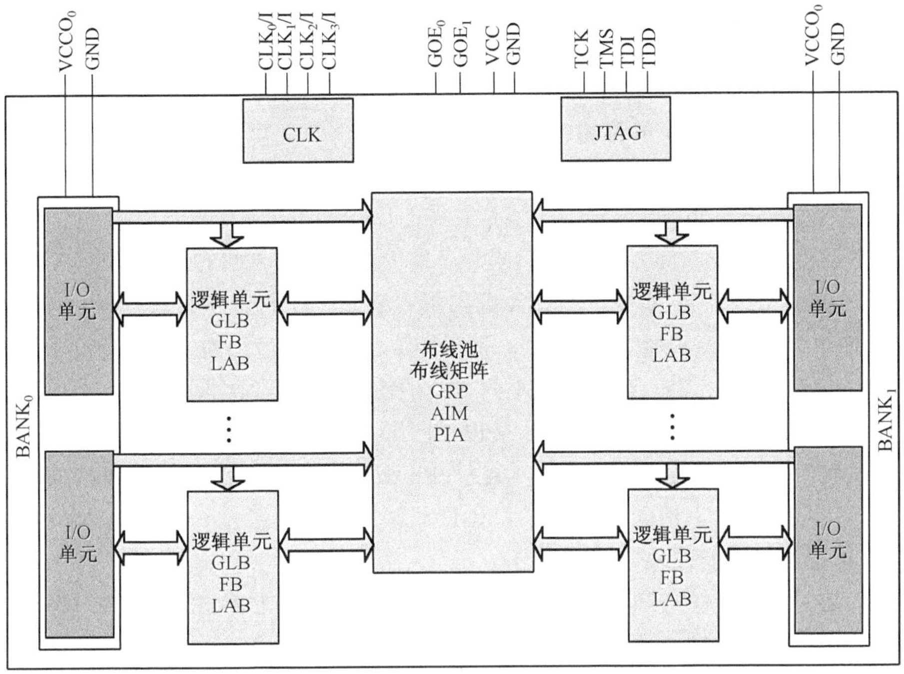

图 4.1 CPLD 的结构示意图

1)可编程 I/O 单元

CPLD 的可编程 I/O 单元和 FPGA 的可编程 I/O 单元功能一致，均可完成不同电气特性下对输入/输出信号的驱动与匹配。由于 CPLD 的应用范围局限性较大，所以其可编程 I/O 的性能和复杂度与 FPGA 相比有一定的差距，CPLD 的可编程 I/O支持的 I/O 标准较少，频率较低。

2)基本逻辑单元

基本逻辑单元是 CPLD 的主体，通过不同的配置，CPLD 的基本逻辑单元可以完成不同类型的逻辑功能。需要强调的是，CPLD 的基本逻辑单元结构与 FPGA 相差较大。FPGA 的基本逻辑单元通常是由查找表(look up table，LUT)和寄存器(register)按照 1∶1 的比例组成的，而 CPLD 中没有 LUT 的概念，其基本逻辑单元是一种被称为宏单元(macro cell，MC)的结构。所谓宏单元，其本质是由一些与、或阵列加上触发器构成的，其中与、或阵列完成组合逻辑功能，触发器用以完成时序逻辑。器件规模一般用 MC 的数目表示，器件标称中的数字一般都包含有该器件的 MC 数量。CPLD 厂商通过将若干个 MC 连接起来完成相对复杂一些的逻辑功能，不同厂商的这种 MC 集合的名称不同。

与 CPLD 基本逻辑单元相关的另外一个重要概念是乘积项。所谓乘积项即 MC 中与阵列的输出，它的数量标志了 CPLD 的容量，对 CPLD 的性能也有一定的影响，不同厂商的CPLD定制的乘积项数目不同。乘积项阵列实际上就是一个“与或”阵列，每一个交叉点都是一个可编程熔丝，如果导通就是实现“与”逻辑，在“与”阵列后一般还有一个“或”阵列，用以完成最小逻辑表达式中的“或”关系。“与或”阵列配合工作，完成复杂的组合逻辑功能。MC中的可编程触发器与FPGA内部的可编程触发器相似，一般也包含时钟、复位/置位配置功能，用以实现时序逻辑的寄存器或者锁存器等功能。

3)布线池、布线矩阵

CPLD的布线及连接方式与FPGA差异较大。FPGA内部有不同速度、不同驱动能力的丰富的布线资源，来完成FPGA内部所有单元之间的互联互通。而CPLD的结构比较简单，其布线资源也相对有限，一般采用集中式布线池结构。布线池的本质就是一个开关矩阵，通过打结点可以完成不同MC的输入与输出项之间的连接。

由于CPLD的布线池结构固定，所以CPLD的输入管脚到输出管脚的标准延时固定，被称为Pin to Pin延时，用Tpd表示，Pin to Pin延时反应了CPLD器件可以实现的最高频率，同时也清晰地表明了CPLD器件的速度等级。

4)其他辅助功能模块

CPLD中还有一些其他的辅助功能模块，如JTAG(IEEE 1532、IEEE 1149.1)编程模块，一些全局时钟、全局使能、全局复位/置位单元等。

2. FPGA的结构

简化的FPGA基本由六部分组成，分别为可编程I/O单元、基本可编程逻辑单元、嵌入式块RAM、丰富的布线资源、底层嵌入式功能单元和内嵌专用硬核等，如图4.2所示。每个单元的基本概念介绍如下。

1)可编程输入/输出单元

输入/输出(input/output)单元简称I/O单元，它们是芯片与外界电路的接口部分，完成不同电气特性下对输入/输出信号的驱动与匹配需求。为了使FPGA有更灵活的应用，目前大多数FPGA的I/O单元被设计为可编程模式，即通过软件的灵活配置，可以适配不同的电器标准与I/O物理特性；可以调整匹配阻抗特性，上下拉电阻；可以调整输出驱动电流的大小等。

可编程I/O单元支持的电气标准因工艺而异，不同器件商不同器件族的FPGA支持的I/O标准也不同。随着ASIC工艺的发展，目前可编程I/O支持的最高频率越来越高，一些高端FPGA通过DDR(double data rate)寄存器技术，甚至可以支持高达2Gbit/s的数据速率。

2)基本可编程逻辑单元

基本可编程逻辑单元是可编程逻辑器件FPGA的主体，可以根据设计灵活地改变其内部连接与配置，完成不同的逻辑功能。FPGA一般是基于SRAM工艺的，其基本可编程逻辑单元几乎都是由LUT和寄存器(Register)组成的。FPGA内部查找表一般为 4 输入，查找表一般完成纯组合逻辑功能。FPGA 内部寄存器结构相当灵活，可以配置成为带同步/异步复位或置位、时钟使能的触发器(flip flop，FF)，也可以配置成为锁存器(latch)。FPGA 一般依赖寄存器完成同步时序逻辑设计。一般来说，比较经典的基本可编程单元的配置是一个寄存器加一个查找表，但是不同厂商的寄存器和查找表的内部结构有一定的差异，而且寄存器和查找表的组合模式也有不同。但是这些可编程单元的配置结构随着器件的发展也在不断更新，最新的一些可编程逻辑器件常常根据设计需求推出一些新的 LUT 和 Register 的配置比率，并优化其内部的连接构造。

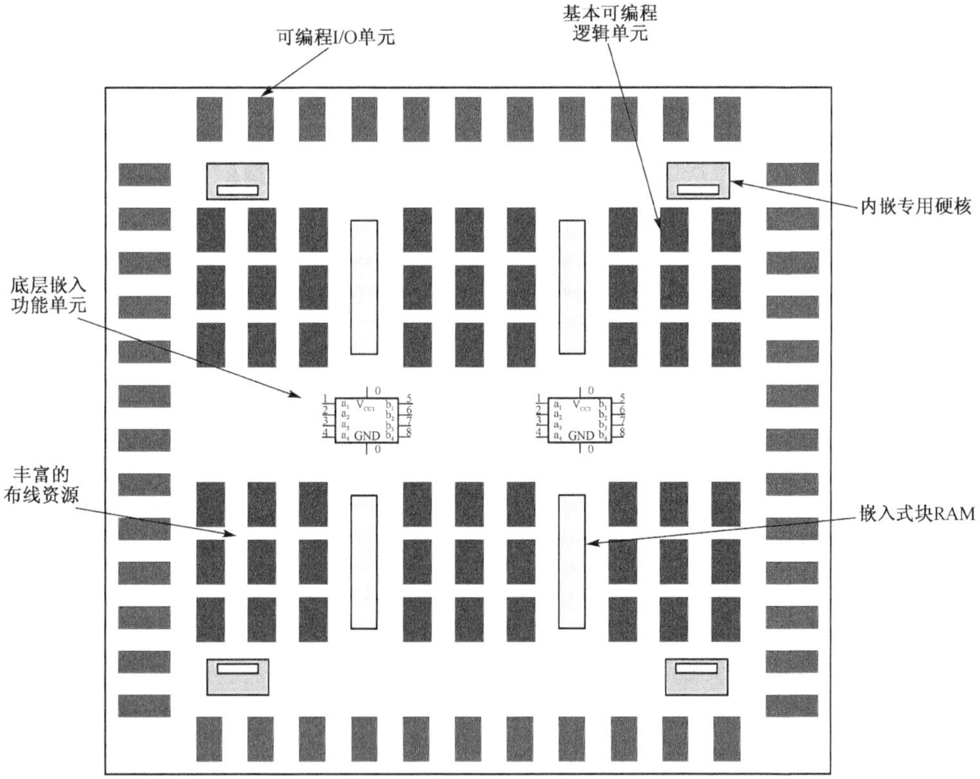

图 4.2 可编程逻辑器件的结构原理图

学习底层单元 LUT 和 Register 配置比率的一个重要意义在于系统设计的器件选型和规模估算。很多器件手册上用器件的 ASIC 门数或等效的系统门数表示器件的规模。但是由于目前 FPGA 内部除了基本可编程逻辑单元外，还包含有丰富的嵌入式 RAM、PLL 或 DLL，专用 Hard IP Core(硬知识产权功能核)等。这些功能模块也会等效出一定规模的系统门，所以用系统门权衡基本可编程逻辑单元的数量是不准确的，常常混淆设计者。比较简单科学的方法是用器件的 Register 或 LUT 的数量衡量(一般来说两者比率为1∶1)。需要说明的是,器件选型是一个综合性问题,需要将设计的需求、成本压力、规模、速度等级、时钟资源、I/O特性、封装、专用功能模块等诸多因素综合考虑。

3)嵌入式块RAM

目前大多数FPGA都有内嵌的块RAM(block RAM)。FPGA内部嵌入可编程RAM模块,大大地拓展了FPGA的应用范围和使用灵活性。FPGA内嵌的块RAM一般可以灵活配置为单端口RAM(single port RAM,SPRAM)、双端口RAM(double ports RAM,DPRAM)、伪双端口RAM(pseudo DPRAM)、CAM(content addressable memory)、FIFO(first in first out)等常用存储结构。FPGA中其实并没有专用的ROM硬件资源,实现ROM的思路是对RAM赋予初值,并保持该初值。所谓CAM,即内容地址储存器。CAM这种存储器在其每个存储单元都包含了一个内嵌的比较逻辑,写入CAM的数据会和其内部存储的每一个数据进行比较,并返回与端口数据相同的所有内部数据的地址。概括地讲,RAM是一种根据地址读、写数据的存储单元;而CAM和RAM恰恰相反,它返回的是与端口数据相匹配的内部地址。CAM的应用也非常广泛,如在路由器中的地址交换表等。FIFO是"先进先出队列"式存储结构。FPGA内部实现RAM、ROM、CAM、FIFO等存储结构都可以基于嵌入式块RAM单元,并根据需求自动生成相应的黏合逻辑(glue logic)以完成地址和片选等控制逻辑。

4)丰富的布线资源

布线资源连通FPGA内部所有单元,连线的长度和工艺决定着信号在连线上的驱动能力和传输速度。FPGA内部有着非常丰富的布线资源,这些布线资源根据工艺、长度、宽度和分布位置不同而被划分为不同的等级:有一些是全局性的专用布线资源,用以完成器件内部的全局时钟和全局复位/置位的布线;有一些叫做长线资源,用以完成器件Bank(分区)间的一些高速信号和一些第二全局时钟信号(有时也被称为Low Skew信号)的布线;还有一些叫做短线资源,用以完成基本逻辑单元之间的逻辑互联与布线;另外,在基本逻辑单元内部还有着各式各样的布线资源和专用时钟、复位等控制信号线。

在实现过程中,设计者一般不需要直接选择布线资源,而是由布局布线器自动根据输入的逻辑网表的拓扑结构和约束条件选择可用的布线资源连通所用的底层单元模块,所以设计者常常忽略布线资源,其实布线资源的优化与使用和设计的实现结果(包含速度和面积两个方面)有直接关系。

5)底层嵌入功能单元

底层嵌入功能单元的概念比较笼统,这里是指那些通用程度较高的嵌入式功能模块,如PLL(phase locked loop)、DLL(delay locked loop)、DSP、CPU等。随着FPGA的发展,这些模块被越来越多地嵌入到FPGA的内部,以满足不同场合的需求。

目前大多数 FPGA 厂商都在 FPGA 内部集成了 DLL 或者 PLL 硬件电路，用以完成时钟的高精度、低抖动的倍频、分频、占空比调整、移相等功能。高端 FPGA 产品集成的 DLL 和 PLL 资源越来越丰富，功能越来越复杂，精度越来越高。

越来越多的高端 FPGA 产品将包含 DSP 或 CPU 等软处理核，从而 FPGA 将由传统的硬件设计手段逐步过渡为系统级设计平台。FPGA 内部嵌入 CPU 或 DSP 等处理器，使 FPGA 在一定程度上具备了实现软硬件联合系统的能力，FPGA 正逐步成为 SOPC(system on programmable chip)的高效设计平台。

6)内嵌专用硬核

这里的内嵌专用硬核与前面的"底层嵌入单元"是有区别的，这里讲的内嵌专用硬核主要指那些通用性相对较弱，不是所有的 FPGA 器件都包含的硬核(hard core)。我们称 CPLD 和 FPGA 为通用逻辑器件，是区分于专用集成电路(ASIC)而言的。其实 FPGA 内部也有两个阵营：一方面是通用性较强，目标市场范围很广，价格适中的 FPGA；另一方面是针对性较强，目标市场明确，价格较高的 FPGA。前者主要指低成本(low cost)FPGA，后者主要指某些高端通信市场的可编程逻辑器件。

4.2.3 CPLD 和 FPGA 的特点

CPLD/FPGA 既继承了 ASIC 的大规模、高集成度、高可靠性的优点，又克服了普通 ASIC 设计周期长、投资大、灵活性差的缺点，逐步成为复杂数字硬件电路设计的理想首选。当前的 CPLD、FPGA 有以下特点：

(1) 规模越来越大，随着 VLSI(very large scale IC，超大规模集成电路)工艺的不断提高，单一芯片内部可以容纳上百万个晶体管，FPGA 芯片的规模也越来越大。单片逻辑门数已达到千万，芯片的规模越大所能实现的功能就越强，同时也更适用于实现片上系统(SOC)。

(2) 开发过程投资小。CPLD/FPGA 芯片在出厂之前都做过严格的测试，而且 CPLD/FPGA 设计灵活，发现错误时可直接更改设计，减少了投资风险，节省了许多潜在的花费。所以不但许多复杂系统使用 FPGA 完成，甚至设计 ASIC 时也要把实现 FPGA 功能样机作为必需的步骤。

(3) CPLD/FPGA 一般可以反复地编程、擦除。在不改变外围电路的情况下，设计不同片内逻辑就能实现不同的电路功能。所以，用 CPLD/FPGA 试制功能样机，能以最快的速度占领市场。甚至在有些领域，因为相关标准协议发展太快，设计 ASIC 跟不上技术的更新速度，只能依靠 CPLD/FPGA 完成系统的研制与开发。

(4) CPLD/FPGA 开发工具智能化，功能强大。现在，CPLD/FPGA 开发工具种类繁多、智能化高、功能强大。应用各种工具可以完成从输入、综合、实现到配置芯片等一系列功能。还有很多工具可以完成对设计的仿真、优化、约束、在线调试等功能。这些工具易学易用，可以使设计人员更能集中精力进行电路设计，快速将产品推向市场。

(5) 新型 FPGA 内嵌 CPU 或 DSP 内核,支持软硬件协同设计,可以作为片上可编程系统(SOPC)的硬件平台。

(6) 新型 FPGA 内部内嵌高性能 ASIC 的 Hard Core。通过这些 Hard IP(知识产权)可以完成某些高速复杂设计(如 SPI4.2、PCI Express、Fibre-Channel 等通信领域成熟标准和接口等),提高系统的工作效率,减轻工程师任务量,规避了研发风险,加速了研发进程。CPLD 和 FPGA 的区别与联系如表 4.1 所示。

表 4.1 CPLD 和 FPGA 的区别与联系

项目	CPLD	FPGA	备注
结构工艺	多为乘积项,工艺多为 E^2CMOS,也包含 EEPROM、Flash、Anti-Fuse 等不同工艺	多为 LUT 加寄存器结构,实现工艺多为 SRAM,也包含 Flash、Anti-Fuse 等工艺	
触发器数量	少	多	FPGA 更适合实现时序逻辑,CPLD 多用于实现组合逻辑
Pin to Pin 延时	固定	不可预测	对FPGA 而言,时序约束和仿真非常重要
规模与逻辑复杂度	规模小,逻辑复杂度低	规模大,逻辑复杂度高,新型器件高达千万门级	CPLD 用以实现简单设计,FPGA 用以实现复杂设计
成本与价格	成本低,价格低	成本高,价格高	CPLD 用于实现低成本设计
编程与配置	有两种编程方式:一种是通过编程器烧写 ROM;另一种较方便的方式是通过 ISP 模式。一般为 ROM 型,掉电后程序不丢失	一般包含两种,外挂 BootRom 和通过 CPU 或 DSP 等的在线编程。多数基本属于 RAM 型,掉电后程序丢失	FPGA 掉电后一般将丢失原有逻辑配置。而反熔丝工艺的 FPGA,如 Actel 的某些器件族或 EECMOS 的 FPGA,如 Lattice 的 XP 器件族,可以实现非易失配置
保密性	好	一般保密性较差	一般 FPGA 不容易实现加密,但是目前一些采用 Flash 加 SRAM 工艺的新型器件(如 Lattice XP 系列等),在内部嵌入了加载 Flash,能提供更高的保密性
互联结构,连线资源	集总式,相对布线资源有限	分布式,丰富的布线资源	FPGA 布线灵活,但是时序更难规划,一般需要通过时序约束、静态时序分析、时序仿真等手段提高并验证时序性能
适用的设计类型	简单的逻辑功能	复杂的时序功能	

尽管 CPLD 和 FPGA 在硬件结构上有一定的差异，但是对于使用者而言，CPLD 和 FPGA 的设计流程是相似的，使用 EDA 软件的设计方法也没有太大的区别。设计时，只需要根据所选器件型号充分发挥器件的特性就可以了。

4.3　下一代可编程逻辑器件设计技术展望

可编程逻辑器件设计技术正处于高速发展的阶段。新型的 CPLD/FPGA 规模越来越大，成本越来越低。高性价比使可编程逻辑器件在硬件设计领域扮演着日益重要的角色。低端 CPLD 已经逐步取代了 74 系列等传统的数字器件，高端的 FPGA 也在不断地夺取 ASIC 的市场份额，特别是目前大规模 FPGA 多数支持片上系统(SOPC)，与 CPU 或 DSP Core 的有机结合使 FPGA 已经不仅仅是传统的硬件电路设计手段，而逐渐升华为系统级实现工具。

下一代可编程逻辑器件硬件上的四大发展趋势如下：最先进的 ASIC 生产工艺将被更广泛地应用于以 FPGA 为代表的可编程逻辑器件；越来越多的高端 FPGA 产品将包含 DSP 或者 CPU 等处理器内核，从而使 FPGA 由传统的硬件设计手段逐步过渡为系统级设计平台；FPGA 将包含功能越来越丰富的硬核(Hard IP Core)，与传统 ASIC 进一步融合，并通过结构化 ASIC 技术加快占领部分 ASIC 市场；低成本 FPGA 的密度越来越高，价格越来越合理，将成为 FPGA 发展的中坚力量。这四个发展趋势可简称为先进工艺、处理器内核、硬核与结构化 ASIC、低成本器件。

4.4　MAX 7000 系列芯片介绍

4.4.1　MAX 7000 系列的结构

MAX 7000 结构中包含以下几个部分：逻辑阵列块、宏单元、扩展乘积项(共享和并联)、可编程连线阵列、I/O 控制块。

MAX 7000 结构中包含四个专用输入，它们能用作通用输入，或作为每个宏单元和 I/O 引脚的高速的、全局的控制信号：时钟(Clock)、清零(Clear)和输出使能(Output Enable)。器件结构图如图 4.3 所示。

1. 逻辑阵列块(LAB)

MAX 7000 结构主要由高性能的、称为逻辑阵列块(LAB)的灵活的逻辑阵列模块以及它们之间的连线构成。逻辑阵列块由 16 个宏单元的阵组成。多个 LAB 通过可编程连线阵(PIA)和全局总线连接在一起，全局总线由所有的专用输入、I/O 引脚和宏单元馈给信号。每个 LAB 有如下输入信号：

(1)来自通用逻辑输入的 PIA 的 36 个信号。

(2)用于寄存器辅助功能的全局控制信号。

这些信号从I/O引脚到寄存器的直接输入通道,用以EPM 7128E、EPM 7160E、EPM 7192E和EPM 7256E器件的快速建立时间。

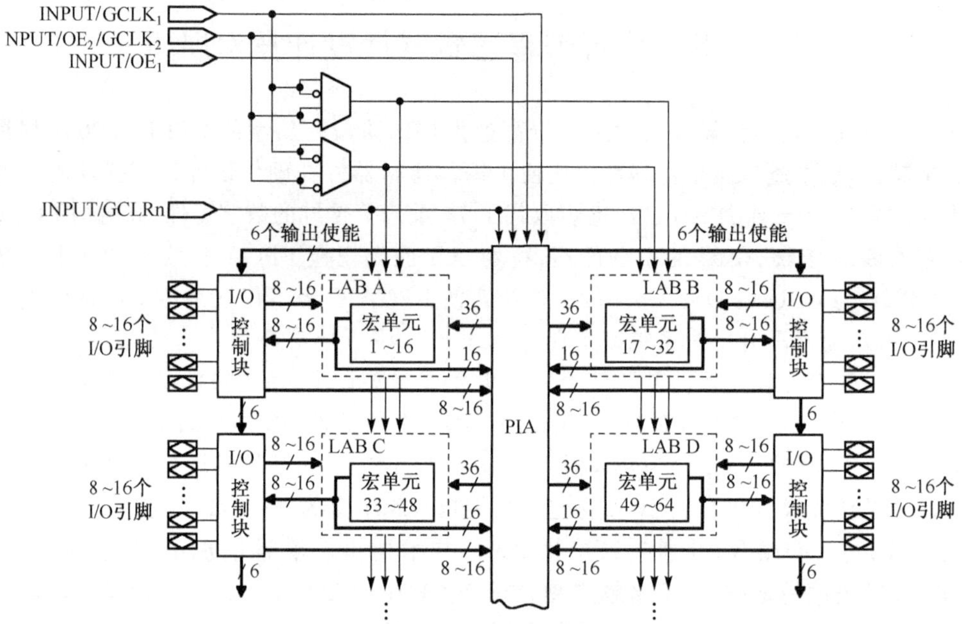

图 4.3 MAX 7000系列结构图

2. 宏单元

MAX 7000宏单元能够单独地配置为时序逻辑和组合逻辑工作方式。宏单元由三个功能块组成:逻辑阵列、乘积项选择矩阵和可编程触发器。EPM 7064器件的宏单元图如图4.4所示。

逻辑阵列实现组合逻辑,给每个宏单元提供5个乘积项。"乘积项选择矩阵"分配这些乘积项作为到"或"门和"异或"门的主要逻辑输入:清除、置位、时钟和时钟使能控制。每个宏单元的一个乘积项可以反相后回送到逻辑阵列。这个"可共享"的乘积项能够连到同一个LAB中的任何其他乘积项上。根据设计的逻辑需要,MAX+plus II自动地优化乘积项的分配。

作为触发器功能,每个宏单元的寄存器可以单独地编程为具有时钟控制的D、T、JK或SR触发器工作方式。如果需要的话,可将触发器旁路,以实现组合逻辑工作方式。在设计输入时用户规定所希望的触发器类型,然后,MAX+plus II对每一个寄存器功能选择最有效的触发器工作方式,以使设计所需要的器件资源最少。

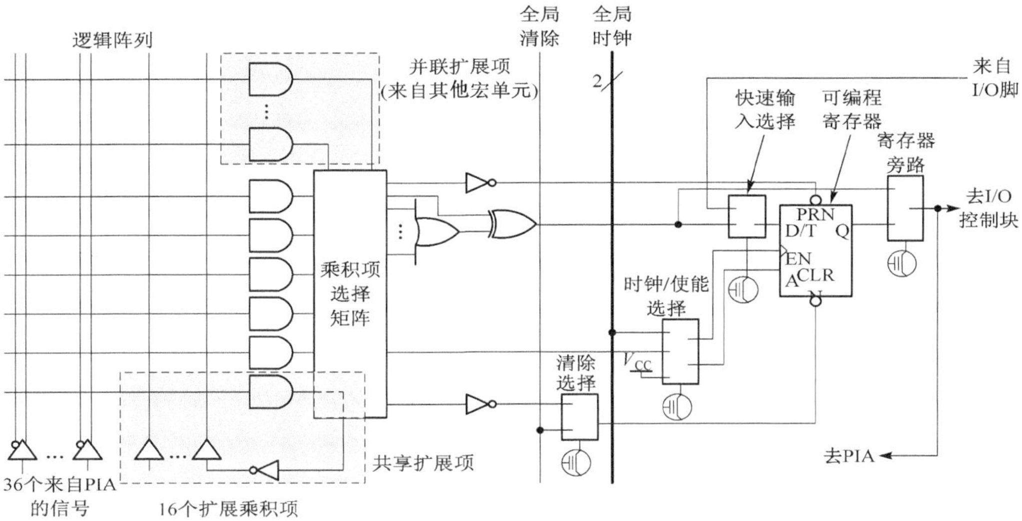

图 4.4　MAX 7000 系列宏单元结构

每个可编程触发器可以按三种不同的方式实现时钟控制：

(1)全局时钟信号。这种方式达到最快的时钟到输出的性能。

(2)全局时钟信号由高电平有效的时钟信号所使能。这种方式提供每个触发器的使能信号，并仍达到全局时钟的快速时钟到输出的性能。

(3)用乘积项实现阵列的时钟。在这种方式下，触发器由来自隐埋的宏单元或 I/O 引脚的信号进行钟控。

EPM 7032、EPM 7064 和 EPM 7096 器件的全局时钟信号由专用的时钟引脚 GCLK 提供。对于 EPM 7128E、EPM 7160E、EPM 7192E 和 EPM 7256E 器件，可以得到两个全局时钟信号。这两个全局时钟信号可以是全局时钟引脚 $GCLK_1$ 和 $GCLK_2$ 的信号，也可以是 $GCLK_1$ 和 $GCLK_2$ 求“反”后的信号。

每个触发器也支持异步清除和异步置位功能。乘积项选择矩阵分配乘积项来控制这些操作。虽然乘积项驱动触发器的位置和复位信号是高电平有效，但在逻辑阵列中将信号反相可得到低电平有效的控制。此外，每一个触发器的复位功能可以由低电平有效的、专用的全局复位引脚 $GCLR_n$ 信号来驱动。

与所有 I/O 引脚相联系的 MAX 7000E 宏单元还具有快速输入特性。这些宏单元的触发器有直接来自 I/O 引脚的输入通道，它旁路了 PIA 和组合逻辑。这些直接输入通道允许触发器作为具有极快(3ns)输入建立时间的输入寄存器。

3. 扩展乘积项

尽管大多数逻辑函数能够用每个宏单元的 5 个乘积项实现，但某些逻辑函数更为复杂，需要附加乘积项。为了提供所需的逻辑资源，可以利用 MAX 7000 结构中具有的共享和并联扩展乘积项(扩展项)。这两种扩展项作为附加的乘积项直接送到本LAB的任何宏单元中。利用扩展项可保证在实现逻辑综合时,用尽可能少的逻辑资源,得到尽可能快的工作速度。

1)共享扩展项

每个LAB有多达16个共享扩展项。共享扩展项就是由每个宏单元提供一个未投入使用的乘积项,并将它们反相后反馈到逻辑阵列,便于集中使用。每个共享扩展乘积项可被LAB内任何(或全部)宏单元使用和共享,以实现复杂的逻辑函数,采用共享扩展项后增加一个短的延时 t_{SEXP}。图4.5展示了共享扩展项是如何被馈送到多个宏单元的。

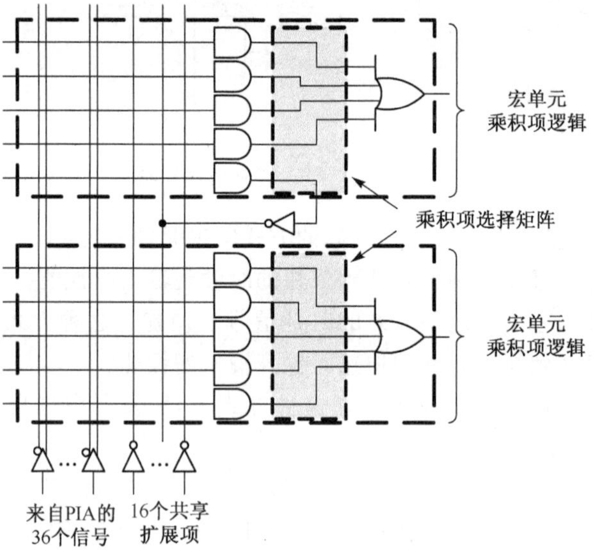

图4.5 MAX系列的共享扩展

2)并联扩展项

并联扩展项是一些宏单元中没有使用的乘积项,并且这些乘积项可分配到邻近的宏单元去实现快速复杂的逻辑函数。并联扩展项允许多达20个乘积项直接馈送到宏单元的"或"逻辑,其中5个乘积项是由宏单元本身提供的,15个并联扩展项是由LAB中邻近宏单元提供的。

MAX+plus II 编译器能够自动地给并联扩展项布线,可把最多3组,每组最多5个并联扩展项连到所需的宏单元上。在LAB内有两组宏单元,形成两个出借或借用并联扩展项的链。一个宏单元可从较小编号的宏单元中借用并联扩展项。最小编号的宏单元仅能出借并联扩展项;而最大编号的宏单元仅能借用并联扩展项,如图4.6所示。

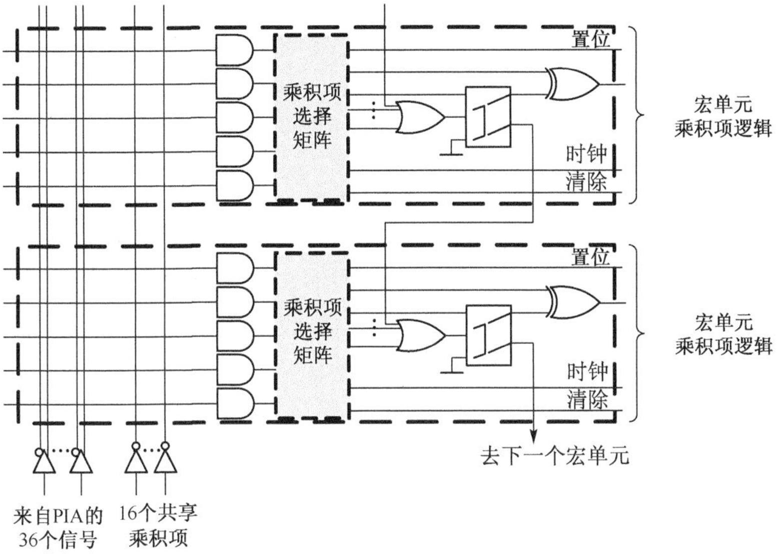

图 4.6　MAX 系列的并联扩展

4. 可编程连线阵列

在可编程连线阵列(PIA)上布线，将各 LAB 相互连接构成所需的逻辑。这个全局总线是可编程的通道，它把器件中任何信号源连到其目的地。所有 MAX 7000 的专用输入、I/O 引脚和宏单元输出均馈送到 PIA，PIA 可把这些信号送到整个器件内的各个地方。只有每个 LAB 所需的信号才真正给它布置从 PIA 到该 LAB 的连线。MAX 7000 的 PIA 有固定的延时，因此，PIA 消除了信号之间的时间偏移，使得时间性能容易预测。PIA 的信号布线到 LAB 如图 4.7 所示。

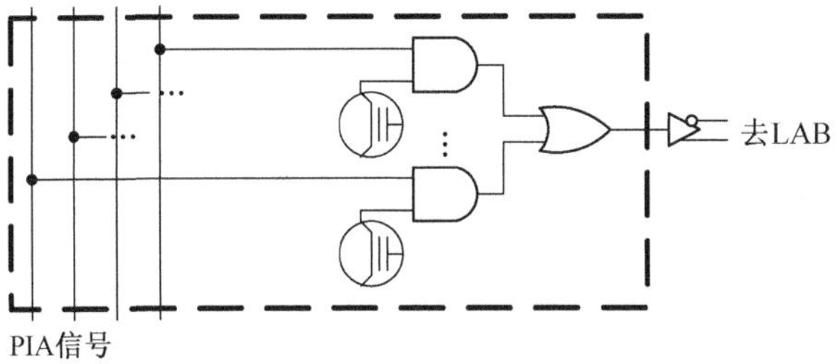

图 4.7　PIA 布线到 LAB 示意图

5. I/O 控制块

I/O 控制块允许每个 I/O 引脚单独地配置为输入、输出和双向工作方式。所有 I/O 引脚都有一个三态缓冲器，它的控制信号来自一个多路选择器，可以选择全局输出使能信号中的一个或者直接连接到地(GND)或电源(V_{CC})上。I/O 控制块有两个全局输出使能信号，它们由两个专用的、低电平有效的输出使能引脚 OE_{1n} 和 OE_{2n} 来驱动。当三态缓冲器的控制端连到地(GND)时,其输出为第三态(高阻态)并且I/O引脚可作为专用输入引脚使用。当三态缓冲器控制端连到电源 V_{CC} 上时,输出被使能。MAX 7000结构提供双I/O反馈,且宏单元和I/O引脚的反馈是相互独立的。当I/O引脚配置成输入引脚时,与其相联系的宏单元可以用于隐含逻辑,如图4.8所示。

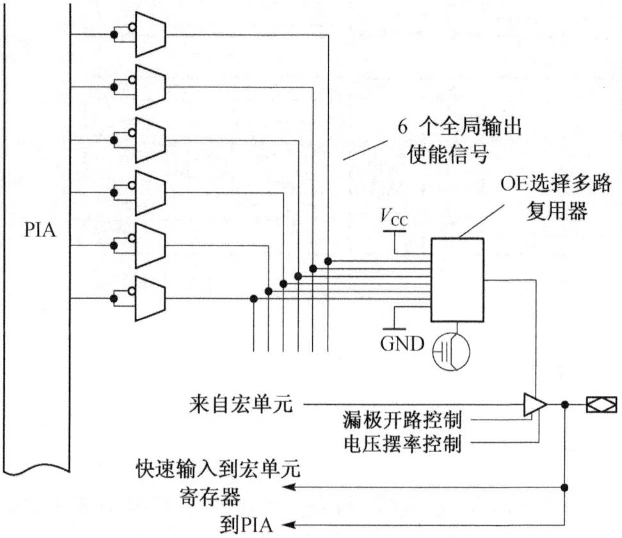

图4.8 MAX 7000系列的I/O控制块

4.4.2 MAX 7000系列的技术性能、特点及软件工作环境

1. 技术性能和特点

MAX 7000系列是Altera第二代MAX结构的器件,它是工业界中速度最快的高集成度可编程逻辑器件系列。采用先进的0.8μm CMOS E^2PROM技术,其集成度为600~5000可用门,有32~256个宏单元和36~164个用户I/O引脚。引脚与引脚的延时为6ns,该系列器件的组合传播延时快至7.5ns,16位计数器的频率为125MHz。此外,它们的输入寄存器的建立时间非常短,能提供多个系统时钟且有可编程的速度/功率控制。I/O引脚输出电压摆率是可以控制的,这提供了一个附加的开关噪声电平的控制。基于 E^2PROM的MAX 7000系列芯片具有编程信息不易失、可电擦除的特点。

MAX 7000结构可100%模仿TTL,并且将SSI(小规模集成)、MSI(中规模集成)和LSI(大规模集成)的逻辑函数高密度地集成。它也可以集成多种可编程逻辑器件,其范围从PAL、GAL一直到MACH、PLSI和FPGA器件。MAX 7000在速度、密度和I/O资源方面可与通用的掩模式门阵列相媲美,它作为门阵列的样片也是理想的。

MAX 7000 是用 CMOS E^2PROM 单元实现逻辑函数的。这种用户可编程的 MAX 7000 结构可以容纳各种各样的、独立的组合逻辑和时序逻辑函数。在设计开发和调整阶段，MAX 7000 器件可以快速而有效地重新编程，并保证可编程和擦除 100 次以上。

MAX 7000 系列包含 32～256 个宏单元。每 16 个宏单元组成一个称为逻辑阵列块(LAB)的小组。每个宏单元有一个可编程"与"阵和固定的"或"阵，以及一个具有独立可编程时钟、时钟使能、清除和置位功能的可配置触发器。为了能构成复杂的逻辑函数，每个宏单元可使用共享扩展乘积项和高速并联乘积项，它们可向每个宏单元提供多达 32 个乘积项。

2. 软件工作环境

MAX 7000 系列得到 Altera MAX＋plus II 开发系统的支持，该开发系统是个单一的集成软件包，它提供电路图、文本和波形等设计输入方式；执行编译和逻辑综合、仿真和定时分析，以及器件编程等工作。MAX＋plus II 支持 EDIF、VHDL、VerilogHDL，以及其他的网表接口，便于为工作在工业标准 PC 和工作站上的各种 CAD 工具提供附加的设计输入与仿真支持。MAX＋plus II 可工作在 486PC、奔腾 PC、Sun SPARC 工作站、HP 9000 系列 700 型工作站或 DEC Alpha AXP 工作站。

MAX 7000 器件提供节省功率的工作模式，可使用户定义的信号路径或整个器件工作在低功率状态。由于在许多逻辑应用中，所有门中只有小部分工作在最高频率，所以这种降低速度/功率的模式可使总功率下降到 50％或更低。

设计者可以对 MAX 7000 CPLD 中的每个独立的宏单元编程为高速(Turbo 接通)或低速(Turbo 关断)工作模式。使设计中影响速度的关键路径工作在高速，而其他部分工作在低功耗状态。

MAX 7000 的每一个 I/O 引脚的输出缓冲器可以调整输出的电压摆率，即可配置成低噪声或高速性能。这个摆率控制连到 Turbo 位。较快的电压摆率提供很快的速度转换，但这些快速的转换会比慢电压摆率转换在系统中引进更大的噪声。Turbo 位接通时，设置在快电压摆率。这种设置应当仅用在系统中影响速度的关键输出端，并有相应的抗噪声措施。当 Turbo 位断开时，电压摆率设置在低噪声状态，这将减少噪声的生成和地线上的毛刺。

第5章　VHDL 硬件描述语言

VHDL(very high speed integrated circuit hardware description language)即超高速集成电路硬件描述语言,它是美国国防部1983年创建的硬件描述语言,经改进后作为IEEE标准,成为通用硬件描述语言。

VHDL语言是一种高级描述语言,有良好的电路行为描述能力和系统描述能力,它可以多层次描述数字系统的结构、行为、功能和接口。VHDL语言是一种标准的硬件描述语言,可移植性好,可为不同的EDA工具所接受。

5.1　VHDL 程序结构

VHDL程序设计采用自顶向下的模块化设计方法。一个完整的VHDL程序结构及部分说明如图5.1所示。

1. 库(library)	存放已经编译的包集合、实体、结构体和配置等。库的优点在于使设计者可以共享已经编译过的设计结果
2. 包(package)	声明在实体中将要用到的信号定义、常数定义、数据类型、元件语句、函数定义和过程定义等
3. 实体(entity)	定义电路的输入/输出接口
4. 结构体(architecture)	描述电路内部的功能。一个实体可以对应多个结构体,但在同一时间,只有一个结构体被使用
5. 配置(configuration)	决定哪一个结构体被使用

图5.1　VHDL程序结构

实体部分描述所设计系统的外部接口信号;结构体用于描述系统的内部电路;配置用于从库中选取所需元件安装到设计单元的实体中;包集合用于存放设计模块能共享的数据类型、常数、子程序等;库用于存放已编译的实体、结构体、包集合和配置。

其中,实体和结构体是VHDL程序必备的,而在实际应用中,常常需要在定义实体之前调用库和库中相应的程序包(只是"调用",而不是"编写"程序包)。VHDL程序基本结构如图5.2所示。

VHDL 程序的基本单元是设计实体，它对应于硬件电路中的某个基本模块。该模块可以是一个门，也可以是一个微处理器，甚至是整个系统。但无论是简单的还是复杂的数字电路，VHDL 程序的基本构成都是一样的，即都由实体和结构体构成（实体描述模块的对外端口，结构体描述模块的内部情况，即模块的行为和结构）。

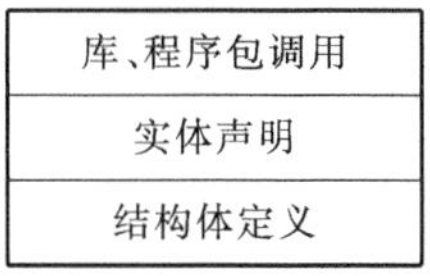

图 5.2 VHDL 程序基本结构

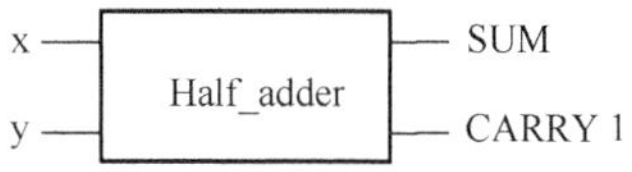

图 5.3 半加器

【例 5.1】一个半加器（图 5.3）的 VHDL 描述如下。

```
library IEEE;                          --库说明语句
use IEEE. std_logic_1164. all;         --程序包说明语句
--声明要引用 IEEE 库中的 std_logic_1164 程序包中的所有项目
entity Half_ adder is
port (
     x:in STD_LOGIC;
     y:in STD_LOGIC;
     SUM: out STD_LOGIC;
     CARRY1: out STD_LOGIC
     );
end Half_adder;
```

--VHDL 不区分大小写
实体描述：利用 port 端口语句说明此模块有两个输入引脚 x 和 y，两个输出引脚 SUM 和 CARRY1，其数据类型均为 STD_LOGIC，in 和 out 说明引脚方向

```
architecture rel of Half_adder is
begin
     process (x, y)
     begin
          SUM<=x xor y after 5 ns;
          CARRY1<=x and y after 5 ns;
     end process;
end rel;
```

结构体描述：第 11 行至第 18 行为结构体部分，说明模块内部的数据传输和变换关系，“<=”表示传送或赋值，“xor”和“and”是 VHDL 定义的逻辑运算符

5.1.1 实体

实体（entity）是 VHDL 设计中最基本的组成部分之一。实体用于定义电路的输入/输出引脚，但并不描述电路的具体构造和实现功能。

```
entity  实体名  is
[generic (常数名: 数据类型: 设定值)]  --类属参数说明,"[ ]"内容为可选项
port(
     端口名1:端口方向  端口类型;     --端口说明语句用分号隔开
     端口名2:端口方向  端口类型;
      ⋮
     端口名n:端口方向  端口类型      --最后一个端口声明语句后不加分号
   );
end [实体名];                        --可以只用end结束实体声明,不一定加实体名
```

实体声明的格式说明:

1)实体名

实体名必须与文件名相同,否则编译时会出错。

2)类属参数

类属参数为实体声明中的可选项,常用来规定端口的大小、信号的定时特性等。

3)端口名

端口名是设计者赋予每个外部引脚的名称。

4)端口方向

端口方向用来定义外部引脚的信号方向是输入还是输出(或者同时可以作输入与输出)。说明端口方向的标示符及其含义如表5.1所列,端口方向示意图如图5.4所示。

表5.1 端口方向说明

端口方向	含 义
in	输入模式仅允许数据流由外部向实体内进行。它主要用于时钟输入、控制输入(如复位和使能)和单向的数据输入
out	输出模式仅允许数据流从内部流向实体输出端口。它主要用于数据输出。输出模式不能用于反馈,因为这样的端口在结构体内部不能读取
inout	双向(输入/输出),对于双向信号设计时必须定义为双向模式,以允许数据可以流入或流出该实体。双向模式也允许用于内部反馈
buffer	输出(结构体内部可读取)缓冲模式允许用于内部反馈,不允许作为双向端口使用

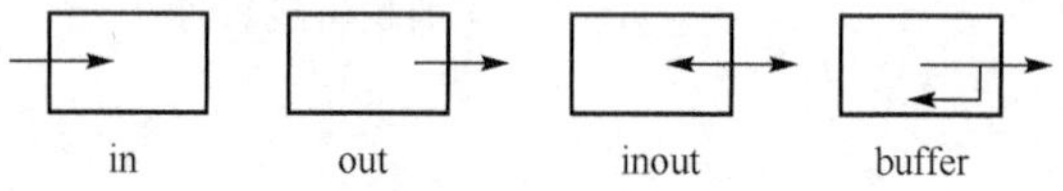

图5.4 端口方向示意图

5)端口类型

端口类型即定义端口的数据类型。常用的数据类型有Std_Logic、Std_Logic_Vector和Integer等。VHDL是一种强类型语言,即对语句中的所有端口信号、内部信号和操作数的数据类型有严格规定,只有相同数据类型的端口信号和操作数才能相互作用。

5.1.2 结构体

结构体(architecture)描述实体内部的结构或功能。结构体可以采用行为描述、结构描述或数据流描述，是 VHDL 设计中最主要的部分。结构体的语法格式如下：

```
architecture  结构体名  of  实体名  is
[声明语句]
Begin
功能描述语句
End[结构体名];
```

一个实体可对应多个结构体，每个结构体分别代表该实体功能的不同实现方案或不同描述方式。在同一时刻，只有一个结构体起作用，可以通过配置(configuration)来决定使用哪一个结构体进行仿真或综合。

结构体中的实体名必须与实体部分所取的名字相同，而结构体名则可由设计者自由选择，但当一个实体具有多个结构体时，各结构体的取名不可相同。

声明语句用于声明该结构体将用到的信号、数据类型、常数、子程序和元件等。值得注意的是，在一个结构体内声明的数据类型、常数、子程序(包括函数和过程)和元件只能用于该结构体中。如果希望在其他的实体或结构体中引用这些定义，那么需要将其作为程序包(package)来处理。

功能描述语句具体描述了结构体的功能和行为。功能描述语句可含有 5 种不同类型的以并行方式工作的语句结构，这几个语句结构又称为结构体的子结构。各子结构的作用如图 5.5 所示。

功能描述语句
块语句(block)：由一系列并行语句(concurrent statement)组成，从形式上划分出模块，改善程序的可读性，对综合无影响
进程语句(process)：进程内部为顺序语句，而不同进程间则是并行执行的，进程只有在某个敏感信号发生变化时才会触发
信号赋值语句：将实体内的处理结果向定义的信号或端口进行赋值
子程序调用：调用过程(procedure)或函数(function)，并将获得的结果赋值给信号
元件例化语句：调用其他设计实体描述的电路，将其作为本设计实体的一个元件(component)，元件例化是实现层次化设计的重要语句

图 5.5 功能描述语言

【例 5.2】一个二选一电路的结构描述如下：

```
library IEEE;
use IEEE. std_logic_1164. all;
entity twoto1 is                                   ┐
generic(m:TIME:=1ns);                              │
port (d0: in bit;                                  │
      d1: in bit;                                  ├ 实体描述
      sel: in bit;                                 │
      q: out bit);                                 │
end twoto1;                                        ┘
architecture bew of twoto1 is
signal tmp: bit;          --信号的声明
begin
Cale: process (d0, d1, sel)
variable tmp1, tmp2, tmp3:bit;         --变量的声明
begin
tmp1:=d0 and sel;                 --变量赋值语句
tmp2:=d1 and (not sel);
tmp3:=tmp1 or tmp2;
tmp<=tmp3;                        --信号赋值语句
q<=tmp after m;
end process;
end bew;
```

（右侧括注：architecture … end bew 为“功能描述”；Cale: process … end bew 为“进程”；begin … q<=tmp after m 为“顺序语句”。）

【例 5.3】利用半加器构建全加器。VHDL 可以通过已有的基本模块来构造更大的模块或更高一层次的模块。例如,它可以利用现有的半加器模块来构造一个如图 5.6 所示的全加器。

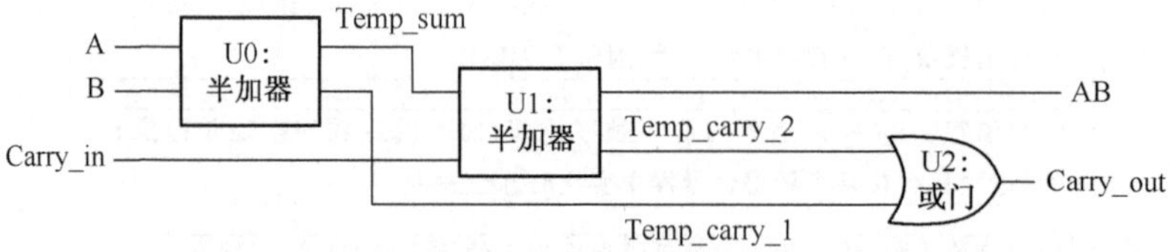

图 5.6 由半加器构造的全加器

```
entity full_adder is
port (
    A:in bit;
    B: in bit;
    carry_in: in bit;
    AB: out bit;
    carry_out: out bit );
```

```
end full_adder;
architecture structure of full_adder is
signal temp_sum: Bit;
signal temp_carry_1: Bit;   --连接元件所用的内部信号说明
signal temp_carry_2: Bit;
component half_adder
port (
        X: in bit;
        Y: in bit;                  元件说明
        sum: out bit;
        carry: out bit );
end component;
component or_gate
port (
        In1: bit;
        In2: bit;
        out1:out Bit );
end component;               --元件例化
begin
    U0: half_adder port map (X => A, Y => B, sum => temp_sum , carry => temp_carry_1 );
    U1: half_adder port map (X=>temp_sum,Y=>carry_in,sum=>AB,carry =>temp_Carry_2);
    U2: or_gate port map(In1 =>temp_carry_1, In2 => temp_carry_2, out1 => carry_out );
end structure;
```

注意　(1)In1: in Bit; In2: in Bit; 可写成 In1:Bit,In2: Bit;,因为 in 是缺省的 I/O 状态。

(2)"- -"为注释行标志，该标志后的所有字符均为注释内容。

(3)由"component…end component;"注明的一段为元件说明语句，给出了该元件的外端口情况，或者说是给出了一个元件的模板。

(4)由"U0: half_adder port map…"说明的为元件例化语句部分。该语句将元件说明中的端口映射到实际元件中的端口,即将模板映射到现实电路。

5.1.3　库与包的调用

当需要引用一个库时,首先要对库名进行说明,其格式为:

```
library  库名;       --如例 1 中的"library IEEE;"即调用 IEEE 标准库
```

对库名进行说明后,就可以使用库中已编译好的设计了。而对库中程序包的访问,则必须通过 use 语句实现,其格式为:

use 库名.程序包名.项目名

如例5.1中的use ieee.std_logic_1164.all中的关键字all表示本设计实体可以引用此程序包中的所有资源。IEEE库中的三个程序包std_logic_1164、std_logic_1164_arith、std_logic_1164_unsigned一般来说足以应付大部分的VHDL程序。

VHDL是一种强类型语言(strong typed language),对每一个常数、变量信号等的数据类型都有严格要求,只有相同数据类型的量,才能互相传递。

VHDL提供了多种标准的数据类型,放在STD库的Standard包中。另外,为使用户设计方便,还可以由用户自定义数据类型。

VHDL的数据类型分四类,标量类型(scalar type)、复合类型(composite type)、存取类型(access type)、文件类型(file type)。在这里,我们仅介绍最常用的标量类型和复合类型。存取类型和文件类型在具体使用时,可以查阅工具软件的在线帮助。

5.1.4 VHDL与定义数据类型

VHDL中常见的预定义数据类型及其简要说明如表5.2所示。

表5.2 常见的预定义数据类型及说明

数据类型	简要说明
布尔量(boolean)	取值为false(假)和true(真),用于逻辑(关系)运算
位(bit)	取值为0和1,用于逻辑运算
位矢量(bit_vector)	基于bit类型的数组,用于逻辑运算
整数(integer)	整数的取值范围是$-(2^{31}-1)\sim(2^{31}-1)$,可用32位有符号的二进制数表示,用于数值运算
实数(real)	实数的取值范围是$-1.0\times10^{38}\sim1.3\times10^{38}$,仅用于仿真,不可综合
时间(time)	完整的时间类型包括整数和物理量单位两部分,整数与单位之间至少留一个空格,例如20ms、30μs等。整数部分取值范围与integer相同。此类型仅用于仿真,不可综合

1.布尔数据类型

布尔(boolean)数据类型实际上是一个枚举数据类型,取值为false和true。下面是一个关于boolean类型的小程序。

【例5.4】给出一个简单实现整数加、减运算的程序,图5.7为对应的仿真波形。Integer类型的常数常用于加、减、乘、除四则运算(除法运算对运算数有特殊要求),在使用整数时,必须用range…to…限定整数范围,综合器将根据所限定的范围来决定此信号或变量的二进制的位数。若所设计的整数范围包括负数,则该数将以二进制补码的形式出现。

```
library ieee;
use ieee.std_logic_1164.all;
entity test_integer is
port(
```

```
        a,b: in integer range -16 to 15;
        c,d: out integer range -32 to 31
);
end test_integer;
architecture bev of test_integer is
begin
      c<=a+b;
      d<=a-b;
end bev;
```

从图 5.7 可以看出，12－13 的结果为 111111(二进制)，而 12＋13 的结果为 011001(二进制)。根据补码的计算规则，111111 为－1 的补码，而 011001 则是 25 的补码(亦是原码)。

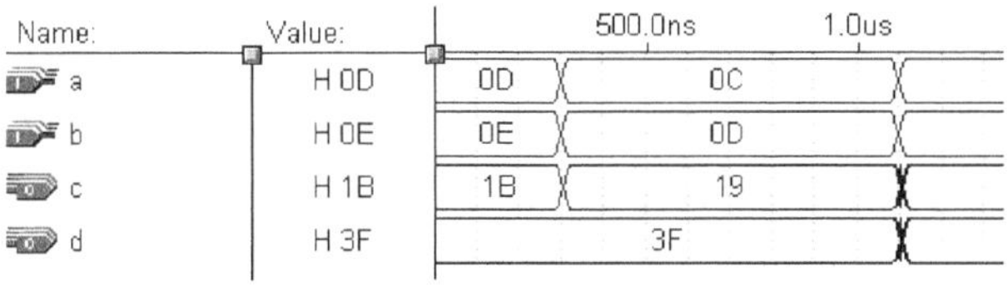

图 5.7 例 5.4 对应的仿真波形

2. 其他数据类型

VHDL 的预定义类型还有错误等级、实数和时间等。但这些数据类型只用于仿真，不可被综合。

5.1.5 IEEE 预定义标准逻辑位与矢量

在 IEEE 库的程序包 std_logic_1164 中，定义了两个十分重要的数据类型，即标准逻辑位 std_logic 和标准逻辑矢量 std_logic_vector。

1. 标准逻辑位数据类型

标准逻辑位(std_logic)数据类型共定义了 9 种信号状态，如表 5.3 所示。

从表中可以看出，std_logic 的信号定义比 bit 类型对数字电路的逻辑特性描述更完整、真实。std_logic 中的 X 态和 Z 态可以让设计者模拟一些未知的和高阻态的线路情况，“—”态常用于一些 boolean 表达式的简化。但就综合而言，只有四种状态可被综合，即 0、1、“—”和 Z。其他状态虽然不可综合，但对行为仿真仍有十分重要的意义。

表 5.3 std_logic 中的信号值及其定义

信号值	定　义
U	Uninitialized(未初始化)
X	Forcing unknown(强未知的)
0	Forcing 0(强 0)
1	Forcing 1(强 1)
Z	High impedance(高阻态)
W	Weak unknown(弱未知的)
L	Weak 0(弱 0)
H	Weak 1(弱 1)
—	Don't care(忽略)

目前,在设计中一般只使用 std_logic 类型,很少用 bit 类型。

2. 标准逻辑位矢量数据类型

标准逻辑位矢量(std_logic_vector)是基于 std_logic 类型的数组。使用 std_logic 和 std_logic_vector 时,一定要调用 IEEE 库中的 std_logic_1164 的程序包。

5.1.6 用户自定义的数据类型

用户自定义的数据类型主要有枚举类型(enumerated type)和数组类型(array type)等,前者常用于状态机描述,后者常用于 ROM 和 RAM 的描述等。

1. 枚举类型

在状态机描述中,常常使用枚举类型为每一状态命名(本来表征状态的是二进制数),使程序更具有可读性。枚举类型的语法格式如下:

```
Type state_type is (start,step1,step2,final);
    Signal state state_type;
```

此例为该类型定义了四个状态:start、step1、step2、final。表征当前状态的信号 state 就在这四个状态中取值。

2. 数组类型

数组类型常用于组合同样数据类型的元素,其语法格式如下。

```
Type 数据类型名 is array 范围 of 原数据类型
```

例如下面几个数组定义:

```
Type byte is array (7 downto 0) of bit; --1 byte=8 bits
Type word is array (31 downto 0) of bit;
```

5.2 VHDL 语言的描述方法

在 VHDL 语言中,结构体对于相同的逻辑功能可以采用不同的描述方法或者实现方法,这些不同的实现方法被称为 VHDL 的硬件描述方法。VHDL 语言描述结构体通常有四种方法。①行为描述法:采用进程语句,顺序描述设计实体的行为。②数据流描述法:采用进程语句,顺序描述数据流在控制流作用下被加工、处理、存储的全过程。③结构描述法:采用并行处理语句描述设计实体内的结构组织和元件互联关系。④采用多个进程(process)、多个模块(block)、多个子程序(subprogram)的混合描述法。在实际应用中,为了兼顾整体设计的功能、资源和性能,通常在较为复杂的系统设计中采用混合描述风格。

下面以一位全加器的设计为例,介绍这四种描述风格。

5.2.1 行为描述方法

行为描述方法是描述数字系统的输入与输出的行为，不涉及系统的具体硬件电路的结构信息。它是一种高级的层次描述方法，设计人员只关心所设计系统的功能行为是否正常，无须了解具体的电路硬件结构，也就是说系统实现的 VHDL 程序与外部硬件关系不大。类似其他计算机高级语言的编程方式，这也是 VHDL 语言的编程在 FPGA 设计中得到广泛应用的原因之一。因此，在应用 VHDL 语言进行数字系统设计时，常常优先考虑采用行为描述方法。

在 VHDL 系统设计时，EDA 开发工具的综合器能够自动地将行为描述语句转化为 FPGA 设计的门级描述。但是对于相同的行为描述，由于采用不同的综合器，因此在综合的结果上有较大的差别。

【例 5.5】采用行为描述方法设计的一位全加器。全加器的功能见表 5.4，其中逻辑变量 A 和 B 为两个加数，C_i 为低位进位信号，S 为和信号，C_o 为进位信号。

表 5.4 加法器功能表

A	B	C_i	S	C_o
0	0	0	0	0
0	0	1	1	0
0	1	0	1	0
0	1	1	0	1
1	0	0	1	0
1	0	1	0	1
1	1	0	0	1
1	1	1	1	1

实现程序如下：

```
Library IEEE;
Use IEEE.STD_LOGIC_1164.ALL;
Entity full_adder is
Port(
      a: in STD_LOGIC;
      b: in STD_LOGIC;
      cin: in STD_LOGIC;
      sum: out STD_LOGIC;
      cout: out STD_LOGIC
      );
end full_adder;
architecture behavior of full_adder is
signal tmp: STD_logic_vector(0 to 2);
begin
```

```
tmp<=a&b&cin;
process(tmp)
begin
    case tmp is
        when "000"=>sum<='0';cout<='0';
        when "001"=>sum<='1';cout<='0';
        when "010"=>sum<='1';cout<='0';
        when "011"=>sum<='0';cout<='1';
        when "100"=>sum<='1';cout<='0';
        when "101"=>sum<='0';cout<='1';
        when "110"=>sum<='0';cout<='1';
        when "111"=>sum<='1';cout<='1';
        when others => sum<='Z';cout<='Z';
        end case;
    end process;
end behavior;
```

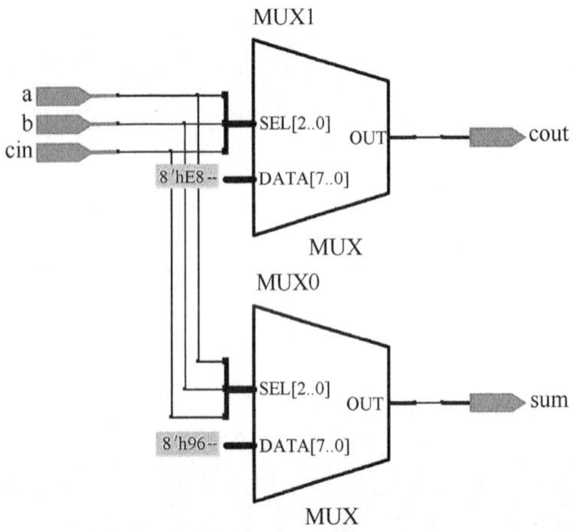

图5.8 行为功能描述以后的RTL结构图

本例中无结构信息，只是对电路系统的行为进行描述。最典型的行为描述语句就是其中的“case…is”，它对输入信号特定的行为方式所产生的信息后果做了定位。VHDL强大的系统描述能力正是基于这种强大的行为描述方法。综合以后的RTL结构如图5.8所示。

5.2.2 数据流描述方法

数据流描述方法也称为RTL描述法，RTL是寄存器转换层次的简称。数据流描述方法建立在分结构化的并行语句描述基础上，类似于布尔方程描述，既描述系统的某种行为，又隐含了系统结构信息。它针对信号到信号的数据流的路径形式进行描述，反映了系统输入输出的逻辑关系、数据流的流动方向、路径和结果。

【例5.6】一位全加器的逻辑方程描述如下。

和：	Sum=A⊕B⊕Cin
进位：	Cout=(A⊕B)Cin+AB

它的数据描述如下：

```
Library IEEE;
Use IEEE.STD_LOGIC_1164.ALL;
Entity full_adder is
Port(
      a: in bit;
      b: in bit;
      cin: in bit;
      sum: out bit;
      cout: out bit
     );
end full_adder;
architecture behavior of full_adder is
begin
  sum<=a xor b xor cin;
  cout<=((a xor b)and cin)or(a and b);
end behavior;
```

一位全加器的数据流描述综合后，RTL 结构如图 5.9 所示。

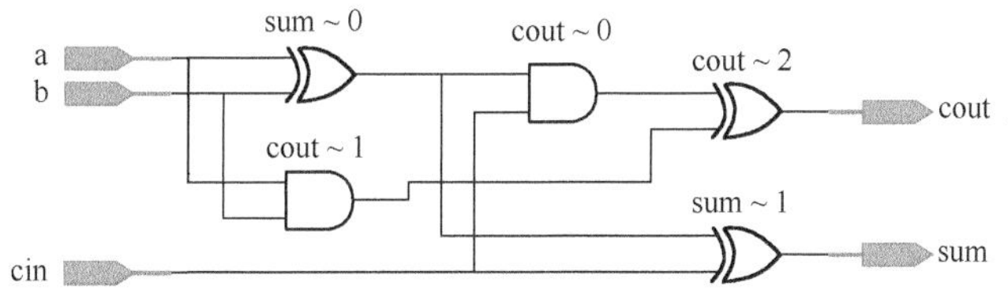

图 5.9　数据流描述综合以后的 RTL 结构图

5.2.3　结构描述方法

结构描述方法是以元件或者已经完成的功能模块为基础，以元件例化语句和生成语句为主要描述语句。利用这两种语句可以完成多层次的设计，供高层次的设计模块调用下层的设计模块，元件间的连接只需通过定义端口界面来实现，其风格接近实际的硬件结构。利用结构描述方法，可以采用结构化、模块化设计思想，将一个大的设计划分为许多小的模块，逐一设计调试完成。

【例 5.7】用二输入异或门和二输入与非门实现的一位全加器电路。用结构描述方法编写的程序如下：

```
Library IEEE;
Use IEEE.std_logic_1164.ALL;
Entity full_adder is
```

```
Port(
      a: in std_logic;
      b: in std_logic;
      cin: in std_logic;
      sum: out std_logic;
      cout: out std_logic
     );
end full_adder;
architecture behavior of full_adder is
signal f0,f1,f2:std_logic;
begin
     f1<=not(a and b);
     f2<=not(cin and f0);
     cout<=not(f1 and f2);
     f0<=b xor a;
     sum<=cin xor f0;
end behavior;
```

一位全加器的结构描述综合后,RTL结构如图5.10所示。

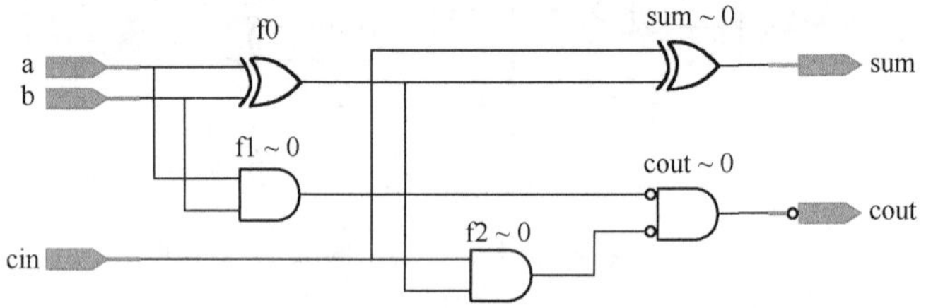

图5.10　用二输入异或门和二输入与非门实现的一位全加器电路图

结构描述方法基于传统的硬件电路设计思想,系统结构清晰,能够利用已有的设计成果,从而提高设计效率。这种描述方法非常适合自底向上的系统设计方法。它的缺点是:程序是基于电路结构连接关系的描述,不能直观得到电路的逻辑功能,不便于阅读,对程序设计者要求其具有较好的硬件电路设计方面的知识。

5.2.4　混合描述方法

前面的三种描述方法各有优缺点,在实际应用中,通常根据设计实体的资源和性能要求,在系统设计中灵活地、有机地将上述三种风格结合,这种描述称为混合描述方法。

【例5.8】利用数据流描述方法设计一个一位半加器,在此基础上,根据结构描述方法设计一个一位全加器。

一位半加器的逻辑方程为:

和：　Sum $=A\oplus B$ 进位：Cout $=AB$

它的数据流描述如下：

```
library ieee;
use ieee.std_logic_1164.all;
entity half_adder is
port (
        a:in std_logic;
        b:in std_logic;
        sum:out std_logic;
        cout:out std_logic
      );
end half_adder;
architecture behavior of half_adder is
begin
      sum<=a xor b;
      cout<=a and b;
end behavior;
```

利用上面设计的半加器元件和逻辑"或运算"，设计全加器的混合描述如下：

```
library ieee;
use ieee.std_logic_1164.all;
entity full_adder is
port (
        a:in std_logic;
        b:in std_logic;
        cin:in std_logic;
        sum:out std_logic;
        cout:out std_logic
       );
end full_adder;
architecture behavior of full_adder is
component half_adder
port (
        a:in std_logic;
        b:in std_logic;
        sum:out std_logic;
```

```
        cout:out std_logic
        );
    end component;
    signal d,e,f:std_logic;
    begin
        cout<=e or f;
        u1:half_adder port map (a=>a,b=>b,sum=>d,cout=>e);
        u2:half_adder port map (a=>d,b=>cin,sum=>sum,cout=>f);
    end behavior;
```

利用半加器和或门实现一位全加器,电路图如图5.11所示。

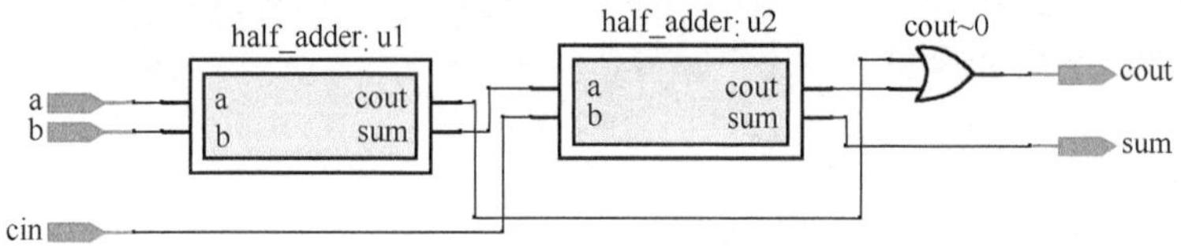

图5.11 一位全加器电路图

5.3 VHDL数据对象

在VHDL中,数据对象(data object)有三类:信号(signal)、变量(variable)和常量(constant)。

VHDL中的变量和常量与软件高级语言中的变量和常量相似,而信号则具有更多的硬件特征,是硬件描述语言所特有的数据对象。

5.3.1 信号

信号是用来描述实体内部节点的重要数据类型。实际上很难给信号下一个完整的定义,因为它已经成为VHDL语言中最基本的概念之一。图5.12可以帮助理解信号的概念和其在系统中的作用。信号声明的语法格式:

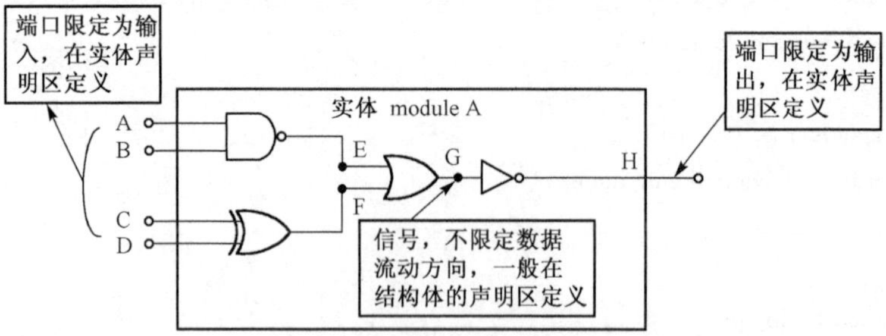

图5.12 信号与端口的区别

从图 5.12 中可以看出，信号(signal)与端口(port)之间的相似之处和差异。信号与端口都描述了电路中实际存在的节点(node)，但是信号描述的是实体内部的节点，而端口则描述的是实体与外界的接口。在语法上，信号的声明与端口的声明很相似。所以信号可以理解为“实体内部不限定数据流动方向的端口”，或者将端口理解为“限定数据流动方向的信号”。因此，信号赋值语句同样适合于端口。信号赋值语句的格式如下：

目标信号名<=表达式

signal 信号：数据类型[:=初始值]；——初始值仅在仿真时有意义；综合时将忽略

【例 5.9】图 5.12 对应的 VHDL 程序。

```
library IEEE;
use IEEE.std_logic_1164.all;
entity modulea is
port(
     a,b,c,d: in std_logic;
     h: out std_logic);
end modulea;
architecture dataflow of modulea is
signal e,f,g: std_logic;     --信号的声明
begin
     e<=a and b;             --方向为 in 的端口能出现在赋值符号“<=”的右边
     f<=c xor d;
     g<=e or f;              --信号既可以出现在赋值符号“<=”右边，也可以出现在其左边
     h<=not g;               --方向为 out 的端口只能出现在赋值符号“<=”的左边
end;
```

信号赋值语句同样适用于矢量(bit_vector)和标准逻辑矢量(std_logic_vector)，只要赋值符号左、右两边的位数相同即可，见例 5.10。

【例 5.10】矢量信号赋值。

```
library IEEE;
use IEEE.std_logic_1164.all;
entity assignment is
port (
       a: in std_logic_vector (7 downto 0);
       b: in std_logic_vector (0 to 7);
       c: out std_logic_vector(0 to 7)
```

```
);
end assignment;
architecture dataflow of assignment is
signal temp: std_logic_vector(7 downto 0);
begin
    temp(3 downto 0)<=a(7 downto 4);
    temp(7 downto 4)<=b(0 to 3);
    c<=not temp;        --若两个矢量的位数相同,则整体赋值时可不必限定范围
end;
```

要注意的是信号的赋值具有"非立即性",即有延时。这与实际硬件的传输延迟特性十分吻合。

5.3.2 变量

变量只能在进程和子程序中使用,主要用于描述算法和方便程序中的数值运算。

变量声明的语法格式如下:

variable　变量名:数据类型[:=初始值];

定义变量和定义信号的语法格式十分相似,只是将关键字 signal 变成 variable。与信号一样,变量的初始值赋值只在仿真中有用,综合时将忽略,因此在实际应用中很少对变量赋初值。虽然二者语法格式十分相似,但在程序中的位置却不同,见例 5.11。

【例 5.11】比较变量与信号声明语句所处的位置。

```
Architecture…of…is
Signal 信号名 1:数据类型;        --信号的声明在结构体内,进程外
 ⋮
Signal 信号名 n:数据类型;
Begin
    Process( ... )
    Variable 变量名 1:数据类型;--变量的声明在进程内部,进程中的 Begin 之前
     ⋮
    Variable 变量名 n:数据类型;
    begin
     ⋮
    end process;
end;
```

变量赋值语法格式如下:

目标变量名:=表达式

变量和信号的区别：

(1)物理意义不同。信号是电子电路内部硬件连接的抽象；变量没有与硬件对应的器件。

(2)赋值符号不同。信号赋值用“<=”符号(如 S1<=S2)，变量赋值用“:=”符号(如 temp3:=temp1+temp2;)。

(3)变量赋值不能加延时，语句一旦被执行，其值立即被赋予变量。信号赋值可以加延时，使赋予信号的值在一段时间后代入。如 S1<=S2 after 10ns，即 S2 的值经过 10ns 的延时后才被代入 S1。而有延时的变量赋值是不合法的，如 temp3:=temp1+temp2 after 10ns，是非法的。

(4)信号是全局量，可用于进行进程间的通信，可用于 architecture、package、entity 的说明部分；变量是局部量，只能用于 process、function、procedure 之中。

从以上几点不难看出，变量和信号区别的根本出发点是它们对应的物理意义不同。

5.3.3　常数

VHDL 中的常数(constant)作用如下：

(1)保证该常数描述的那部分数据在程序中不会因误操作被改变；

(2)对程序中的某些关键值进行命名，可提高程序的可读性；

(3)将出现次数较多的关键数值用常数表示，使程序易于修改，只需修改常数就可以替换所有相关数值。

定义常数的语法格式：

```
constant  常数名:数据类型:=设置值
```

【例 5.12】偶数倍分频电路程序。

```
library IEEE;
use IEEE.std_logic_1164.all;
entity Devider is
port (
    clkin: in std_logic;
    clkout: out std_logic);
end;
architecture FreDevider of Devider is
constant n:integer:=3;                    --定义常数 n
signal counter: integer range 0 to n;     --引用常数 n
signal clk:std_logic;
begin
    process(clkin)
```

```
    begin
        if rising_edge(clkin) then
            if counter=n then                    --第二次引用常数 n
                counter<=0;
                    clk<=not clk;
            else
                counter<= counter +1;
            end if;
        end if;
    end process;
    clkout<=clk;
end;
```

5.4 VHDL 运算符

VHDL 的运算符主要有四种:算术运算符、并置运算符、关系运算符和逻辑运算符。

5.4.1 算术运算符

VHDL 预定义的常见算术运算符及说明如表 5.5 所示。

表 5.5 常见算术运算符及说明

运算符	含义	备注
+	加	一般情况下,"+"号两边只能是整型信号(变量)。但若事先调用了 IEEE 库中的 std_logic_1164 和 std_logic_unsigned(或 std_logic_signed)程序包,则"+"号两边可以是:①std_logic_vector+std_logic_vector;②std_logic_vector+integer;③integer+std_logic_vector;④integer+integer
-	减	同上
*	乘	一般情况下,"*"号两边只能是整型信号(变量)。但若事先调用了 IEEE 库中的 std_logic_1164 和 std_logic_unsigned(或 std_logic_signed)程序包,则"*"号两边可以是:①std_logic_vector * std_logic_vector;②integer * integer。注意:std_logic_vector 与 integer 的混合乘法是不被支持的
/	除	MAX+plus II 要求"/"号右边的数为 2 的 n 次方(2^n)
**	乘方	MAX+plus II 不支持
MOD	求模	MAX+plus II 不支持
REM	求余	MAX+plus II 不支持
ABS	求绝对值	MAX+plus II 不支持

5.4.2 并置运算符

并置运算符"&"用于将多个元素或矢量连接成新的矢量。例如:

```
signal a: std_logic_vector ( 3 downto 0);
signal b: std_logic_vector ( 1 downto 0);
```

```
signal c: std_logic_vector ( 5 downto 0);
signal d: std_logic_vector ( 4 downto 0);
signal e: std_logic_vector ( 2 downto 0);
 ⋮
c<=a & b;                                --矢量与矢量并置
d<=a(1 downto 0) & b(1 downto 0);        --矢量与元素并置
e<=b(0) & a(1) & '0';                    --素与元素并置
 ⋮
```

5.4.3　关系运算符

VHDL 预定义的关系运算符及说明如表 5.6 所示。

表 5.6　关系运算符及说明

关系运算符	=	/=	<	<=	>	>=
含义	等于	不等于	小于	小于或等于	大于	大于或等于

关系运算符的作用是，将相同数据类型的数据对象进行比较或关系排序判断，并将结果以 boolean 类型的数据表示，即 true 或 false。

VHDL 规定，"="和"/="的操作对象是 VHDL 中任何数据类型构成的操作数；其余关系运算符的操作对象，则仅限于整数数据类型、枚举数据类型以及由整数型或枚举数据类型元素构成的一维数组。

需要注意的是："小于或等于"关系运算符"<="的形式与信号赋值操作符一模一样。判别二者的关键在于其使用环境，在条件语句(如 if…then…else、when 等)中的条件式(即条件判断语句)中出现的"<="是关系运算符，其他情况则是信号赋值操作。

5.4.4　逻辑运算符

VHDL 共定义了七种逻辑运算符，其含义与对应逻辑门如表 5.7 所示。

表 5.7　逻辑运算及其说明

逻辑运算符	含　义	对应逻辑门
AND	与	
OR	或	
NOT	非	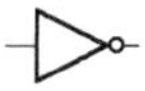
NAND	与非	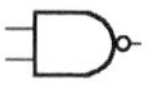

续表

逻辑运算符	含　义	对应逻辑门
NOR	或非	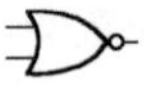
XOR	异或	
XNOR	同或	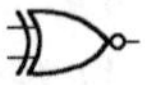

逻辑运算符的操作对象一般为以下五种数据类型之一：boolean、bit、bit_vector、std_logic 和 std_logic_vector。

5.5 VHDL 并行语句

并行语句(concurrent statement)是硬件描述语言区别于一般软件程序语言最显著的特点之一。并行语句在结构体中的执行都是同时进行的，即它们的执行顺序与语句书写的顺序无关。如图 5.13 所示，VHDL 的并行语句主要有六种，即进程语句、并行信号赋值语句、并行过程调用语句、元件例化语句、生成语句和块语句。

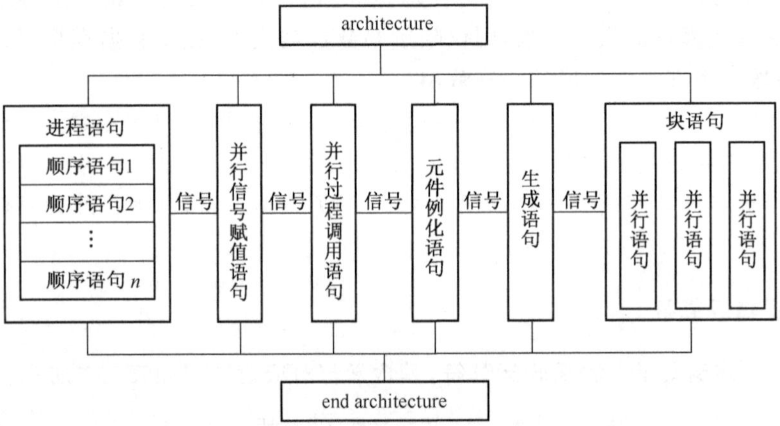

图 5.13　并行语句运行示意图

5.5.1 并行信号赋值语句

并行信号赋值语句又分为以下三种类型：简单信号赋值语句、选择信号赋值语句和条件信号赋值语句。

这三种信号赋值语句的赋值目标都必须是信号。

1. 简单信号赋值语句

简单信号赋值语句格式如下：

```
目标信号名<=表达式
```

因为 VHDL 是强类型语句，所以目标信号的数据类型必须与赋值符号“<=”右边表达式的数据类型一致。

2. 选择信号赋值语句

选择信号赋值语句格式如下：

```
with  选择表达式  select
    赋值目标信号 <=     表达式 1 when 选择值 1,
                        表达式 2 when 选择值 2,
                             ⋮
                        表达式 n when others;
```

从 with…select 语句的格式可以看出它的用法：当“选择表达式”等于某一个“选择值”时，就将其对应的表达式的值赋给目标信号；若“选择表达式”与任何一个“选择值”均不相等，则将 when others 前的表达式的值赋给目标信号。例 5.13 是 with…select 语句描述一个 8 路四选一的多路数据选择器，图 5.14 为例 5.13 的仿真波形。

【例 5.13】8 路四选一数据选择器。

```
library IEEE;
use IEEE.std_logic_1164.all;
entity mux1 is
port(
    data0,data1,data2,data3: in std_logic_vector(7 downto 0);
    sel: in integer range 0 to 3;
    dout: out std_logic_vector(7 downto 0));
end mux1;
architecture dataflow of mux1 is
begin
    with sel select
    dout<=data0 when 0,
          data1 when 1,
          data2 when 2,
          data3 when 3,
          "00000000" when others;
end dataflow;
```

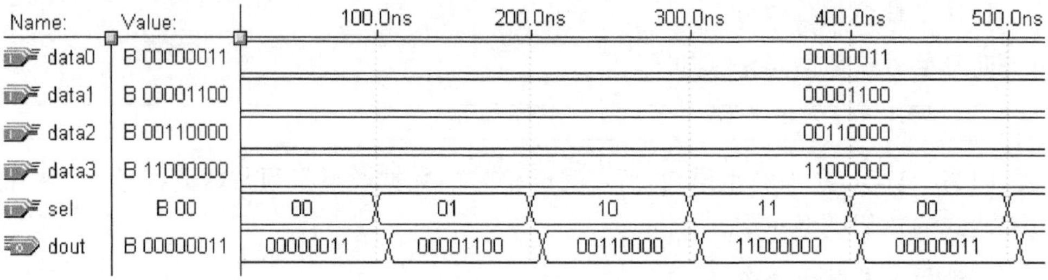

图 5.14　例 5.13 的仿真波形

需要注意的是：①“选择值”要覆盖所有可能的情况，若不可能一一列举，则要借助 others 为其他情况找一个“出口”；②“选择值”必须互斥，不能出现条件重复或重叠的情况。

3. 条件信号赋值语句

条件信号赋值语句语法格式如下：

```
赋值目标信号<=表达式 1 when 赋值条件 1 else
              表达式 2 when 赋值条件 2 else
                  ⋮
              表达式 n when 赋值条件 n else
              表达式;
```

【例 5.14】8 输入优先编码器的数据流描述。

```
library IEEE;
use IEEE.std_logic_1164.all;
entity priority_encoder is
port (i: in std_logic_vector(7 downto 0);
      a: out std_logic_vector(2 downto 0));
end;
architecture dataflow of priority_encoder is
begin
    a<="111" when I(7)='1' else
         "110" when I(6)='1' else
         "101" when I(5)='1' else
         "100" when I(4)='1' else
         "011" when I(3)='1' else
         "010" when I(2)='1' else
         "001" when I(1)='1' else
         "000" when I(0)='1' else
```

```
        "111";
end;
```

由例 5.14 和图 5.15 可以看出:因为 when…else 语句各赋值子语句具有优先级差别,所以各赋值条件可重叠。

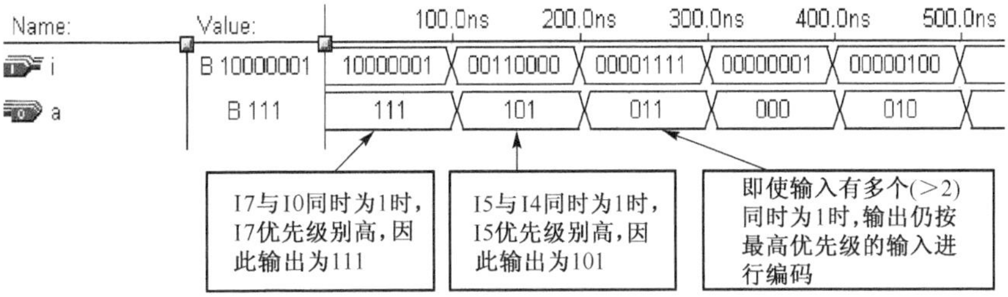

图 5.15 例 5.14 的仿真波形

5.5.2 进程语句

进程语句 process 是 VHDL 语言中最主要的语句之一,它具有如下特点:

(1)进程本身是并行语句,但其内部则为顺序语句;

(2)进程只有在特定的时刻(敏感信号发生变化)才被激活。

1. 进程语句的语法格式

process 语句的语法格式有两种。

process 语法格式 1:

```
[进程标号:] process(敏感信号参数表)
[声明区];
begin
顺序语句
end process[进程标号];
```

process 语法格式 2:

```
[进程标号:] process
[声明区];
begin
wait until(激活进程的条件);
    顺序语句
end process[进程标号];
```

语法格式 1 的各项说明:

(1)进程号:即给进程起名。这个标号不是必需的,在大型的多个进程并存的程序中,标号可提高程序的可读性。

(2)敏感信号参数表:因为进程只在敏感信号发生变化的情况下才被激活,这些敏感信号就包括在敏感信号参数表中。

注意 一个进程可以有多个敏感信号,任意敏感信号发生变化都会激活进程,各敏感信号间以逗号隔开。

(3)声明区:定义一些仅在本进程中起作用的局部量,最常在此处定义的是变量。

注意 信号是全局量,不可在[声明区]声明。

(4)顺序语句:按书写顺序执行的语句,如if…then和case语句。

2. 进程的工作原理

进程工作的基本原理如图5.16所示。

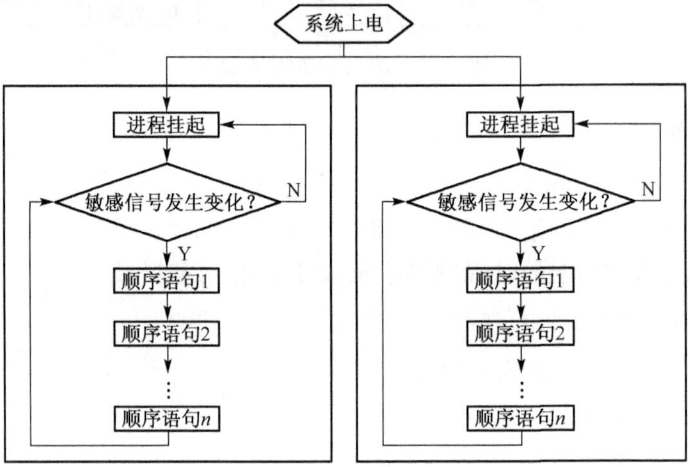

图5.16 进程工作原理示意图

【例5.15】计数器(图5.17)。

```
library IEEE;
use IEEE. std_logic_1164. all;
entity counter is
port (
      reset: in std_logic;                          --异步复位信号
      clock: in std_logic;                          --时钟信号
      num: buffer integer range 0 to 3);            --计数器输出值
end;
architecture behavior of counter is
begin
    process(reset,clock)                            --reset信号必须在敏感信号表中
    begin
```

```
            if reset='1' then                   --注意格式
               num<=0;                          --复位时 num 清 0
            elsif rising_edge(clock) then
               if num=3 then                    --如果 num=3 就清 0
                   num<=0;
               else num<=num+1;                 --否则自加 1
               end if;
            end if;
        end process;
    end;
```

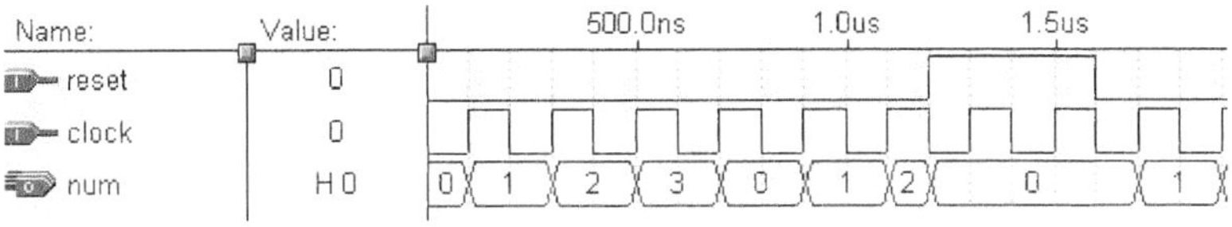

图 5.17　例 5.15 的仿真波形

5.5.3　块语句

块语句可用于描述局部电路，其格式为：

```
[标号:] block
[块头]
[说明语句]
begin
     {并发处理语句}
end block [标号];
```

说明：

(1)块头用于信号的映射或类属参数的定义，通常用 port 语句、port map 语句、generic 语句和 generic map 语句来实现。

(2)说明语句与结构体的说明语句一样，主要是对块内所要用到的对象加以说明。

(3)一个块语句可以与一个局部电路对应。例如，一个 cpu 芯片，为简化起见，假设 cpu 只由 alu 和 reg 模块组成。每个模块的行为分别用 block 语句来描述：

```
architecture cpu_blk of cpu is
signal ibus,dbus:Bit_vector(31 downto 0);
begin
alu:block
     signal qbus:Bit_vector(31 downto 0);
     begin
```

```
        ...                                   --并发处理语句
    end block alu;
reg:block
    signal qbus:Bit_vector(31 downto 0);
    begin
        ...                                   --并发处理语句
    end block reg;
end cpu_blk;
```

注意 块语句与进程语句的最大区别是，块语句是并发处理语句，而进程语句是顺序执行语句。

5.5.4 生成语句 generate

一个实际电路往往会由许多重复的基本结构组成，生成语句可用来简化这一类电路的描述。例5.16描述了8个反相器的例子。

【例5.16】8个反相器。

```
library IEEE;
use IEEE.std_logic_1164.all;


entity Invert_8 is
    port (Inputs: in Bit_vector (1 to 8 );
          Outputs: out Bit_vector (1 to 8 ));
    end Invert_8;
architecture Invert of Invert_8 is
component Inverter
port (I1: Bit;
     O1: outBit );
end component;
begin
    G: for I in 1 to 8 generate
    Inv: Inverter port map (Inputs(I), Outputs (I));
    end generate;
end Invert;
```

上述倒数第三行的端口映射方式称为"位置映射"，它将第一个实际端口 Inputs(I) 与元件说明中的第一个局部端口 I1 建立联系，而将第二个实际端口 Outputs(I) 与第二个局部端口 O1 建立联系。如果改成下列映射形式，就称为"命名映射"：

```
Inv: Inverter port map (I1 => Inputs(I), O1 => Outputs(I));
```

5.6 VHDL 顺序语句

顺序语句是与并行语句相对而言的,其特点是:每一条顺序语句的执行顺序与其书写顺序对应,改变顺序语句的书写顺序有可能改变综合的结果,顺序语句只能出现在进程和子程序中。

顺序语句(sequential statement)有以下几种:赋值语句、流程控制语句、空操作语句、等待语句、子程序调用语句和返回语句等。在这里主要介绍前三种语句。

5.6.1 赋值语句

赋值语句包括信号赋值语句和变量赋值语句。信号赋值语句在进程与子程序之外是并行语句,在进程与子程序之内则为顺序语句;而变量赋值语句只能存在于进程和子程序中。下面是信号赋值语句在进程中执行的例子。

【例 5.17】

```
library IEEE;
use IEEE. std_logic_1164. all;
entity test_signalis
port
    (reset,clock:in std_logic;
     numa,numb:out integer range 0 to 255);
end test_signal;
architecture test of test_signal is
signal a,b:integer range 0 to 255;                 --声明信号 a、b,注意其位置
begin
    process(reset,clock)
        variable c:integer range 0 to 255;         --声明变量 c,注意其位置
            begin
                if reset ='1' then                 --系统复位时对 a、b、c 赋初值
                  a<=0;                            --对信号赋值用“<=”
                  b<=2;
                  c:=0;                            --对变量赋值用“:=”
                elsif rising_edge(clock) then      --在每个时钟上升沿执行
                  c:=c+1;
                  a<=c+1;
                  b<=a+2;
                end if;
    end process;
```

```
    numa<=a;                              --信号可在process外使用,变量不行
    numb<=b;
end;
```

5.6.2 流程控制语句

常用的流程控制语句有三个:if 语句、case 语句和 loop 语句。

1. if 语句

if 语句的语法格式有三种。

if 语法格式 1:

```
if 条件式 then
顺序语句
end if;
```

if 语法格式 2:

```
if 条件式 then
顺序语句
else
顺序语句
end if;
```

if 语法格式 3:

```
if 条件式 1 then
  顺序语句
elsif 条件式 2 then
  顺序语句
    ⋮
else
  顺序语句
end if;
```

【例 5.18】带有使能端 en 和无效输入指示端 idle 的优先编码器。

```
library IEEE;
use IEEE.std_logic_1164.all;
entity encoder is
port(en:in std_logic;
     i: in std_logic_vector(7 downto 0);
     a:out std_logic_vector(2 downto 0);
     idle:out std_logic
```

```
);
end encoder;
architecture behavior of encoder is
    begin
    process(en, i)
      begin
        if en ='1' then
            if I(7)='1' then
                a<="111";idle<='0';
            elsif I(6)='1' then
                a<="110";idle<='0';
            elsif I(5)='1' then
                a<="101";idle<='0';
            elsif I(4)='1' then
                a<="100";idle<='0';
            elsif I(3)='1' then
                a<="011";idle<='0';
            elsif I(2)='1' then
                a<="010";idle<='0';
            elsif I(1)='1' then
                a<="001";idle<='0';
            elsif I(0)='1' then
                a<="000";idle<='0';
            else
                a<="000";idle<='1';
            end if;
        else        --此处必须有 else 语句,否则综合器将引入锁存器
            a<="000";idle<='1';
        end if;
    end process;
end;
```

2. case 语句

case 语句语法格式:

```
case 表达式 is
when 选择值[|选择值]=>顺序语句; --若有多个选择值,则用"|"间隔。2|3 表示
                                        2 或 3
when 选择值[|选择值]=>顺序语句; --"=>"相当于 if 语句中的 then
                  ⋮
when others=>顺序语句;
end case;
```

case 语句与 if 语句功能类似，用于根据指定的条件执行某些语句。但 case 语句的可读性比 if 语句强。

【例 5.19】8 路四选一数选器。

```
library IEEE;
use IEEE.std_logic_1164.all;
entity mux4 is
port(
      data0,data1,data2,data3:in std_logic_vector(7 downto 0);
      sel: in std_logic_vector(1 downto 0);
      dout: out std_logic_vector(7 downto 0) );
end mux4;
architecture dataflow of mux4 is
begin
  process(sel,data0,data1,data2,data3)          --所有在进程中被读取的信号均为敏感信号
    begin
        case sel is
        when"00"=>dout<=data0;
        when"01"=>dout<=data1;
        when"10"=>dout<=data2;
        when"11"=>dout<=data3;
        when others =>dout<="00000000";  --覆盖所有条件
        end case;
    end process;
end;
```

case 语句使用要点：

(1)选择值不可重复或重叠。

(2)当 case 语句的选择值无法覆盖所有情况时，要用 others 指定未能列出的其他所有情况的输出值。

(3)用 case 语句设计组合进程的要点与用 if 语句设计组合进程的要点相同。

3. loop 语句

loop 语句是循环语句，它有三种常见格式(loop…exit、for…loop 和 while…loop)，但 MAX+plus II 只支持最常见的 for…loop 语句，其语法格式如下：

```
[loop 标号:]for  循环变量  in  循环次数范围  loop
           循环语句
           end loop[loop 标号];
```

for…loop 语句说明：

(1)循环变量：是一个临时变量，仅在此 loop 语句中有效，因此不需要事先定义。

(2)循环次数范围：主要有两种格式，即"…to…"和"…downto…"。循环变量从循环次数范围的初值开始，每执行完一次顺序语句后递增(或递减)1，直到达到循环次数范围的终点为止。

(3)loop 标号不是必需的，可以省略。

【例 5.20】实现 0～9 的累加计算。

```
Sum:=0;
for I in 0 to 9 loop
    sum: =sum + 1;
end loop;
```

5.6.3 Null 语句

Null 语句即空操作语句。它不执行任何操作，只是让程序接着往下执行。Null 语句一般用在 case 语句中，用于表示在某些情况下对输出不作任何改变。

典型的 Null 语句应用如下：

```
process(clock)
begin
    if rising_edge(clock) then
        ⋮
        case sel is
            when ...
            when others=>null;
        end case;
        ⋮
    end if;
end process;
```

此处是在时序电路中使用 null，即有意识地引入锁存器。

其他顺序执行语句，如过程调用语句和 return 语句、exit 和 next 语句都和软件编程的高级语言类似，这里不再赘述。

5.7 状态机的 VHDL 设计

状态机的基本结构和功能是一个广义时序电路，触发器、计数器、移位寄存器等都算是它的特殊功能类型的一种。实际时序电路中的状态数是有限的，因此又叫做有限状态机。用VHDL设计状态机不必知道其电路具体实现的细节，而只需要在逻辑上加以描述。

5.7.1 Moore型状态机的VHDL描述

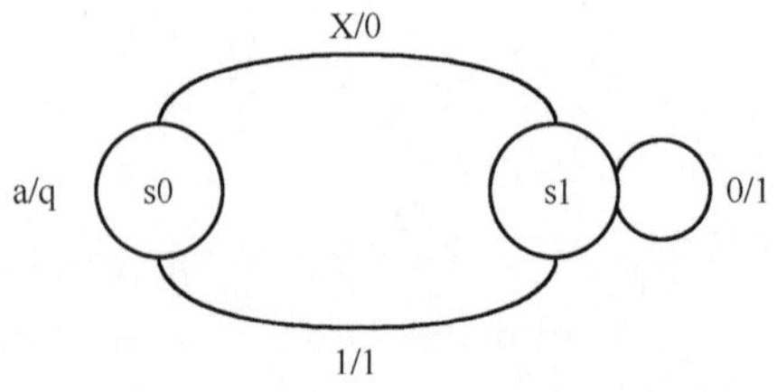

图5.18 Moore1逻辑电路的状态

Moore型状态机的输出仅为当前状态的函数，这类状态机在输入发生变化还必须等待时钟的到来，时钟使状态发生变化时才导致输出的变化，比Mealy型状态机要多等待一个时钟周期。

【例5.21】设计一个逻辑电路，输入信号为：clk时钟，reset复位(清零)，a数据信号，输出为q。该电路的功能如图5.18的状态机所示。其仿真波形如图5.19所示。

每来一个时钟，电路状态都会更新。更新后的状态是什么取决于输入信号a。用VHDL描述此电路如下：

```
LIBRARY IEEE;
USE IEEE.STD_LOGIC_1164.ALL;
ENTITY moore1 IS
PORT(
    clk,a,reset:iN STD_LOGIC;
    q:out STD_LOGIC);
END moore1;
ARCHITECTURE arc OF moore1 IS
TYPE mystate IS (s0,s1);                    --定义mystate为枚举型数据类型
SIGNAL m_state : mystate;
BEGIN
    PROCESS (clk)                           --时序逻辑进程
        BEGIN
            IF reset='1' THEN               --异步复位
            m_state<=s0;
            ELSIF (clk' EVENT AND clk='1') THEN
            CASE m_state IS                 --确定当前状态的状态值
            WHEN s0=>m_state<=s1;           --当测到时钟上升沿时转换至下一状态
            WHEN s1=> IF a='1' THEN         --根据外部的状态控制输入"0"
                m_state<=s0;                --在下一时钟后，进程的状态将维持为s0
            else
                m_state<=s1;                --否则，在下一时钟后，进程的状态将为s1
            END IF;
```

```
            END CASE;
        END IF;
END PROCESS;
q<='1' WHEN m_state=s1 ELSE '0';
END;
```

进程间一般是并行运行的，但由于敏感信号的设置不同及电路的延迟，在时序上，进程间的动作是有先后的。本例中，进程在时钟上升沿到来时将首先运行，完成状态转换的赋值操作。

本例中，用于进程间信息传递的信号 m_state，在状态机设计中称为反馈信号。

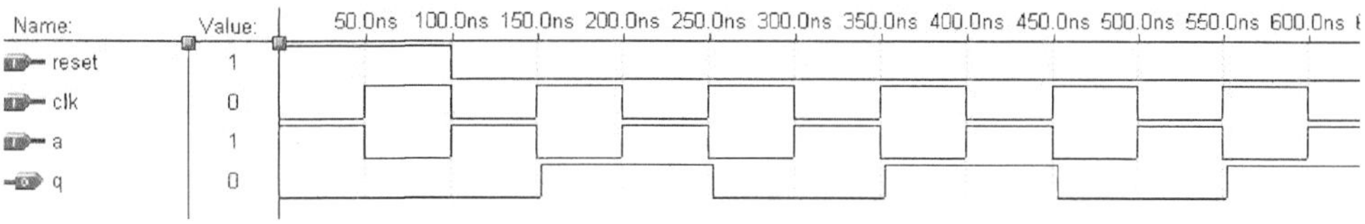

图 5.19　例 5.25moore1 仿真波形

5.7.2　Mealy 型状态机的 VHDL 描述

Mealy 型状态机的输出是当前状态和所有输入信号的函数，它的输出是在输入变化后立即发生的，不依赖时钟同步。与 Moore 型状态机相比，Mealy 型状态机的输出变化要领先一个周期，即一旦输入信号或状态发生变化，输出信号即刻发生变化。Moore 机和 Mealy 机在设计上基本相同，稍有不同之处是，Mealy 机的组合进程中的输出信号是当前状态和当前输出的函数。

【例 5.22】设计一个两进程 Mealy 型状态机，进程 comreg 是时序与组合混合型进程，它将状态机的主控时序电路和主控状态译码电路同时用一个进程来表示；进程 Output_Process 负责根据状态和输入信号给出不同的输出信号。仿真波形图如图 5.20 所示。

```
LIBRARY IEEE;
USE IEEE.STD_LOGIC_1164.ALL;
ENTITY Mealy IS
PORT (
    Reset,clk,Din:IN STD_LOGIC;
    DOUT:OUT STD_LOGIC_VECTOR(4 downto 0));
END;
ARCHITECTURE behav OF Mealy IS
  TYPE mystate IS (S0,S1,S2,S3,S4);
  SIGNAL m_state:mystate;
  SIGNAL Q:STD_LOGIC_VECTOR(4 downto 0);
```

```
BEGIN
Comreg:
  PROCESS (Reset,clk)                    --决定转换状态的进程
    BEGIN
      IF Reset='1' THEN
          m_state<=S0;
      ELSIF clk'EVENT AND clk='1' THEN
          CASE m_state IS
          WHEN S0 =>
            IF DIN='1' THEN
            m_state<=S1;
            END IF;
          WHEN S1=>
            IF DIN='0' THEN
            m_state<=S2;
            END IF;
          WHEN S2=>
            IF DIN='1' THEN
            m_state<=S3;
            END IF;
          WHEN S3=>
            IF DIN='0' THEN
            m_state<=S4;
            END IF;
          WHEN S4=>
            IF DIN='1' THEN
            m_state<=S0;
            END IF;
          WHEN OTHERS => m_state <=s0;
          END CASE;
        END IF;
      END PROCESS comreg;
  Output_Process:
        PROCESS(m_state,DIN)          --输出控制信号的进程
        BEGIN
          CASE m_state IS
          WHEN S0=>IF DIN='1' THEN Q <=10000;
                ELSE Q <= 01010;
```

```
            END IF;
        WHEN S1=>IF DIN='0' THEN Q <= 10111;
            ELSE Q <= 10100;
            END IF;
        WHEN S2=>IF DIN='1' THEN Q <= 10101;
            ELSE Q <= 10011;
            END IF;
        WHEN S3=>IF DIN='0' THEN Q <=11011;
            ELSE Q <= 01001;
            END IF;
        WHEN S4=>IF DIN='1' THEN Q <=11101;
            ELSE Q <= 01101;
            END IF;
        WHEN OTHERS => Q <= 00000;
        END CASE;
        END PROCESS Output_Process;
    DOUT<=Q;
END;
```

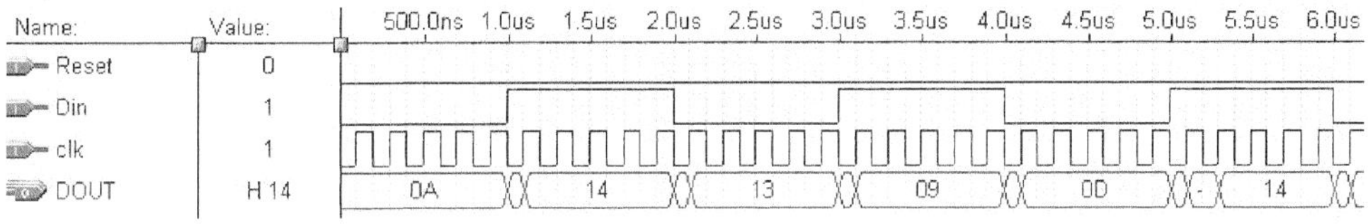

图 5.20　例 5.22 仿真波形图

第6章　EDA　软　件

6.1　MAX+plus II 软件简介

6.1.1　概述

MAX+plus II 是 Altera 公司推出的 PLD 集成开发环境，Altera 是世界上最大的可编程逻辑器件供应商之一。MAX+plus II 界面友好，使用便捷，被誉为业界最易用易学的 EDA 软件。在 MAX+plus II 上可以完成设计输入、编译综合、时序仿真、编程下载等 PLD 开发的整个流程，它提供了一种与结构无关的设计环境，使设计者能方便地进行设计输入、综合和器件编程。

MAX+plus II 开发环境具有如下的特点。

1. 开放的界面

MAX+plus II 支持与 Cadence，Exemplarlogic，Mentor Graphics，Synplicty，Viewlogic 等公司提供的第三方 EDA 工具接口。

2. 与结构无关

MAX+plus II 系统的核心 Complier 支持 Altera 公司的 FLEX 10K、FLEX 8000、FLEX 6000、MAX9000、MAX 7000、MAX 5000、ACEX 1K 和 Classic 可编程逻辑器件，提供了与结构无关的可编程逻辑设计环境。

3. 完全集成化

MAX+plus II 的设计输入、处理与校验功能全部集成在统一的开发环境下，这样可以加快动态调试、缩短开发周期。

4. 丰富的设计库

MAX+plus II 提供丰富的库单元供设计者调用，其中包括 74 系列的全部器件和多种特殊的宏功能（Macro-function）以及新型的参数化的兆功能（Mega-function）。

5. 模块化工具

设计人员可以从各种设计输入、处理和校验选项中进行选择从而使开发环境用户化。

6. 硬件描述语言(HDL)

MAX+plus II 软件支持各种 HDL 设计输入选项，包括 VHDL、Verilog HDL 和 Altera 自己的硬件描述语言 AHDL。

7. Opencore 特征

MAX+plus II 软件具有开放核的特点，允许设计人员添加自己认为有价值的宏函数。

6.1.2　界面介绍

1. 安装 MAX+plus II 10.0 的软、硬件要求

MAX+plus II PC 版可以在以下几种操作系统下运行：

(1)Windows 2000。

(2)Windows 98。

(3)Windows XP。

表 6.1 列出了用于不同器件所需的有效内存。

表 6.1　MAX+plus II 系统所需的存储器

器件系列	最小内存/MB	物理 RAM/MB
FLEX 6000	64	32
FLEX 8000	64	32
MAX7 000	48	16
MAX9000	64	32
FLEX10K	256	128

2. 安装 MAX+plus II PC 版

下面介绍 MAX+plus II PC 版在 Windows XP 操作系统下的安装过程。若在其他操作系统下安装，可参照此方法操作：

(1)将 MAX+plus II 10.0 光盘放入光驱，设光驱的驱动器号为 G。

(2)选择 Windows XP 界面开始菜单，单击“运行”，弹出“运行”对话框。

(3)单击“浏览”按钮，弹出“浏览”对话框，选中 G 盘 MAX+plus II 10.0 的安装文件 SETUP. exe，如图 6.1 所示。单击“打开”按钮，在“运行”对话框中的“打开”文本框中，出现 G:\MAXPLUS II\Baseline\SETUP. EXE，如图 6.2 所示。

(4)单击“确定”按钮，即可开始安装。在安装过程中，可按照屏幕上的提示进行操作。

(5)安装好后，通过 Windows XP 系统菜单“开始\程序\ Altera\ MAX+plus II 10.0”，运行 MAX+plus II。首次运行 MAX+plus II 会出现授权协议对话框，仔细阅读后，按下“Yes”按钮。

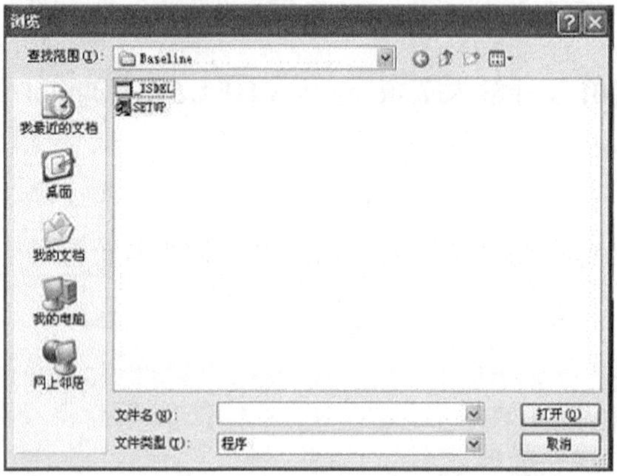

图 6.1 选中 MAX+plus II 10.0 的安装文件

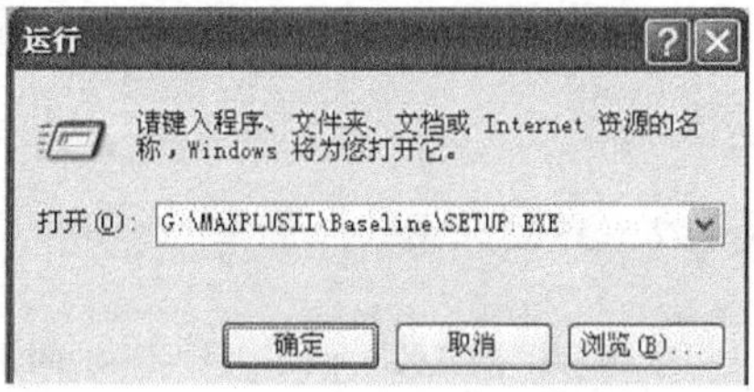

图 6.2 运行光盘中的安装程序

(6)选择菜单命令“Option\License Setup”，弹出“License Setup”对话框，如图 6.3 所示，单击“Browse”按钮，弹出“License File”对话框，在“…\maxplus\”目录下找到授权文件“ALTERA.DAT”，单击“OK”，关闭“License File”对话框。再单击“License Setup”对话框的“OK”按钮。

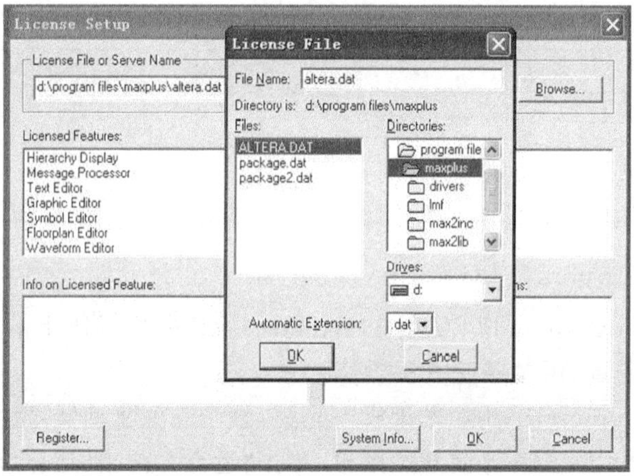

图 6.3 License Setup 对话框

以上操作完成后 MAX+plus II 就可以使用了，通过系统菜单“开始\程序\ Altera\MAX+plus II 10.0”或在桌面创建一个快捷方式，选择此图标，可以进入如图 6.4 所示的 MAX+plus II 主界面。

在主界面中，MAX+plus II 菜单给出了软件的主要功能。

- Hierarchy Display：显示当前项目层次图。
- Graphic Editor：原理图编辑器。

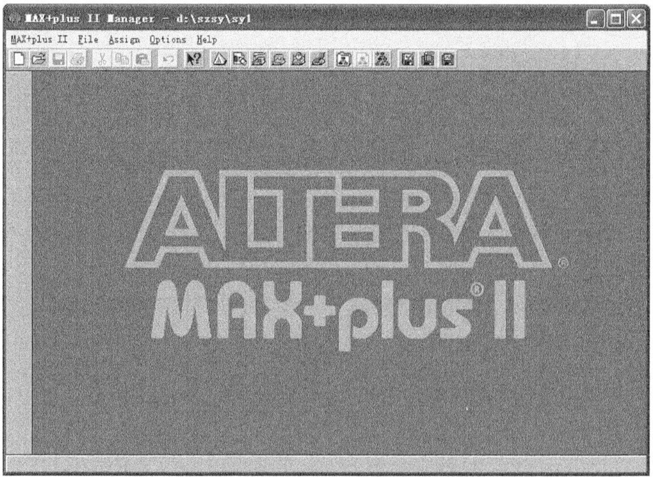

图 6.4　MAX＋plus II 主界面

- Symbol Editor：图形符号编辑器。
- Text Editor：文本编辑器。
- Waveform Editor：波形编辑器，供仿真阶段用，或用于编辑波形图输入文件。
- Floorplan Editor：引脚平面编辑器，可以观察编译后器件内的资源，如逻辑单元、I/O 单元、LAB 行或列以及引脚。
- Compiler：编译窗口。
- Simulator：仿真窗口。
- Timing Analyzer：定时分析窗口。
- Programmer：器件编程（下载）窗口。
- Message Processor：信息窗口，给出对应操作过程中的一些系统信息。

MAX＋plus II 的设计过程主要由设计输入、设计编译、设计验证和器件编程四部分组成。

6.1.3　设计输入

在 MAX＋plus II 中，支持对一个设计进行层次化设计输入，并且每层的设计文件格式可以不一样，因此在一个顶层文件下的多个设计文件可能有不同的格式，可以是文本文件、原理图、波形图等不同形式。下面以自然二进制代码转换为循环二进制代码为例，分别介绍文本输入、原理图输入以及文本和原理图混合输入这三种方法。其中，利用文本输入法完成用 VHDL 语言设计一个代码转换器；原理图文件输入法完成一个计数器；文本设计和原理图混合输入法完成顶层文件 sy1.gdf，即将自然二进制代码转换为循环二进制代码。

1. 文本设计输入方法

MAX+plus II 软件支持 VHDL、Verilog HDL 和 AHDL 硬件描述语言，下面以一个用 VHDL 语言设计的代码转换器阐述文本设计输入方法：

```
Library   ieee;
USE  ieee.std_logic_1164.all;
USE  ieee.std_logic_unsigned.all;
ENTITY   mbh   IS
PORT(
     x3,x2,x1,x0 :IN bit;
     y :OUT bit_vector(3 downto 0)
    );
END  mbh;
ARCHITECTURE  timer  OF  mbh  IS
BEGIN
   PROCESS
      BEGIN
         y(3)<=x3;
         y(2)<=x3 xor x2;
         y(1)<=x2 xor x1;
         y(0)<=x1 xor x0;
   END PROCESS;
END timer;
```

1)建立设计项目

其步骤如下：

(1)选择菜单命令“File\Project\Name”，弹出“Project Name”对话框。

(2)在“Project Name”对话框中，键入设计项目名称“mbh”，如图 6.5 所示。

(3)单击“OK”按钮，MAX+plus II 标题栏将显示新的项目名。

注意 (1)项目名称是一个没有后缀的名称。

(2)项目名称与设计名称必须一致，否则会无法编译。

(3)所建立的项目文件不能直接存放于根目录下或者桌面上，本书的所有实例都是以在 D 盘下建立的文件夹 szsy 作为工作目录，所有的项目文件和设计文件均保存在 D:\szsy 下。

2)输入文本文件

(1)选择菜单命令“File\New”，弹出如图 6.6 所示的对话框。对话框中有关命令解释如下：

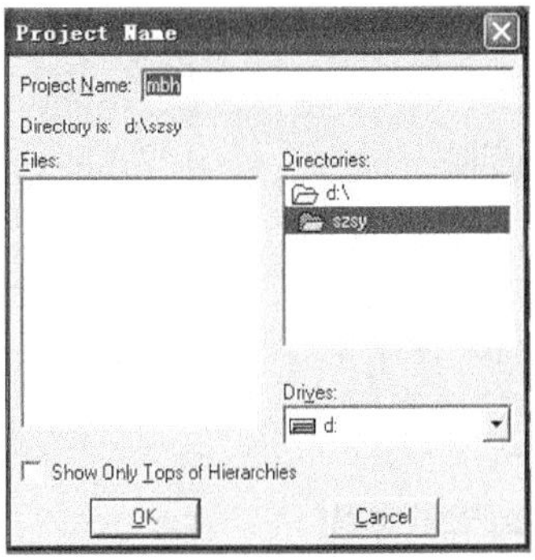

图 6.5 项目名对话框

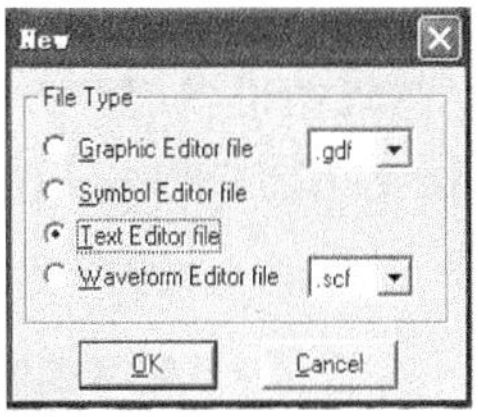

图 6.6 New 对话框

• Graphic Editor file 选项:原理图方式输入,可以保存为. sch 和. gdf 两种文件格式。

• Symbol Editor filc 选项:图形符号编辑方式输入。

• Text Editor file 选项:文本方式输入,保存为. vhd 或. v 文件格式。

• Waveform Editor file 选项:波形方式输入,可以保存为. scf 和. wdf 两种格式。

在此对话框中选择"Text Editor file"选项进行文本方式输入。

(2)单击"OK"按钮,弹出一个无名称的文本编辑窗口(Untitled-Text Editor)。

(3)在文本编辑窗口内输入上面的 VHDL 代码。也可选择菜单命令"Templates \VHDL Template…"中相应的模板(引入标准模板,以节省文本输入时间)进行设计,如图 6.7 所示。

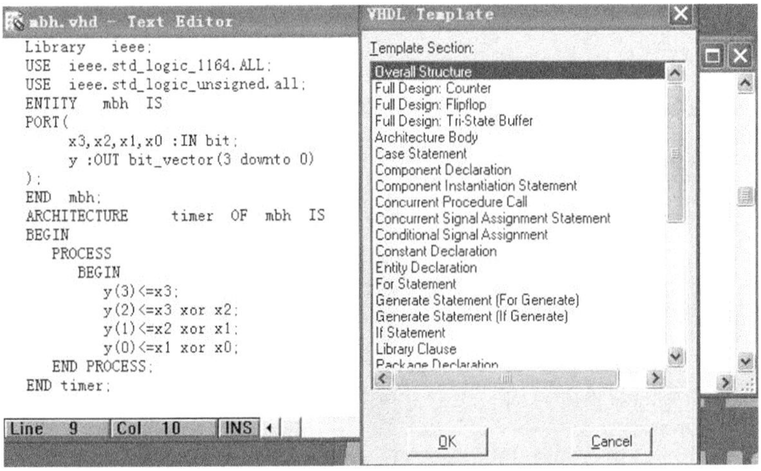

图 6.7 MAX+plus II 文本编辑器窗口及 VHDL 模板

3)保存文件

选择菜单命令“File\Project\Save As”,弹出“Save As”窗口,在“Directories”栏中选择当前工作路径“d:\szsy”;在“File Name”对话框中键入文件名“mbh. vhd”。

注意 文件名必须与实体名一致,否则编译无法通过。

4)建立逻辑图形符号

(1)选择菜单命令“File\Create Default Symbol”,单击“OK”按钮。建立逻辑图形符号文件mbh. sym,如图6.8所示。

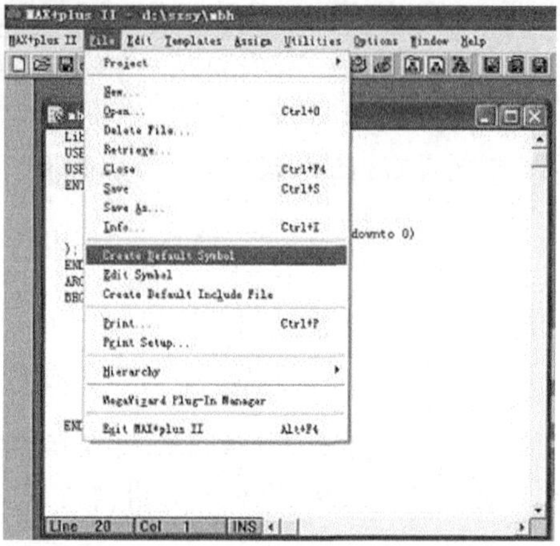

图6.8 建立逻辑图形符号文件

(2)选择菜单命令“File\Edit Symbol”命令对该逻辑图形符号进行编辑,如图6.9所示。该逻辑图形符号就像其他宏功能符号一样,可以被高层设计或被其他原理图设计调用。

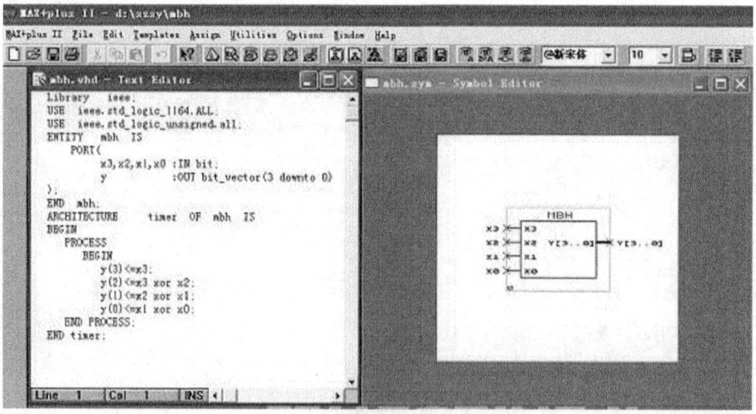

图6.9 编辑图形逻辑符号

2. 原理图输入方法

在 Max+plus II 安装目录的“..\Maxplus2\max2lib”下有 4 个子目录分别存放了 4 个元件库：

(1)prim 中主要是基本元器件(逻辑门、输入、输出端、直流电源、地)；

(2)mf 中主要是 74 系列器件；

(3)mega-lpm 中主要有各种参数化宏功能器件；

(4)edif 中主要有工业标准器件。

这 4 个元器件库包含了常用的大部分器件，设计者在设计时可直接调用，大大简化了设计过程。

现以计数器为例介绍原理图输入方法。计数器的逻辑电路图如图 6.10 所示。

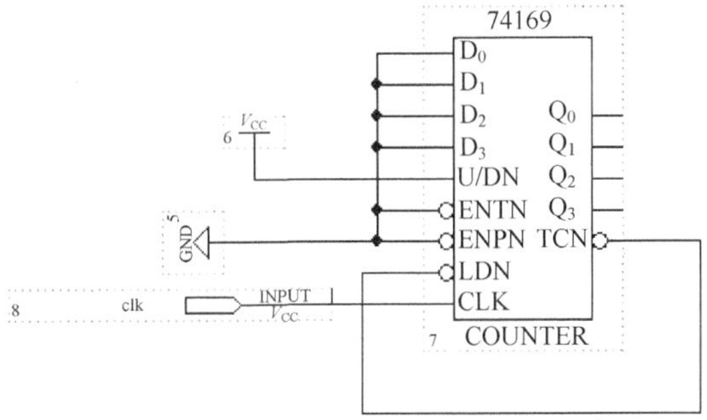

图 6.10　计数器逻辑电路图

原理图输入方法步骤如下。

1)建立项目名称

2)建立原理图文件

(1)选择菜单命令“File\New”，在对话框中选择“Graphic Editor File”选项，在文件格式中选择“.gdf”。

(2)单击“OK”按钮，弹出一个无名称的原理图编辑窗口(Untitled-Graphic Editor)。

3)输入原理图符号

(1)选择主菜单命令“Symbol\Enter Symbol”，弹出“Enter Symbol”对话框。

(2)在“Symbol Libraries”下拉列表中选择“mf 库”，在“Symbol Files”下拉列表中选择“74169”，如图 6.11 所示。

(3)单击“OK”按钮，带红色边框的 74169 符号显示在原理图编辑窗口中。

(4)按住鼠标左键，可将该符号拖拽到指定位置，然后释放鼠标左键。

(5)重复上述步骤，从 Prim 库中选择 Input、Output 元件输入到图中。

(6)若需要相同的元器件，用鼠标选定已有的元器件，在工具栏上选择复制、粘贴图标。即可复制出该元器件。若想改变元器件的方向，可用鼠标选定器件，然后选择菜单“Edit\Rotate”选项，根据需要选定旋转角度，调整器件方向。

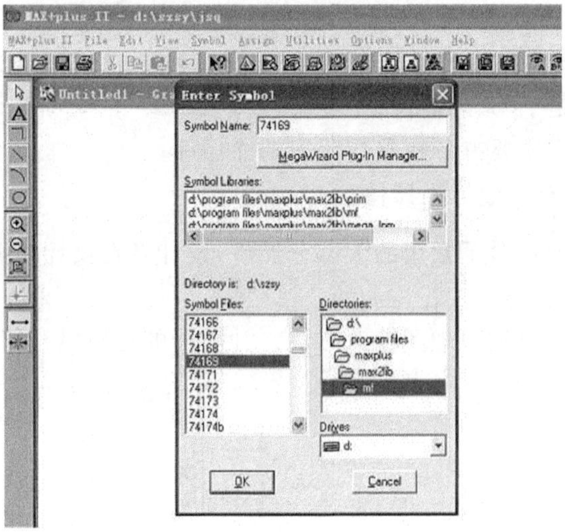

图 6.11 原理图编辑窗口及符号输入对话框

4)连线

(1)选择菜单命令“Options\Line Style”，出现连线的类型列表，根据需要选择连线类型。一位线是细线，而 bus(多位，或称矢量线，或称总线)线是粗线。若接 bus 线，其线端必须位于器件图形符号虚线框的外部。

(2)将鼠标移到引脚、符号或连线端口，鼠标变为“+”形状，允许画线。按住鼠标左键画线，画好后松开左键。连接两个节点的连线可以断开，给两个断开的节点取同样的名称，则两个同名节点是连通的。

(3)若需删除一根连线，用鼠标选定该连线，然后按 Delete 键即可。

5)为引脚和引线命名

(1)引脚命名：在引脚的 PIN_NAME 双击鼠标左键，然后输入指定的名字，如图 6.12 所示。

(2)引线命名：选中需要命名的引线，然后输入引线名。对于总线(bus)命名，可用如 Y[3..0](4 位)的形式，一位的信号可用 Y0、Y1、…形式。

6)保存文件

(1)选择菜单命令“File\Save As”，弹出“Save As”窗口。

(2)在“Directories”栏中选择当前工作路径“d:\szsy”，在“File Name”对话框中键入文件名“jsq.gdf”；或键入“jsq”并选择“Automatic Extention”为“.gdf”。

(3)单击“OK”按钮。

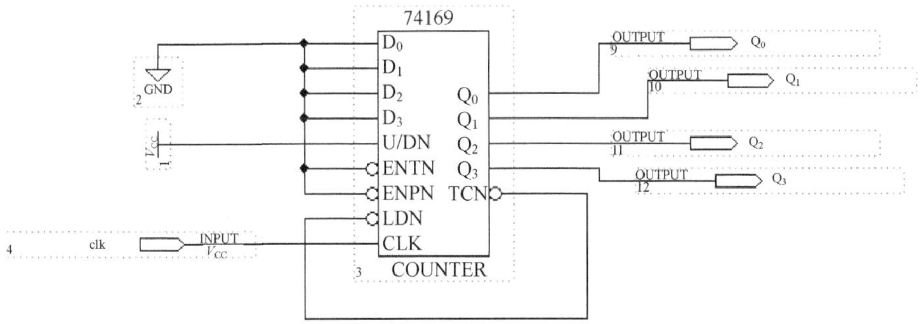

图 6.12　原理图及引脚命名

7)建立默认逻辑图形符号

(1)选择菜单命令"File\Create Default Symbol",单击"OK"按钮,建立图形符号文件 jsq. sym。此图形符号和其他宏功能器件符号一样,可以被高层设计或其他图形设计调用。

(2)选择菜单命令"File\Edit Symbol",可以对该图形符号进行编辑。

3. 混合输入方式

在一个设计项目中,VHDL 文本和原理图混合输入方式对层次化设计是非常有用的。上层文件不但可以通过创建默认符号的方法降为下层文件,而且还可单向调用下层文件,但是不允许同一层之间的直接或间接调用。

下面以建立 syl. gdf 项目为例,将前面创建的两个 mbh. sym 及 jsq. sym 设计符号作为下层文件,而将 syl. gdf 作为上层文件。

混合输入方式建立的要点:

(1)建立文本文件(. vhd)或者原理图文件(. gdf);

(2)将它们都生成相应的逻辑图形符号,作为被调用的元件;

(3)在原理图编辑器中调入已经制好的逻辑图形符号;

(4)按设计逻辑功能要求把各逻辑图形符号连接起来。

混合输入方式具体流程如下所述。

1)建立顶层项目名

2)建立顶层文件(原理图文件)

3)输入原理图符号

(1)选择菜单命令"Symbol\Enter Symbol",弹出"Enter Symbol"对话框,调出下层文件的逻辑图形符号(mbh. sym,jsq. sym),如图 6.13 所示。

注意　若下层设计文件修改后,需重新生成逻辑图形符号,并替换掉顶层的逻辑符号,否则顶层的设计仍为原来的设计文件,会导致设计不正确。

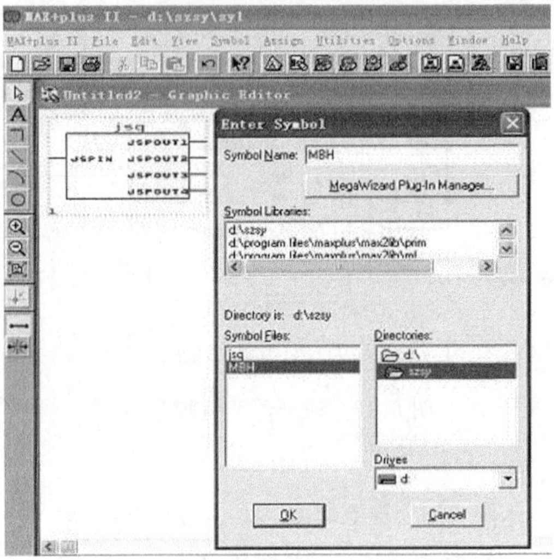

图 6.13 调用下层文件的逻辑图形符号

(2)在“Symbol Libraries”下拉列表框中选择“Prim 库”，在“Symbol Files”下拉列表框中分别选择 Input、Output 元件输入到图中。

(3)单击“OK”按钮。

(4)连线，并为引脚命名，如图 6.14 所示。

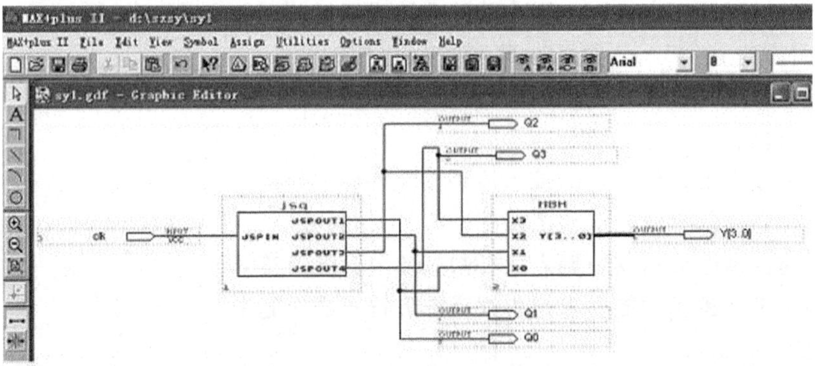

图 6.14 上层原理图文件

6.1.4 设计编译

设计编译就是将所设计的文件进行处理，生成仿真、定时分析和器件编程所需要的文件。

设计者在分层设计时，首先对每一个下层文件进行编译，然后对上层文件进行编译。下面以上层文件 syl.gdf 为例进行介绍。

1. 打开 sy1. gdf 文件

(1)依次选择菜单命令“File\Project\Name”，弹出“Project Name”对话框。

(2)在“Directories”栏中选择当前工作路径“d:\szsy”；在“File”框中选中“sy1. gdf”文件。

(3)单击“OK”按钮。

(4)选择菜单命令“MAX＋plus II\Hierarchy Display”，弹出层次展示窗口，如图 6.15 所示。

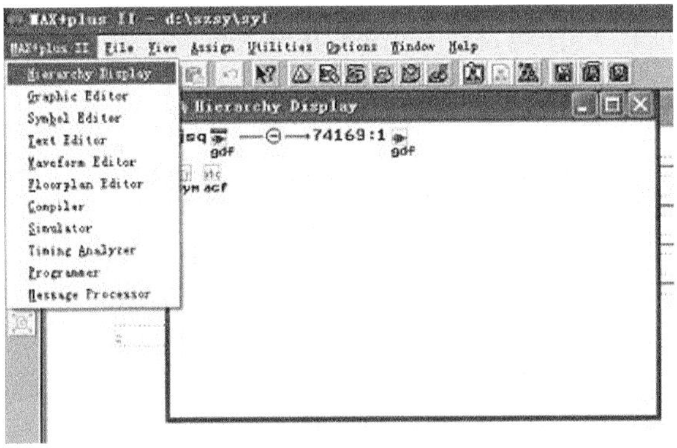

图 6.15　层次显示窗口

2. 编译选项设置

1)选择一种器件

(1)选择菜单命令“Assign\Device”，弹出“Device”对话框。

(2)在“Device Family”里选择“MAX 7000S”系列；在“Devices”里选择“EPM7128S-LC84-5”，如图 6.16 所示。

(3)单击“OK”按钮。

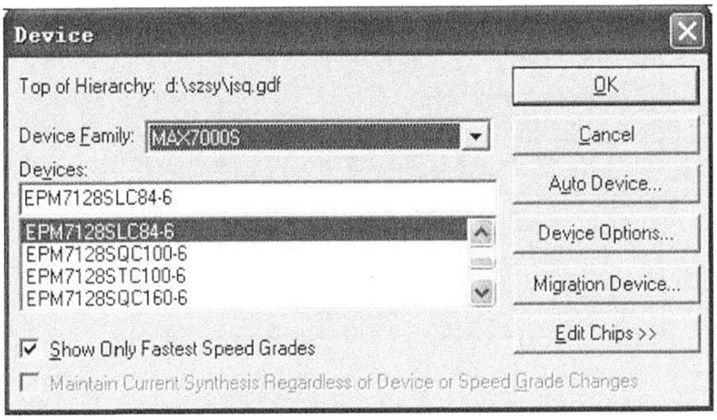

图 6.16　选择一种器件

2)选择全局逻辑综合方式

选择不同的逻辑综合方式,可以获得不同的优化目标。当根据设计项目的需要选择了一种逻辑综合方式,那么系统在编译过程中将需要用此种方式指导编译器工作。系统默认的逻辑综合方式是 NORMAL,它以使用逻辑单元数量最少为逻辑综合的优化目标。

(1)选择菜单命令“Assign\Global Project Logic Synthesis”(全局项目逻辑综合方式),弹出“Global Project Logic Synthesis”对话框。

(2)在“Global Project Synthesis Style”下拉菜单中选择“NORMAL”。

(3)若将“Optimize”(优化)栏中的滑动块移到左端,逻辑综合时则优先考虑减少器件的资源占有率;若移到右端,逻辑综合时则优先考虑系统执行的速度,一般滑动块设在中间位置。低频电路完全可以将“Optimize”栏中的滑动块移到最左端,以获得最佳的资源利用,即占用资源最少。滑动块移向左端的程度,以满足电路最高工作频率要求为准(打开“Timing Analyzer”菜单进行检查)。

(4)在“MAX Device Synthesis Options”选项栏里选择“Multi_Level Synthesis for MAX 5000/7000 Devices”。

(5)在“Automatic”里选择“Automatic Fast I/O”、“Automatic Register Packing”、“Automatic Open-Drain Pins”。

(6)选中“Automatic Global”选项。选择全局逻辑综合方式的界面图如图 6.17 所示。

(7)单击“OK”按钮。

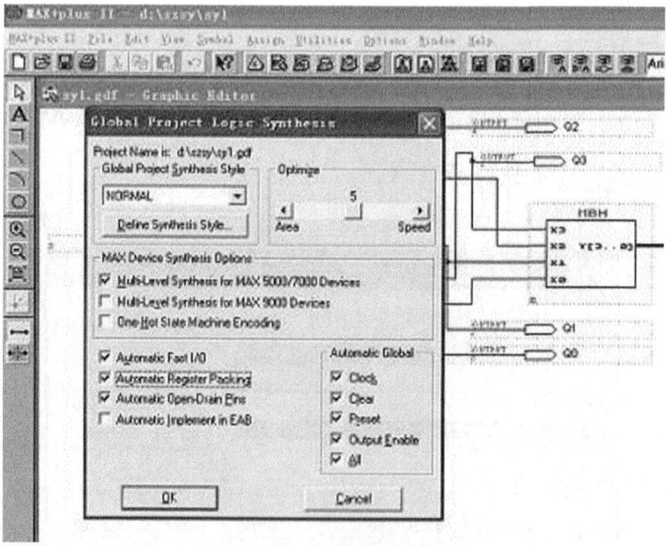

图 6.17 选择全局逻辑综合方式

3)选择器件引脚

编译器既可以自动为项目设定引脚,也可以根据使用者的需要自行设置引脚,但一定要注意:必须先选器件,再设置引脚。

(1)选择菜单命令"Assign\Pin\Location\Chip",弹出"Pin\Location\Chip"对话框。

(2)在"Node Name"栏中键入端口名。

(3)在"Pin"下拉列表中,选择引脚号,如图 6.18 所示。

(4)单击"OK"按钮。若输入的引脚号不是器件的 I/O 引脚,则出现错误信息。

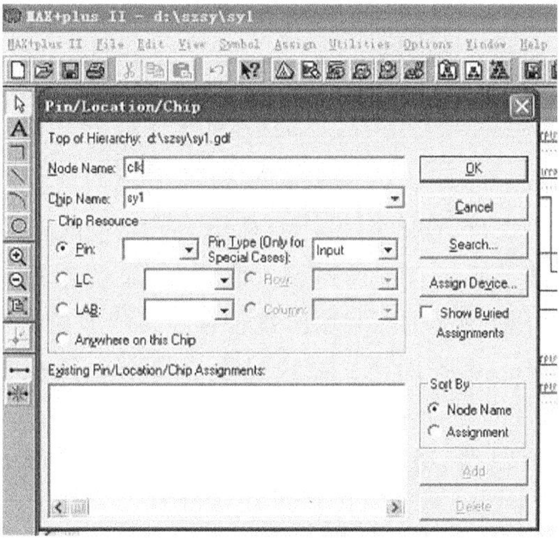

图 6.18 设置器件引脚

注意 (1)选择器件引脚的方法有多种,这里不一一介绍。

(2)若不需要指定引脚号,可不做此项,编译后会自动分配引脚号。

(3)若要人工指定引脚号,则在选择器件时必须选择具体器件,而不能让系统自动选择。人工指定引脚号后,必须重新编译,才能使人工指定的引脚生效。

(4)若想在编译时不改变已经分配过的引脚号,则需要在如图 6.18 所示对话框中的"Pin"选项的输入框中输入已经分配的引脚号,在"Node Name"输入框中输入相应的引脚名称。这个过程叫做回注分配(Back Annotate Assignments)。

3. 打开编译窗口

1)编辑窗口模块的作用

选择菜单命令"MAX+plus II\Compiler",弹出编译窗口,如图 6.19 所示。

此窗口中共有七个步骤:Compiler Netlist Extractor(编译网表提取)、Database Builder(数据库建立)、Logic Synthesizer(逻辑综合)、Partitioner(分区)、Fitter (适

配)、Timing SNF Extractor(时序仿真网表文件提取)和 Assembler(装配)。此外,还包括综合、布线到生成下载文件的整个过程。下面分别介绍每个步骤。

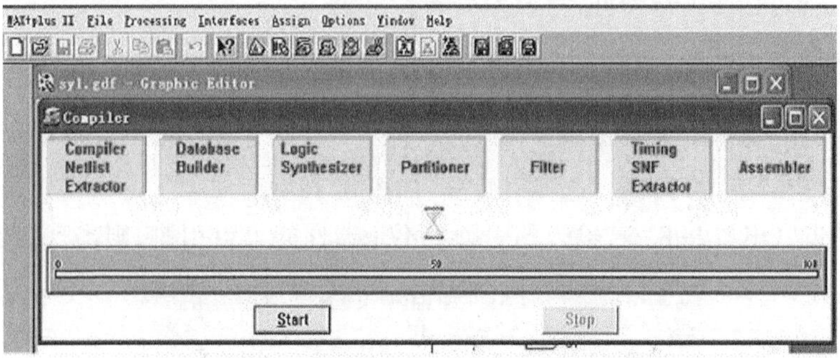

图 6.19 编译窗口

(1)Compiler Netlist Extractor:编译网表提取模块把项目中的各个设计文件转化成对应的二进制网表文件,保存到.cnf 文件中,同时还生成一个.hif 文件,保存设计文件之间的层次连接关系。在编译网表提取阶段,系统将检查各设计文件是否存在重复命名和输入、输出的丢失,以及输出是否存在多次赋值等语法错误。

(2)Database Builder:数据库建立模块建立了整个项目各个层次的设计文件的数据库,并保存了整个项目的所有电气连接关系。它是利用.hif 文件中的连接数据来描述项目的各个.cnf 文件,然后拷贝到项目数据库中(下面的几个模块中也要使用到这个数据库)。每个编译模块不停地更新数据库,直到最优化,然后提供给生成用于下载器件的文件。在建立数据库的过程中,还会检验逻辑上的完整性与一致性,以及边界上的连接关系、信号是否有源等语法规则。大部分设计上的语法错误都可以在这个阶段被发现。

(3)Logic Synthesizer:逻辑综合模块使用了 Database Builder 模块所建立的数据库。该模块选择合适的逻辑化简算法,去除冗余逻辑,确保对指定的器件结构尽可能有效地使用其逻辑资源。

(4)Partitioner:当项目规模太大,无法用一个器件实现时,才会出现分区,即将数据结果分成几个部分,由多个器件实现。原则上分区是在逻辑单元的边界划分,这样可使器件之间的通信引脚最少。通常编译器会自动选择同一器件系列中的多个器件。

(5)Fitter:适配模块把各逻辑功能放到最合适的逻辑单元上,同时选择好合适的内部连接通道和管脚分配。分配完成后,将产生.fit 文件,保存编译后的有关引脚,以及逻辑单元等信息。每次编译后,这个文件都会更新,不管布线是否成功,都会产生一个.rpt 报告,指出逻辑设计的布线情况。

(6)Timing SNF Extractor:时序仿真表文件提取模块将产生一个.snf 文件,这个文件包含时序仿真、时序分析、延时预测的逻辑与时序信息，可供仿真和定时分析时调用。

(7)Assembler：装配模块把布线模块中的器件、逻辑单元以及引脚等信息转化为器件的一个可编程的数据，以.pof 文件格式保存，可通过 MAX+plus II 的编程器把文件下载到器件中。

2)选择 IEEE 标准的版本号

(1)选择菜单命令“Interfaces\VHDL Netlist Writer Settings”，弹出“VHDL Netlist Writer Settings”对话框。

(2)在“VHDL Version”里选择“VHDL 1993”，如图 6.20 所示(由于 VHDL 1993 版本比 VHDL 1987 版本功能多，所以一般设计应选 1993 版本的 VHDL)。

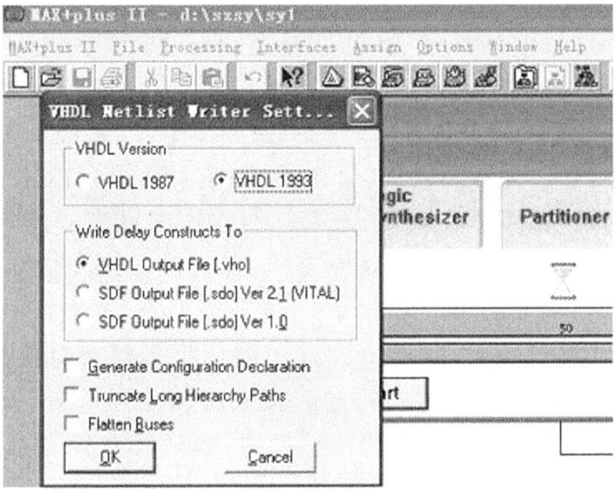

图 6.20　选择 IEEE 标准的版本号

(3)单击“OK”按钮。这样就可设定输入的 VHDL 语言遵循 IEEE 标准 1993 版本。

3)设计规则检查工具

打开设计规则检查工具，可用所选择的工具对项目中的所有文件进行检查。

(1)选择菜单命令“Processing\Design Doctor”，其图标(医生图标)将显示在编译窗口的“Logic Synthesizer”模块下方。

(2)选择菜单命令“Processing\Design Doctor Setting”，弹出“Design Doctor Setting”对话框。

(3)在“Design Rules”下可以选择设计规则，若选择的编程器件是 MAX 7000 系列，则应选择“EPLD Rules”(EPLD 规则)，如图 6.21 所示。

(4)单击“OK”按钮。

注意　设计中若不需要，可不必打开设计规则检查工具。

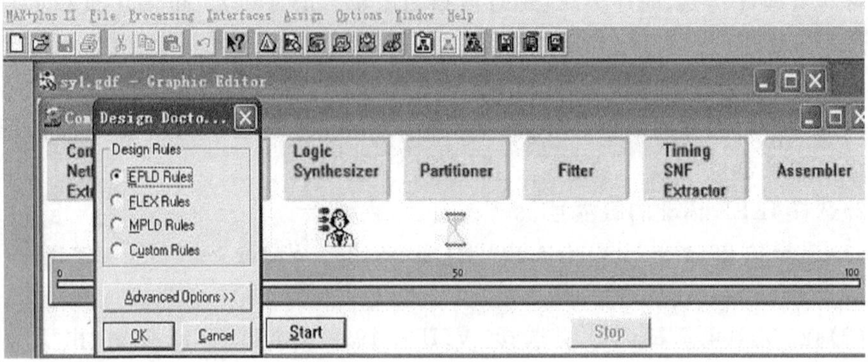

图 6.21 设计规则的设置

4)运行编译器

在编译器的选项设置完成后,可以开始运行编译器。在打开的编译器窗口上单击"Start"按钮,开始编译。如果编译过程中检查出错误,错误及警告信息将会显示在自动打开的"Message Processor"(信息处理)窗口。可以双击"Message Processor"窗口的错误信息;也可单击此错误信息,再单击编译窗口的"Locate"(定位)按钮,系统将自动回到 jsq. vhd 文件的编辑窗口,并定位在错误位置上。修改完错误,再次进行编译直到错误全部纠正为止。

编译后将产生相应的文件,输出文件的图标将出现在对应模块框的下方,如图 6.22 所示。双击输出文件的图标可打开相应的输出的文件。用鼠标左键双击编译窗口中的报告文件图标(. rpt),弹出. rpt 文件,如图 6.23 所示。

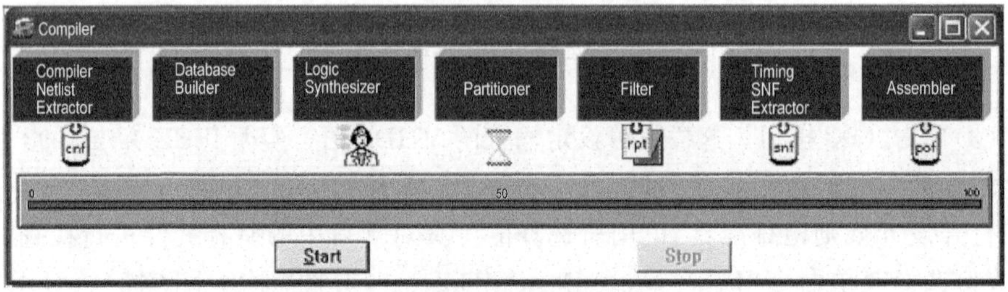

图 6.22 编译器运行之后的界面图

5)观察适配结果

(1)选择菜单命令"MAX+plus II\Floorplan Editor",弹出适配结果窗口。

(2)选择菜单命令"Layout\Device View",弹出器件视图窗口,可观察到器件引脚及它们的功能。如图 6.24 所示。

(3)选择菜单命令"Layout/LAB View",弹出逻辑阵列视图窗口,如图 6.25 所示。

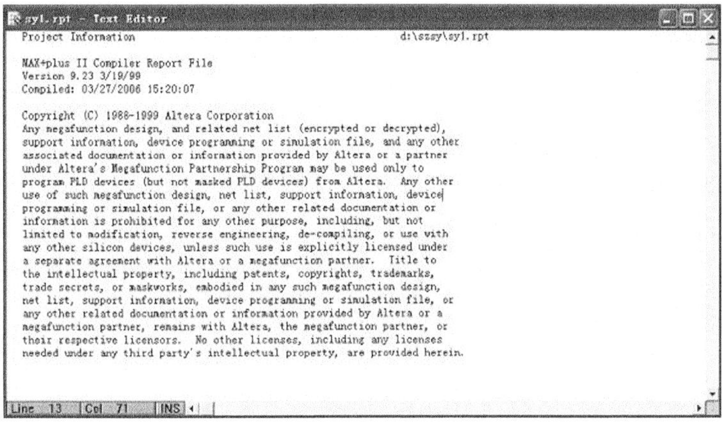

图 6.23　编译后产生的.rpt 文件

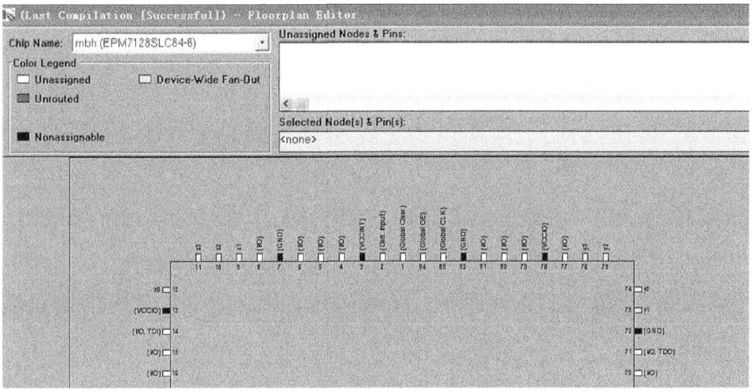

图 6.24　器件视图

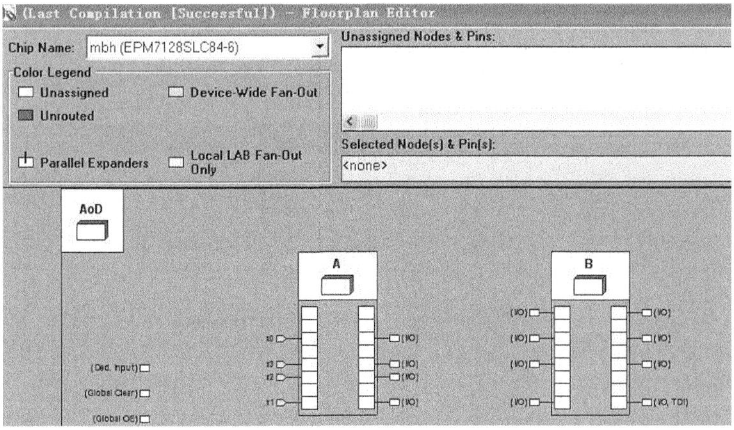

图 6.25　逻辑阵列块视图

6.1.5 设计验证

设计项目编译完成之后，能否实现所要求的逻辑功能，还需要进一步验证。MAX+plus II 支持功能仿真和时序仿真两种仿真形式，功能仿真可以验证项目的逻辑功能是否正确；时序仿真不仅可以验证项目的逻辑功能是否正确，还可以测试器件最差情况下的时间关系。在仿真过程中，设计者给仿真器提供输入向量，以便仿真后产生对应于这些输入信号的输出信号，在同一条件下，时序仿真中的仿真结果与实际的可编程器件的时序关系大致相同。

这里仍以 sy1. gdf 文件为例，介绍如何进行时序仿真。

1. 时序仿真的步骤

1）创建仿真窗口

（1）按照设计编译中所介绍的步骤打开 sy1. gdf 文件。

（2）选择菜单命令“File\New”，弹出“New”功能对话框。

（3）在对话框中，选择“Waveform Editor File”。从下拉列表框中选择“. scf”扩展名。

（4）单击“OK”按钮，出现一个“Untitled-Waveform Editor”无标题的波形编辑器窗口。

2）创建输入、输出向量

（1）选择菜单命令“Node\Enter Nodes SNF”，弹出“Enter Nodes from SNF”对话框。

（2）在“Type”栏中选择“Inputs”、“Outputs”、“Groups”选项。

（3）单击“List”按钮，在“Available Nodes & Groups”栏中列出所有符合“Type”中的信号（节点）。

（4）单击向右箭头（=>），把选中的节点和数组送到“Selected Nodes & Groups”栏中，如图 6.26 所示。

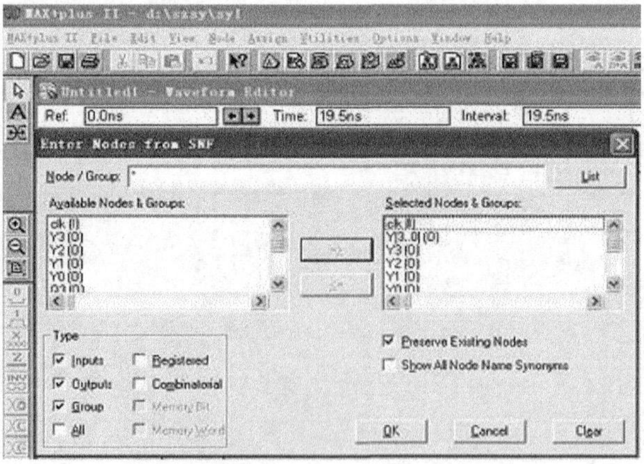

图 6.26 输入节点对话框

(5)单击"OK"按钮,即可看见输入、输出信号及数组出现在波形编辑器上。此窗口中,所有编辑的输入节点的波形都默认为逻辑低电平;输出和中间信号波形都默认为不定状态,如图 6.27 所示。

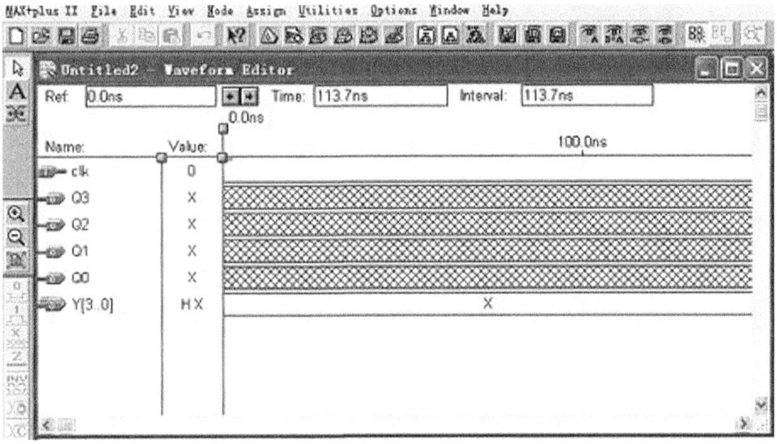

图 6.27 默认的信号波形图

3)确定仿真时间

根据设计者的要求来确定仿真时间,系统默认的仿真时间为 1μs(MAX+plus II 软件用 u 代表 μ)。

(1)选择菜单命令"File\End Time",弹出确定仿真时间对话框。

(2)键入最终仿真时间,如 3.5μs。

(3)单击"OK"按钮。

4)编辑仿真信号波形

编辑仿真信号波形时,仿真信号频率要尽可能与实际信号的工作频率相同。仿真信号的编辑流程如下:

(1)选择菜单命令"Option\Grid Size"(网格尺寸),弹出"Grid Size"对话框。

(2)键入网格尺寸,如 10ns。

(3)单击"OK"按钮,即可出现网格尺寸为 100ns 刷新的波形编辑器。

(4)选中"Name"框中的时钟信号"clk",即选中了 clk 波形。然后选择菜单命令"Edit\Overwrite Clock",弹出"Overwrite Clock"对话框,如图 6.28 所示;也可单击屏幕左边的图标。

(5)在"Starting Value"选项栏中,0 表示时钟信号的起始状态为低电平;1 表示时钟信号的起始状态为高电平。在"Clock Period"选项栏中,显示时钟周期为 200ns。在"Multiplied By"选项栏中键入 1,表示 clk 时钟周期为 200ns×1。

(6)单击"OK"按钮。

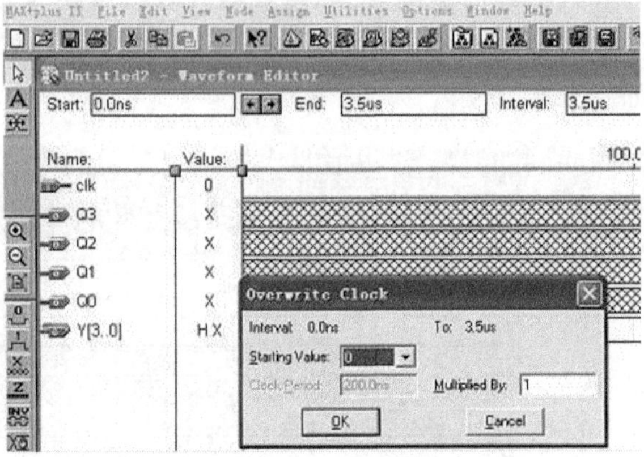

图 6.28 设置时钟信号

5)编辑输入信号波形

(1)在波形编辑窗口中选中“Name”栏中的输入信号,然后选择菜单命令“Edit\Overwrite\High”,则整个输入波形为高电平;也可直接单击窗口左边的图标进行编辑。

(2)若输入信号是周期性信号,可按照编辑时钟信号的方法操作;若输入信号是数组信号,可在“Overwrite Clock”对话框中的“Multiplied By”栏中键入所需的值。

6)保存文件

(1)选择菜单命令“File\Save As”,弹出“Save As”对话框。

(2)在“Directories”栏中选择当前工作路径“d:\szsy”;在“File Name”对话框中键入文件名 sy1.scf。

(3)单击“OK”按钮。

(4)选择菜单命令“File/Close”,关闭波形编辑窗口;若不关闭,可在仿真时看到输出波形的更新过程,但是会降低仿真速度。

7)仿真

(1)选择菜单命令“MAX +plus II\Simulator”,打开仿真器窗口,如图 6.29 所示。

(2)在仿真器栏中 Start Time 是仿真起始时间,系统默认为 0;End Time 是仿真终止时间。

(3)单击“Start”按钮,开始仿真。

(4)在仿真过程中,单击“Pause”按钮可暂停仿真;单击“Stop”按钮可终止仿真。如果在仿真过程中检查出错误,其错误和警告信息将会显示出来。

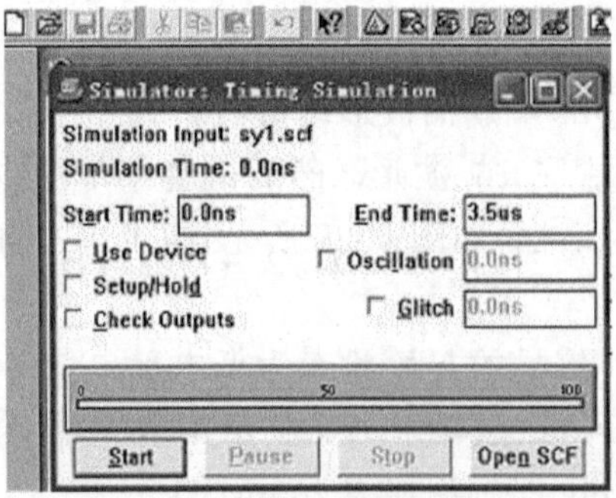

图 6.29 仿真器窗口

(5)仿真结束时，弹出“MAX+plus II Simulator”对话框，显示错误、警告均为零的信息，单击“确定”按钮。

8)观察仿真结果

在仿真器窗口中，单击“Open SCF”按钮，即可打开当前 jsq. scf 文件，如图 6.30 所示。移动参考线到所要观察的位置上，即可看到输入、输出信号对应的逻辑状态。可以发现，输入、输出信号的沿并未完全对齐，这是由于器件内部延时造成的。

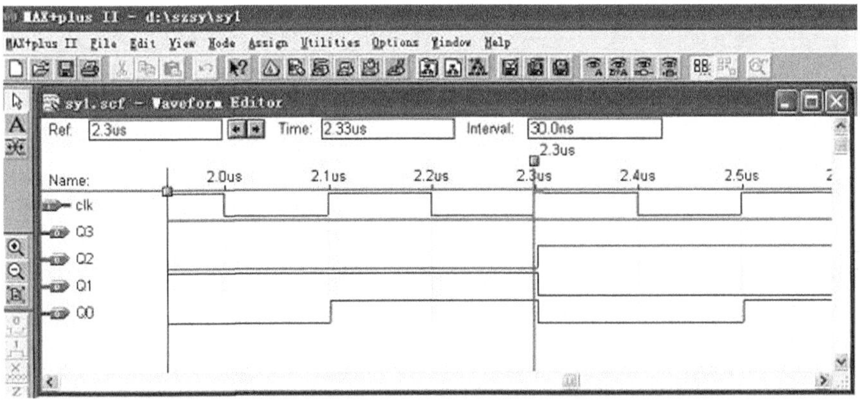

图 6.30　仿真结果

2. 时序仿真的定时分析

时序仿真的定时分析是针对两节点之间传输过程的时间分析，在分析时可以使用系统默认的源节点和目的节点，也可以自己指定源节点和目的节点。

定时分析器提供了三种分析模式，用以分析设计项目的性能，如表 6.2 所示。

表 6.2　定时分析器的三种分析模式及其说明

分析模式	说　　明
延迟矩阵	分析多个源节点和目标节点之间的传播延迟路径
时序逻辑电路性能	分析时序逻辑电路的性能，包括限制性能的延迟、最小时钟和最高电路工作频率
建立/保持矩阵	计算从输入引脚到触发器、锁存器和异步 RAM 信号输入所需的最小的建立和保持时间

1)打开定时分析工具

(1)选择菜单命令“MAX+plus II\Timing Analysis”，弹出定时分析器窗口。

(2)装入 jsq. snf 文件，系统默认为延迟矩阵分析模式。

(3)选择菜单命令“Node\Timing Analysis Source”(定时分析源节点)，弹出“Timing Analysis Source”对话框。

(4)单击“List”按钮，在“Available Nodes”栏中列出所有源节点的信号。

(5)单击向右箭头(=>)，把选中的节点送到“Selected Nodes”栏中，如图 6.31 所示。

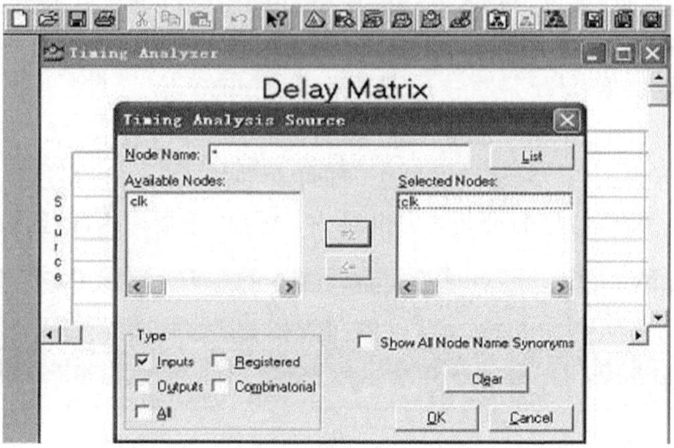

图 6.31 定时分析器窗口和定时分析源节点对话框

(6)单击"OK"按钮，即可在定时分析器窗口的左边源节点栏中看到源节点名。

(7)选择菜单命令"Node\Timing Analysis Destination "(定时分析目的节点)，弹出"Timing Analysis Destination"对话框，重复(4)～(6)的操作，即可在定时分析器窗口的"Node Name"目的节点栏中看到目的节点名。

2)传输延时时间分析(图 6.32)

(1)按定时分析器窗口中的"Start"按钮，定时分析器开始分析设计项目。分析结束后，弹出"Timing Analysis Completed"信息框。

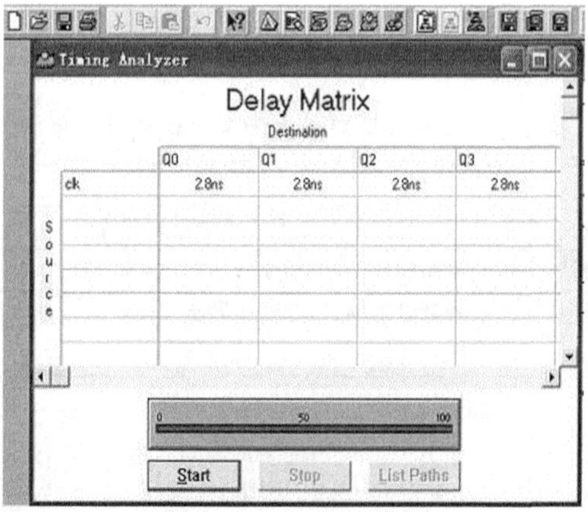

图 6.32 传输延迟时间分析

(2)单击"确定"按钮，定时分析窗口中显示节点间的路径延迟，如图 6.32 所示。这些延迟数据是由.dmf 器件模型文件提供的。若一个单元格的数据不同，则表明路径不同，也说明电路包含着一个潜在的逻辑竞争。

(3)鼠标左键选中某单元格(图 6.33),单击"List Paths"按钮,即可打开消息处理窗口(另一个窗口),并列出该单元格对应节点之间的延迟路径,单击"确定"按钮。

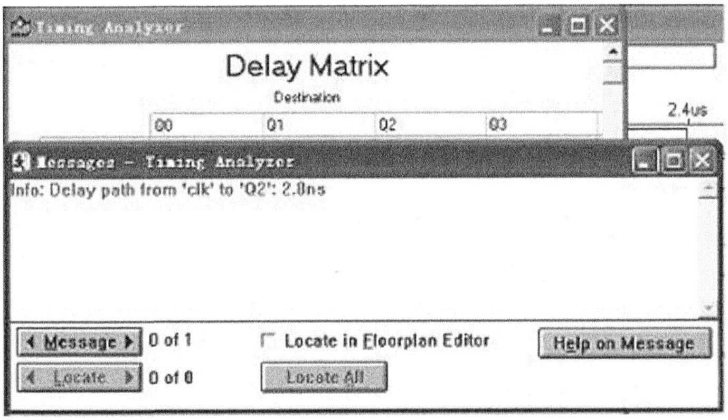

图 6.33　某节点之间的延迟路径

3)时序逻辑电路性能分析

(1)选择菜单命令"Analysis\Registered Performance",弹出时序逻辑定时分析窗口。

(2)单击"Start"按钮,运行定时分析器窗口,"Clock"下拉列表中显示的是被分析的时钟信号的名;"Clock"时钟图标下显示的是时序逻辑电路要求的最小时钟周期和时钟信号的最高频率,如图 6.34 所示。

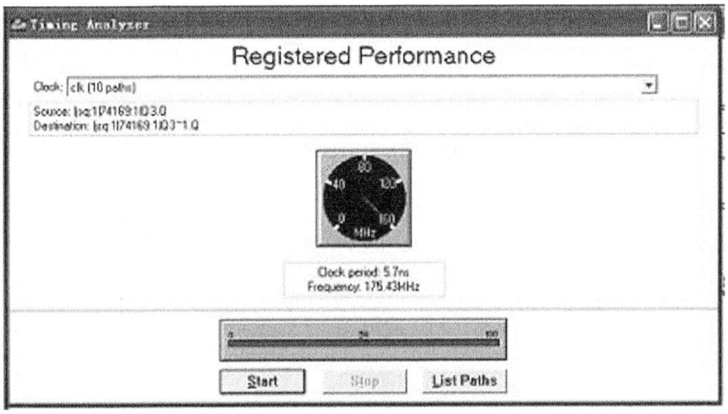

图 6.34　时钟分析窗口

(3)单击"List Paths"按钮.即可打开时钟信号信息处理窗口,如图 6.35 所示。

(4)建立和保持时间分析。选择菜单"Analysis\Setup\Hold Matrix",弹出建立和保持时间分析窗口,单击"Start"按钮,运行定时分析器,即可自动进行建立和保持时间分析,如图 6.36 所示。

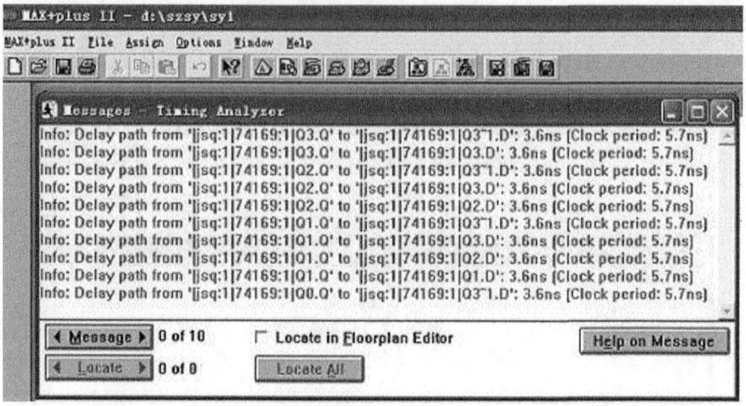

图 6.35 时钟信号信息处理窗口

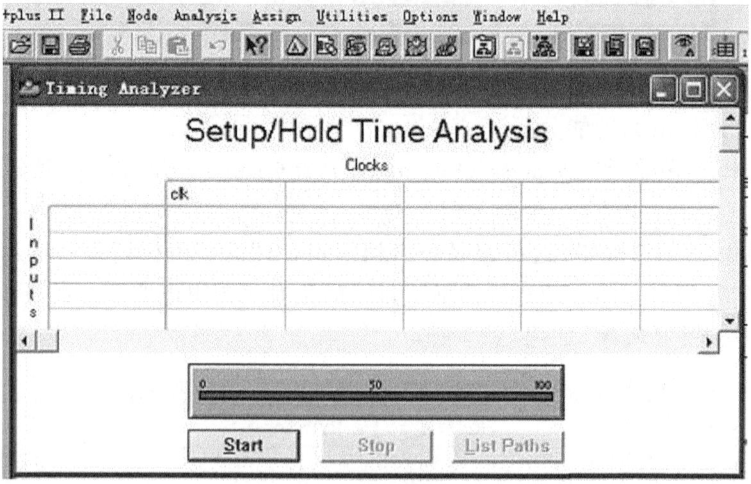

图 6.36 建立和保持时间分析

6.1.6 器件编程

器件编程就是把编译生成的.pof文件下载到实际的CPLD器件中。

1. 下载前的准备工作

下载前的准备工作包括以下几个步骤：

(1)首先取出电路板(电路板结构见7.2节)、ByteBlaster电缆，以及USB电源线。将ByteBlaster电缆的一端与PC并行口相连，另一端与可编程器件的电路板相连，并将USB线分别与电脑和电路板相连。

(2)接着，为下载线安装驱动。在Windows XP系统下的安装过程如下：

①先切换到经典视图(不切换可能界面和下面有点区别，但同样可以安装)，在控制面板中选择“添加硬件”，如图6.37所示。

图 6.37　添加硬件

②选择“添加硬件向导”→“下一步”(图 6.38)。

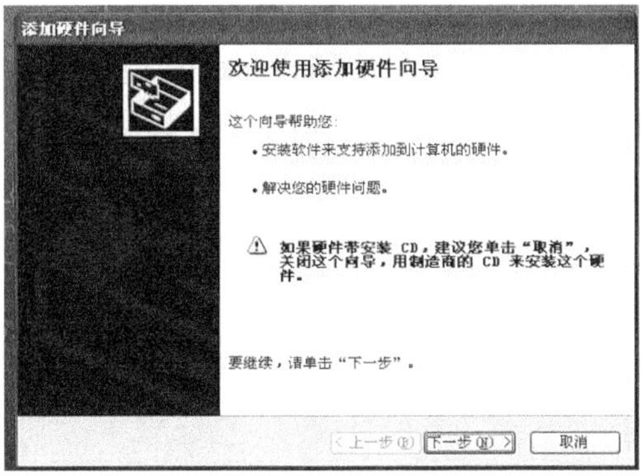

图 6.38　添加硬件向导

③选择“是,硬件已连接好”→“下一步”,选择“添加新的硬件设备”(图 6.39)。

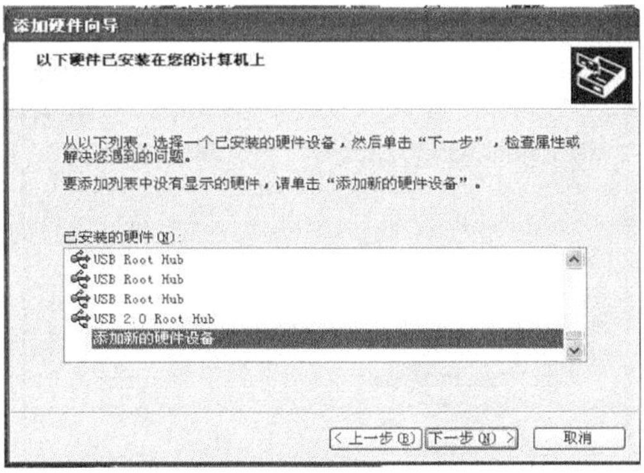

图 6.39　添加新的硬件设备

④选择“安装我手动从列表中选择的硬件”→“下一步”(图 6.40)。

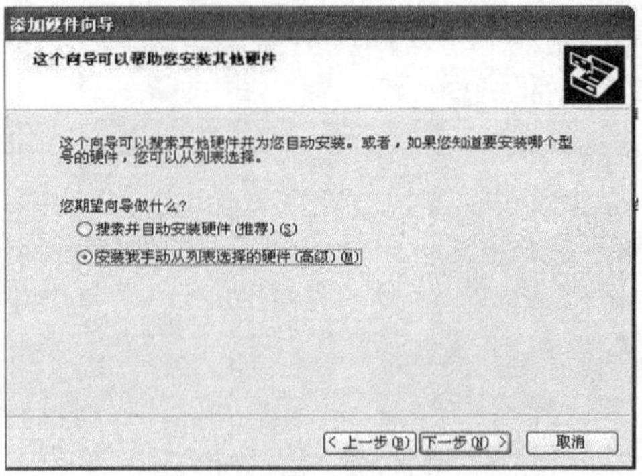

图 6.40　安装我手动从列表中选择的硬件

⑤选择“声音、视频和游戏控制器”→“下一步”(图 6.41)。

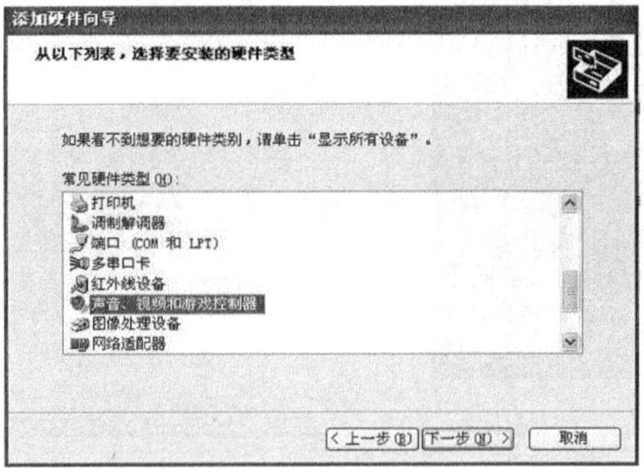

图 6.41　选择“声音、视频和游戏控制器”

⑥选择“从磁盘安装”→“下一步”(图 6.42)。

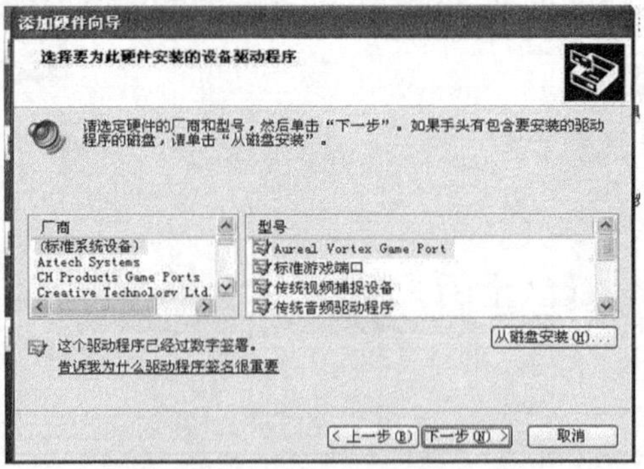

图 6.42　选择“从磁盘安装”

⑦选择“MaxPlus2\Drivers\Win 2000”下的 inf 文件。

⑧在接下来的下对话框中选择“Altera ByteBlaster”，按下“下一步”开始安装，安装完毕，需要重新启动电脑才能使新设备生效。

注意　在安装最后，可能会提示“Windows XP 不支持此驱动，继续安装可能会导致系统崩溃”，这并不影响使用，选择继续安装。

2. 实现在系统编程

安装完下载线驱动后，实现在系统编程（下载）的具体步骤如下：

(1)选择菜单命令“MAX+plus II\Programmer”，弹出编程器对话框。

(2)选择菜单命令“Options\Hardware Setup”，弹出“Hardware Setup”窗口，如图 6.43 所示。在“Hardware Type”下拉列表中选择“Byte Blaster”，在“Parallel Port”栏中自动显示并行口，单击“OK”按钮，下载硬件设置完毕。

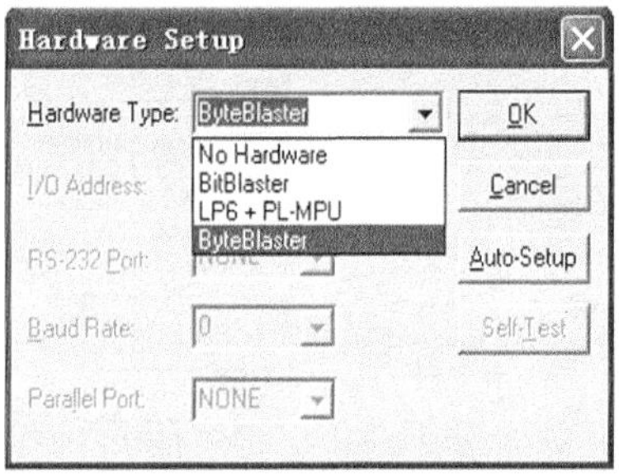

图 6.43　并行口设置窗口

(3)单击“Program”按钮进行编程。

注意　若编程指示不动，不能正确下载，有可能是下列原因引起的：

(1)下载电路板没有加载直流电源；

(2)直流电源电压过低（应按标准电压加载）；

(3)没有接好连接电缆；

(4)选择的器件和实际器件不相同；

(5)下载驱动配置错误（如应选 Byte blaster 而错选 Bit Blaster）；

(6)MAX+plus II 软件功能不正常（需重新启动软件，或者重新安装软件）；

(7)Windows 系统时间不正确；

(8)文件记录的时间不正确。

6.1.7　参数型宏器件

MAX+plus II 软件系统提供了许多功能电路模块库，其中的一个库“…max2lib\mega_lpm”中提供了参数型宏器件（Megafunctions/LPM），这是一些比较复杂的电路功能模块，利用这些器件进行电路设计，可以给设计者带来极大的方便。

当采用原理图输入法进行设计时，利用参数型宏器件构成电路时，只需修改相应的参数，就可以获得不同的逻辑功能，而原理图并不改变，这就使我们有可能像设计软件一样进行硬件设计，从而使复杂的设计变得简单化，相对降低了对设计人员的技术要求。

当参数型宏器件被调入 VHDL 设计文件时，同样也只需要修改少量参数，就可以使器件获得不同的逻辑功能。

6.2 其他EDA软件简介

6.2.1 Quartus II 使用简介

1. Quartus II 软件的特点及支持的器件

Quartus II 是 Altera 公司在21世纪初推出的 FPGA/CPLD 开发环境，是 MAX+plus II 的升级产品，该软件集成了 Altera 的 FPGA/CPLD 开发流程中所涉及的所有工具和第三方软件接口，功能强大，界面友好，使用便捷。通过使用此开发工具，设计者可以创建、组织和管理自己的设计。利用 Quartus II 进行 FPGA/CPLD 开发的流程如图6.44所示。

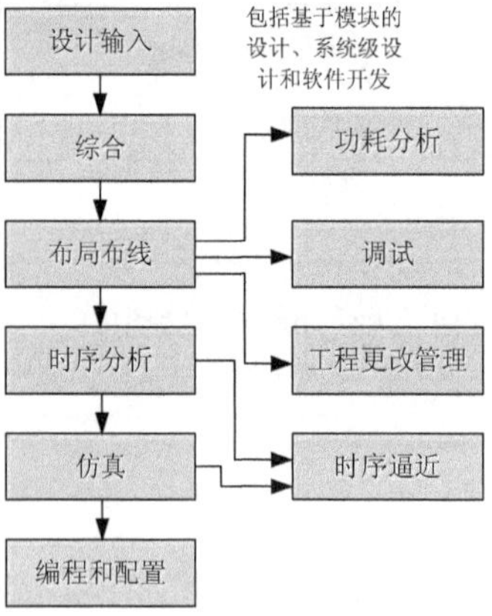

图6.44 Quartus II 开发流程

Quartus II 具有以下特点：

(1)支持多时钟定时分析、LogicLock™基于块的设计、SOPC(可编程片上系统)、内嵌 SignalTap II 逻辑分析器和功率估计器等高级工具；

(2)易于引脚分配和时序约束；

(3)强大的 HDL 综合能力；

(4)支持的器件种类众多；

(5)支持 Windows、Solaris、HP-UX 和 Linux 等多种操作系统；

(6)提供第三方工具如综合、仿真等的接口。

Quartus II 软件支持的器件包括：Straix 系列、Straix II 系列、Straix III 系列、Cyclone 系列、Cyclone II 系列、Cyclone III 系列、HardCopy 系列、APEX II 系列、FLEX10k 系列、FLEX 6000 系列、MAX II 系列、MAX 3000A 系列、MAX 7000 系列和 MAX 9000 系列等。

2. Quartus II 软件的集成工具及功能简介

Quartus II 软件允许用户在设计流程的每个阶段使用 Quartus II 软件图形用户界面、EDA 工具界面或命令行方式，如图6.45所示。

1)设计输入

设计输入即使用 Quartus II 软件的模块输入方式、文本输入方式、Core 输入方式和 EDA 设计输入工具等表达用户的电路设计构思，同时使用分配编辑器(Assignment Editor)设定初始约束条件。

2)综合

综合是将 HDL 语言、原理图等设计输入翻译成由与门、或门、非门、RAM 和触发器等基本逻辑单元组成的逻辑链接(网络表)，并根据目标与要求(约束条件)优化所生成的逻辑链接，输出 .edf 或 .vqm 等标准格式的网络表文件，供布局布线实现。除了用 Quartus II 软件的“Analysis & Synthesis”工具进行综合外，也可以使用第三方综合工具生成 Quartus II 软件配合使用的 .edf 网络表文件或 .vqm 文件。

图 6.45　Quartus II 图形用户界面的功能

3)布局布线

布局布线输入文件是综合后的网络表文件，Quartus II 软件中布局布线包含分析布局布线结果、优化布局布线、增量布局布线和通过反向标注分配等。

4)时序分析

允许用户分析设计中所有逻辑的时序性能，并协助引导布局布线以满足设计中的时序分析要求。默认情况下，时序分析作为全编译的一部分自动运行，它观察和报告时序信息，如建立时间、保持时间、时钟至输出延时、最大时钟频率，以及设计的其他时序特性，可以使用时序分析生成的信息分析、调试和验证设计的时序性能。

5)仿真

仿真分为功能仿真和时序仿真。功能仿真用来验证电路功能是否符合设计要求，时序仿真包含了延时信息，它能较好地反映芯片的工作情况。可以使用 Quartus

II集成的仿真工具进行仿真，也可以使用第三方工具对设计进行仿真，如ModelSim仿真工具等。

6）编程和配置

在全编译成功后，对Altera器件进行编程和配置，包括Assemble（生成编程文件）、Programmer（建立包含设计所用器件名称和选项的链式文件）和转换编程文件等。

7）系统级设计

系统级设计包括SOPC Builder和DSP Builder。Quartus II与SOPC Builder一起为建立SOPC设计提供标准化的图形环境，其中SOPC由CPU、存储器接口、标准外围设备和用户自定义的外围设备等组成。SOPC Builder允许用户选择和自定义系统模块的各个组件及接口，它将这些组件组合起来，生成对这些组件进行实例化的单个系统模块，并自动生成必要的总线逻辑。DSP Builder是帮助用户在易于算法应用的开发环境中建立DSP设计的硬件表示，缩短了DSP设计周期。

8）软件开发

Software Builder是Quartus II软件的集成编程工具，它可以将软件源文件转换为用户配置Excalibur器件的闪存格式编程文件或无源格式编程文件。Software Builder在创建编程文件的同时自动生成仿真器初始化文件，仿真器初始化文件指定了存储单元的每个地址的初始值。

9）基于块的设计

LogicLock模块化设计流程支持对复杂设计的某个模块独立地进行设计、实现与优化，并将该模块的实现结果约束在规划好的FPGA区域内。

10）EDA界面

EDA界面中的EDA Netlist Writer生成时序仿真所需要的包含延迟信息的文件，如.vo、.sdo文件等。

11）时序逼近

时序逼近即通过控制综合和设计的布局布线来达到时序目标。使用时序逼近流程可以对复杂的设计进行更快的时序逼近，减少优化迭代次数并自动平衡多个设计约束。

12）调试

SignalTap II逻辑分析器和SignalProbe功能可以分析内部器件节点及I/O引脚，同时在系统内以系统速度运行。SignalTap II逻辑分析器可以捕获和显示FPGA内部的实时信号行为。SignalProbe可以在不影响设计现有布局布线的情况下将内部电路中特定的信号迅速布线到输出引脚，从而无须对整个设计另作一次全编译。

13）工程更改管理

工程更改管理即在全编译后对设计作的少量修改或调整。这种修改是直接在设计数据库上进行的，而不是修改源代码或配置文件，这样就无须重新运行全编译而快速地实施这些更改。

除了上述集成工具外，Quartus II 软件还提供很多业内公认的专业综合和仿真工具的链接。其中综合工具有 Synplify、SynplifyPro 和 LeonardoSpectrum；仿真工具有 ModelSim 和 Aldec Active HDL 等。

3. Quartus II 软件的用户界面

Quartus II 软件的默认启动界面如图 6.46 所示，由标题栏、菜单栏、工具栏、资源管理窗口、编译状态显示窗口、信息显示窗口和工程工作区等组成。

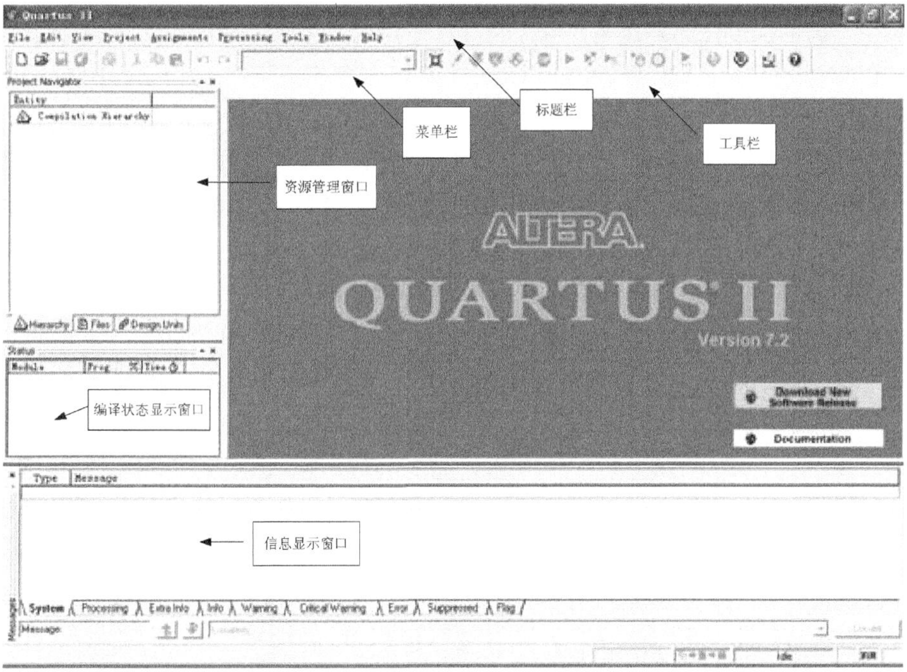

图 6.46　Quartus II 软件的默认启动界面

6.2.2　ISE 使用简介

1. ISE 软件的特点及支持的器件

ISE 是世界最大的 FPGA/CPLD 生产商之一——Xilinx 公司生产的 FPGA/CPLD 综合性集成设计平台，是早期的 Foundation 系列的升级产品，该平台集成了设计输入、仿真、逻辑综合、布局布线与实现、时序分析、芯片下载与配置、功率分析等几乎所有设计流程所需的工具。

ISE 的主要特点如下：

(1)ISE 是一个集成环境，通过工程管理器 Project Navigator 集成了很多著名的 FPGA/CPLD 设计工具，用户可以根据设计流程合理应用这些工具，会大大减轻实际的设计工作。

(2)ISE界面风格简洁流畅,易学易用。ISE的界面秉承了可视化编程技术,界面根据设计流程而组织,整个设计过程只需按照界面组织结构依次点击相应的按钮或选择相应的选项即可。

(3)ISE有丰富的在线帮助信息,结合Xilinx的技术支持网站,一般设计过程中可能遇到的问题都能得到很好的解决。

(4)ISE有强大的设计辅助功能,ISE秉承了Xilinx设计软件的强大辅助功能。在编写代码时可以使用编写向导生成的文件头和模块框架,也可使用语言模板(Language Template)帮助编写代码。在图形输入时可以使用ECS的辅助项帮助设计原理图。另外,ISE的Core Generator和LogicBLOCK工具可以方便地生成IP Core(IP核)与高效模块为用户所用,大大减少了设计者的工作量,提高了设计效率与质量。

ISE支持所有Xilinx的FPGA/CPLD主流产品,随着新器件的出现,ISE的版本也会逐渐升级,而对于逐步淘汰的产品需要使用早期的版本。以ISE 6.X为例,它支持的产品有:Virtex-E/-II/-II Pro/-II Pro X, QPro Virtex E/-II Hi-Rel,Qpro Virtex -II Rad-Hard,Spartan -II/-IIE/-3,XC9500 XL/XV,CoolRunner XPLA3/-II等。

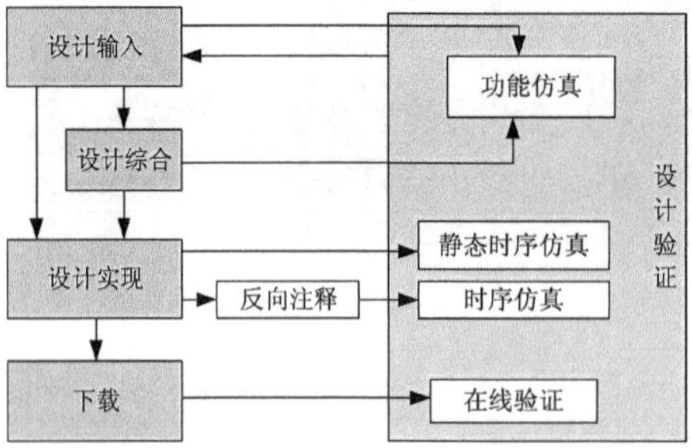

图6.47 ISE开发流程

2. ISE工程设计流程

下面主要概述ISE的基本开发流程以及在开发过程中的各个阶段需要用到的工具软件。图6.47说明了利用Xilinx公司的ISE开发设计软件的工程设计流程,具体分为五个步骤:设计输入(Design Entry)、设计综合(Synthesis)、设计实现(Implementation)、设计验证(Verification)、下载(Download)。

1)设计输入

设计输入包括原理图、状态机、波形图、硬件描述语言(HDL),是工程设计的第一步,ISE集成的设计工具主要包括HDL编辑器(HDL Editor)、状态机编辑器(StateCAD)、原理图编辑器(ECS)、IP核生成器(CoreGenerator)和测试激励生成器(HDL Bencher)等。

常用的设计输入方法是硬件描述语言(HDL)和原理图设计输入方法。原理图输入是一种常用的基本的输入方法,利用元件库的图形符号和连接线在ISE软件的图形编辑器中作出设计原理图,ISE中设置了具有各种电路元件的元件库,包括各种门电路、触发器、锁存器、计数器、各种中规模电路、各种功能较强的宏功能块等,用户只需点击这些器件就能调入图形编辑器中。这种方法的优点是直观、便于理解、元件库资源丰富。但是在大型设计中,这种方法的可维护性差,不利于模块建设与重用。更主要的缺点是：当所选用芯片升级换代后，所有的原理图都要作相应的改动。故在 ISE 软件中一般不利用此种方法。

为了克服原理图输入方法的缺点，目前在大型工程设计中，在 ISE 软件中常用的设计方法是 HDL 设计输入法，其中影响最为广泛的 HDL 语言是 VHDL 和 Verilog HDL。它们的共同优点是利于由顶向下设计，利于模块的划分与复用，可移植性好，通用性强，设计不因芯片的工艺和结构的变化而变化，更利于向 ASIC 的移植。

波形输入及状态机输入方法是两种最常用的辅助设计输入方法，使用波形输入法时，只要绘制出激励波形的输出波形，ISE 软件就能自动地根据响应关系进行设计；而使用状态机输入时，只需设计者画出状态转移图，ISE 软件就能生成相应的 HDL 代码或者原理图，使用十分方便。其中 ISE 工具包中的 StateCAD 就能完成状态机输入的功能。但是需要指出的是，后两种设计方法只能在某些特殊情况下缓解设计者的工作量，并不适合所有的设计。

2）综合

综合是将行为和功能层次表达的电子系统转化为低层次模块的组合。一般综合是针对 VHDL 来说的，即将 VHDL 描述的模型、算法、行为和功能描述转换为 FPGA/CPLD 基本结构相对应的网表文件，即构成对应的映射关系。

在 Xilinx ISE 中，自带了综合工具 XST，并且预留了业界主流的综合工具接口，如 Synplicity 公司的 Synplify/Synplify Pro、Synopsys 公司的 FPGA Compiler II/Express、Exemplar Logic 公司的 LeonardoSpectrum 等，它们是指将 HDL 语言、原理图等设计输入翻译成由与、或、非门、RAM、寄存器等基本逻辑单元组成的逻辑连接（网表），并根据目标与要求优化所形成的逻辑连接，输出 .edf 和 .edn 等文件，供 CPLD/FPGA 厂家的布局布线器进行实现。

3）实现

实现是根据所选芯片的型号将综合输出的逻辑网表适配到具体器件上。Xilinx ISE 的实现过程分为：翻译（Translate）、映射（Map）、布局布线（Place & Route）三个步骤。

ISE 集成的实现工具主要有约束编辑器（Constraints Editor）、引脚与区域约束编辑器（PACE）、时序分析器（Timing Analyzer）、FPGA 底层编辑器（FGPA Editor）、芯片观察窗（Chip Viewer）和布局规划器（Floorplanner）等。

4）验证

验证包含综合后仿真和功能仿真（Simulation）等。功能仿真就是对设计电路的逻辑功能进行模拟测试，看其是否满足设计要求，通常是通过波形图直观地显示输入信号与输出信号之间的关系。

综合后仿真在针对目标器件进行适配之后进行，综合后仿真接近真实器件的特性，能精确给出输入与输出之间的信号延时数据。

ISE可结合第三方软件进行仿真，常用的工具如Model Tech公司的仿真工具ModelSim和测试激励生成器HDL Bencher、Synopsys公司的VCS等。通过仿真能及时发现设计中的错误，加快设计进度，提高设计的可靠性。哪个仿真步骤如果出现问题，就需要根据错误的定位返回到相应的步骤更改或者重新设计。

5）下载

下载是编程(Program)设计开发的最后步骤，是将已经仿真实现的程序下载到开发板上进行在线调试，或者说是将生成的配置文件写入芯片中进行测试。在ISE中对应的工具是iMPACT。

3. Project Navigator 使用简介

Project Navigator是ISE的工程管理器，它是ISE所有集成工具的连接纽带，通过使用Project Navigator，设计者可以创建、组织和管理自己的设计。Project Navigator的主要功能是创建一个用户工程，并按照上面介绍的设计流程调用相应的工具，完成电路设计与输入、综合、验证和下载等设计步骤。Project Navigator的主界面由标题栏、菜单栏、工具栏、资源管理窗、当前资源操作窗、工程工作区、HDL编辑器工作区、信息显示窗和状态栏等部分组成，如图6.48所示。

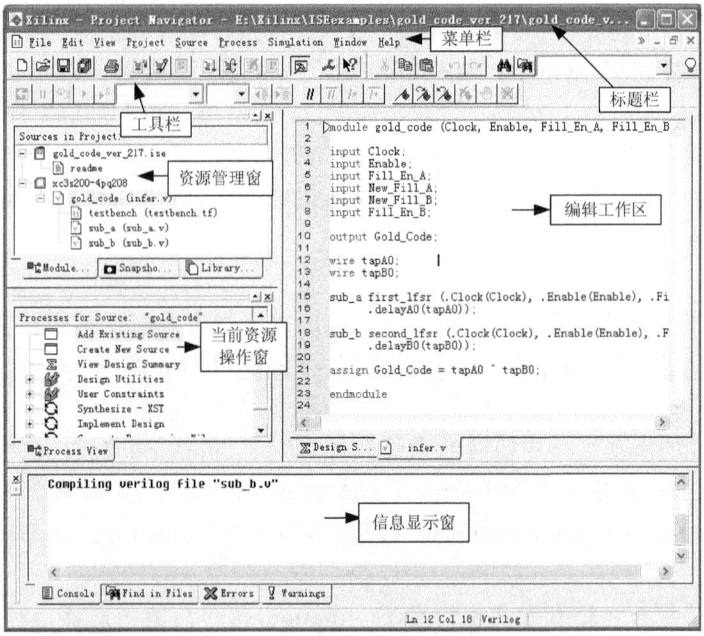

图6.48 ISE工程管理器(Project Navigator)界面

第7章　EDA基础实验

7.1　实 验 要 求

7.1.1　概述

EDA基础实验是学习数字电路与逻辑设计的一个重要环节。基础实验的目的是进一步巩固"数字电路与逻辑设计"课程的基本理论,能灵活运用所学知识设计一些实用电路,并能分析和处理实验中遇到的一些问题,熟悉常用数字仪表的基本原理和使用方法,对数字电路的EDA设计方法有初步了解。在做实验之前必须具备的基础知识有:数字电路的基础知识,PC常用操作系统的使用方法,一定的英语基础和PLD器件的基础知识。通过基础实验,要求学生学会正确使用EDA实验板,掌握可编程逻辑器件的开发流程,熟练使用MAX+plus II开发环境,掌握VHDL语言的编程,掌握数字电路和数字小系统的设计。使学生加深对课堂理论教学内容的理解,提高学生实际工作能力,培养学生理论联系实际的能力,在实验中注重培养学生观察问题、分析问题的能力及创新精神,为学习后续课程和从事实践技术工作奠定基础。

实验方法采用上机虚拟实验和硬件实际实验相结合的方式进行,学生应在实验前做好预习,用计算机EDA软件完成实验预习。实验课时由指导教师讲解实验目的、基本原理、EDA实验开发系统、实验关键点及注意事项,然后学生按实验操作规程进行实验。对于设计性实验,实验时先由教师介绍基本原理和实验要求,然后由学生设计并完成下载验证和测试,实验完毕由教师验收合格后方可离开。从不同专业教学要求、不同学生兴趣和学习热情等角度出发,安排实验内容时,教师可根据学生专业的不同,指定必做实验,同时鼓励学生根据自己的兴趣做一些选修实验。在进行实验选题时,一方面要安排一些强调数字电路基本技术的课题;另一方面要适当安排一些小型综合实验,以提高综合运用理论知识分析和处理设计中所遇到问题的能力。

7.1.2　实验报告的撰写

实验报告是实验工作的全面总结和最终成果。撰写实验报告要遵守一定的规范和要求,即实验报告要书写工整、语句通顺、数据准确、图表清晰,并能从实验过程的观测中找出问题进行分析讨论,并发表自己的见解。总之,要求实验报告能完整而真实的反映实验结果。

实验报告分为预习报告和终结报告。

1. 预习报告的主要内容

(1)实验名称；

(2)实验目的；

(3)实验仪器设备；

(4)实验内容、实验电路的设计及逻辑图；

(5)对思考题的解答。

2. 终结报告的主要内容

(1)实验名称；

(2)实验目的；

(3)实验仪器设备；

(4)实验原理；

(5)实验电路或程序清单；

(6)实验现象及结果分析。

3. 实验成绩考核

实验成绩由笔试、实际实验技能考核和平时实验成绩三大部分构成。其中笔试内容由教师出题；实际实验技能考核采取所有实验课程结束后，以考试的形式让学生独立完成所要求设计的实验内容，根据实际操作情况给学生分数；平时实验成绩主要由实验指导教师根据学生的预习报告、实验态度、实验技能、解决实际故障和处理人为设置故障的能力、回答问题情况和实验报告内容等综合评定。

7.2 实验电路板

7.2.1 实验电路板简介

实验用电路板是以EPM7128SLC84为核心芯片的印制板，其结构如图7.1所示。

1. 晶振产生的时钟信号CP

实验电路板的时钟由12MHz晶振产生，产生的时钟信号直接接到EPM7128的83管脚——全局时钟脚。

2. 下载接口

下载线一端采用JTAG接口与电路板相连，另一端采用并口电缆与计算机相连。

3. 接口及外设

该电路板提供了如LED、数码管、键盘、A/D、D/A等众多外设，但是这些外设本身与核心芯片EPM7128并不直接相连，而是将这些外设的输入输出端口都预留下来，同时 EPM7128 所有的 I/O 口也都被引出，可以自由地编程和映射，而在实际实验过程中，只需用导线将用到的芯片的管脚与相应的外设输入输出端口连接起来。

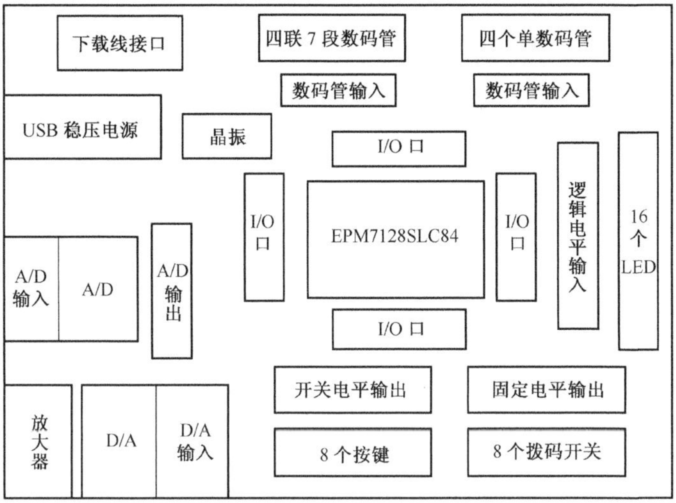

图 7.1　实验电路板结构图

7.2.2　芯片管脚图

EPM7128SLC84 管脚图如图 7.2 所示。

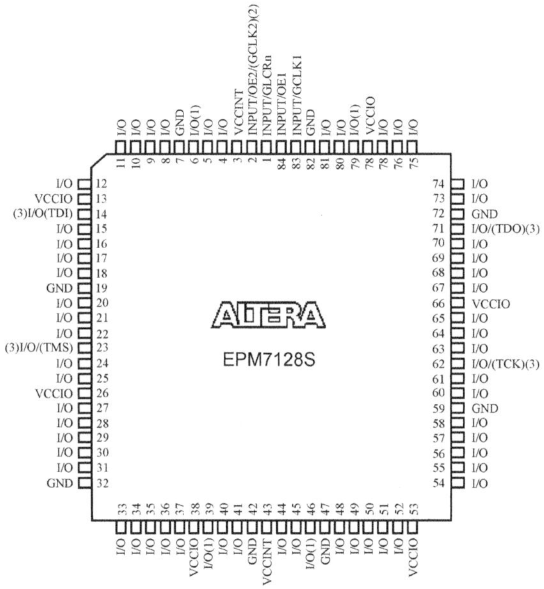

图 7.2　EPM7128 管脚图

从图7.2中可以看出，EPM7128SLC84有64个I/O引脚、4个专用输入引脚、4个编程引脚和12个电源或地引脚。其中，TMS(23脚)、TDI(14脚)、TDO(71脚)和TCK(62脚)是在系统编程信号的输入、输出通道，编程之后，这4个通道可以作为普通I/O引脚使用。四个专用输入端为：GCLK(83脚)、GLCR(1脚)、OE1(84脚)和OE2/GCLK2(2脚)，其中GCLK1为全局时钟脚，这个管脚的驱动能力最强，到所有逻辑单元的延时基本相同，一般定义此脚为外部时钟输入脚。GLCR为全局清零脚，如有寄存器清零，一般从此管脚输入。OE1为全局输出使能，如有三态输出，一般由此脚控制。OE2/GCLK2为全局输出使能/全局时钟脚，一些重要信号通常由此引脚输入。用于I/O输出缓冲器的电源(VCCIO)端有6个，这6个端的电压可以接直流5V或3.3V，其引脚编号为13、26、38、53、66、78；I/O输出缓冲器的接地端(GNDIO)有6个，引脚编号分别为7、19、32、47、59、72；器件内部电路与内部缓冲器电源(VCCINT)端有2个，这2个端的电压只能接直流5V，其引脚编号为3、43；器件内部电路接地端(GNDINT)有2个，引脚编号为42、82。

7.3 实验课题

实验1 用原理图输入法设计门电路

实验预习

一、电路设计。

二、预习可编程逻辑实验电路板结构，并回答以下问题。

(1)实验电路板上的EPM7128芯片共有多少管脚？采用多少伏的电压供电？该芯片包含了多少个宏单元？其中几个宏单元组成一个逻辑阵列块(LAB)？

(2)按照“输入、输出”功能划分，可编程逻辑实验电路板分为几部分？简述各部分具体作用。

三、思考题。

(1)简述基于可编程逻辑器件的数字系统设计流程。

(2)在原理图设计中使用的是哪一个库里面的元件,是否还有其他库可用,有什么不同?

实验目的

(1)掌握PLD芯片的基本使用方法,熟悉EDA软件MAX+plus II操作。

(2)学会利用软件仿真和硬件实现对数字电路的逻辑功能进行验证和分析。

(3)能够利用CPLD器件开发具有基本与非逻辑功能的数字电路。

实验器材

PC,可编程逻辑实验电路板,下载线,USB电源线,双踪示波器,数字万用表,导线若干。

实验原理

可编程逻辑实验是建立在数字电路基础实验上的一个更高层次的设计性实验。它是借助可编程逻辑器件(PLD),采用在系统可编程技术(ISP),利用电子设计自动化软件(EDA),在计算机(PC)平台上进行的。这与以往的基于独立元器件的实验在实验方法、实验手段和实验仪器上都有很大不同,要求操作者具有一定的计算机软件操作基础。

在MAX+plus II环境下,数字电路的设计流程如图7.3所示。MAX+plus II软件操作详见第6章。

在实验过程中应特别注意:

(1)图形输入完毕后,保存源文件时,后缀名为“.gdf”;

(2)将欲编译的文件设定为当前工程;

(3)管脚分配时要注意CPLD实验板上的逻辑开关和LED发光二极管等输入/输出变量与CPLD芯片管脚的对应关系,保证一一对应;

(4)下载安装时,选择硬件类型为“Byte Blaster”。

实验内容

(1)熟悉MAX+plus II软件(在教师指导下以$F=\overline{A}$为例,进行原理图输入法设计的操作。要求原理图输入并编译仿真,根据仿真波形填写表7.1)。

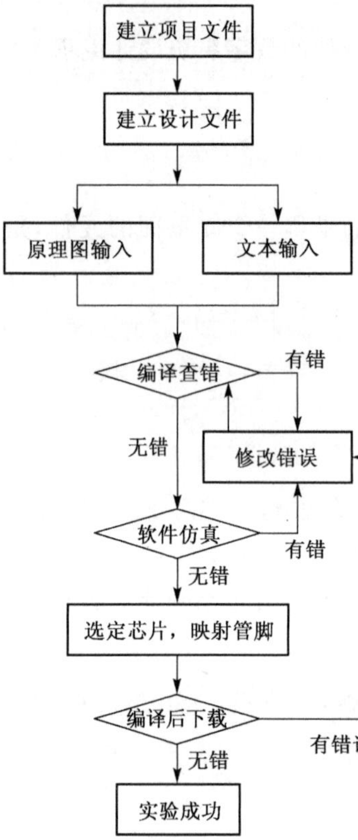

图 7.3　可编程数字电路设计流程

表 7.1

A	F
0	
1	

(2)用原理图输入法完成以下逻辑表达式的电路设计，要求编译仿真并下载验证其功能：①$F=\overline{AB}$；②$F=AB+CD$；③用门电路设计实现二位二进制数全加器。

实验报告要求

附仿真波形。

实验 2　用文本输入法设计门电路

实验预习

一、代码设计。

二、学习 VHDL 语言语法，并回答以下问题。

(1)一个完整的 VHDL 程序由几个基本单元构成？分别是什么？

(2)VHDL 程序提供的数据类型有哪些？

三、思考题。

你用的 VHDL 描述方式是结构体描述还是行为描述？这两种方式描述编译出来的仿真结果是否相同？

实验目的

(1)进一步熟悉 MAX+plus II 软件，学习用文本输入法设计电路。

(2)进一步熟悉 CPLD 数字电路设计流程。

(3)学习初步的 VHDL 程序设计方法。

实验器材

PC，可编程逻辑实验电路板，下载线，USB 电源线，双踪示波器，数字万用表，导线若干。

实验原理

1)示例

【例 7.1】二输入与非门的 VHDL 描述。

方法一：

```
library ieee;
use ieee.std_logic_1164.all;
entity nand2 is
port(a,b:in std_logic;
      y:out std_logic);
end;
architecture rel_1 of nand2 is
begin
```

```
  y<=a nand b ;
end;
```

方法二：

```
library ieee;
use ieee.std_logic_1164.all;
entity nand2 is
port(a,b:in std_logic;
     y:out std_logic);
end;
architecture rel_2 of nand2 is
signal ac:std_logic_vector(1 downto 0);
begin
  co<=a&b;
process(a,b)
  case co is
   when"00"=>y<='1';
   when"01"=>y<='1';
   when"10"=>y<='1';
   when"11"=>y<='0';
   when others=>y<='x';
  end  case;
end process;
end;
```

仿真结果如图 7.4 所示。

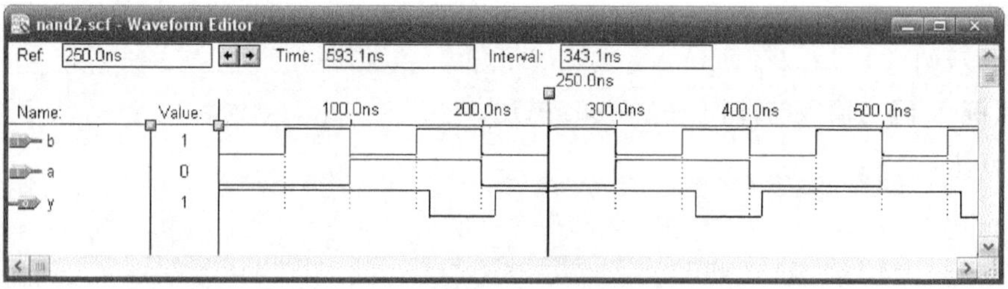

图 7.4　二输入与非门仿真结果

【例 7.2】逻辑函数 F=ab+cd 的 VHDL 描述。

```
library ieee;
use ieee.std_logic_1164.all;
```

```
entity yh is
port(a,b,c,d:in std_logic;
        F:out std_logic);
end;

architecture rel of yh is
signal g,h,y:std_logic;
begin
  g<=a and b;
  h<=c and d;
  y<=g or h;
F<=y;
end;
```

仿真结果如图 7.5 所示。

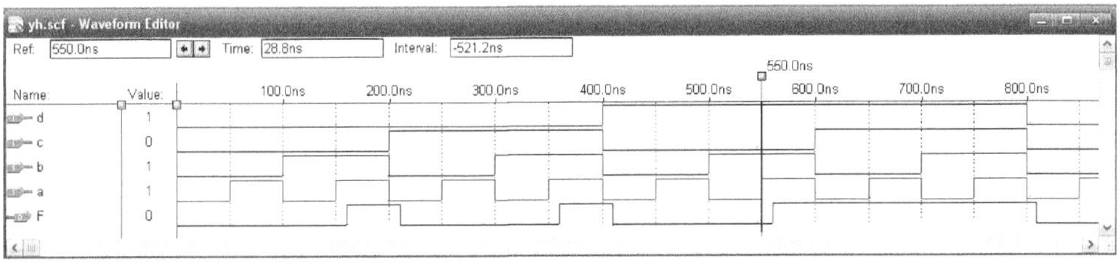

图 7.5　F=ab+cd 的仿真波形

2)实验步骤

(1)在 MAX+plus II 软件中新建工程项目及文本文件,输入 VHDL 程序并进行编译、仿真。

(2)指定目标器件,并对编译通过的原理图分配管脚,分配完后再编译一次。

(3)用 JTAG 线连接实验板和 PC 主机,用 USB 线接通实验板电源。

(4)下载编程。

(5)在实验板上连接导线。

(6)根据真值表操作实验板的拨码开关,观察发光二极管的逻辑结果是否与真值表一致。

3)注意事项

(1)为新建的工程单独建立一个文件夹,所有与该工程相关的文件都保存在这个文件夹下,路径上不能有汉字。源代码文件主文件名必须与实体名一致,且文件后缀名是“. vhd”。

(2)编译时要注意将准备编译的文件设为当前工程。

(3)分配完器件管脚后,要先编译再下载。

(4)建立功能仿真波形时,要穷尽输入信号的所有逻辑组合。

(5)下载后测试电路功能时,要验证真值表里的所有逻辑组合情况。

实验内容

(1)在 MAX+plus II 环境下,用 VHDL 语言按照输入→编译→仿真→分配管脚→编译→下载的步骤实现如图 7.6 所示的基本门电路。

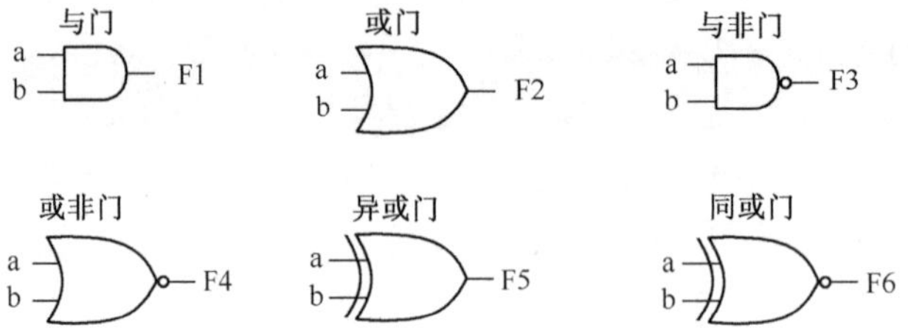

图 7.6　基本逻辑门的逻辑符号

①与门逻辑表达式: $F_1=a\cdot b$。

二输入与门功能表如表 7.2 所示。

②或门逻辑表达式:$F_2=a+b$。

二输入或门的功能表如表 7.3 所示。

表 7.2　二输入与门的功能表

a	b	F_1
0	0	0
0	1	0
1	0	0
1	1	1

表 7.3　二输入或门的功能表

a	b	F_2
0	0	0
0	1	1
1	0	1
1	1	1

③与非门逻辑表达式:$F_3=\overline{a\cdot b}$。

二输入与非门的功能表如表 7.4 所示。

④或非门逻辑表达式: $F_4=\overline{a+b}$。

二输入或非门的功能表如表 7.5 所示。

表 7.4　二输入与非门的功能表

a	b	F_3
0	0	1
0	1	1
1	0	1
1	1	0

表 7.5　二输入或非门的功能表

a	b	F_4
0	0	1
0	1	0
1	0	0
1	1	0

⑤同或门逻辑表达式：$F_5 = a \odot b$。

二输入异或门的功能表如表 7.6 所示。

⑥异或门逻辑表达式：$F_6 = a \oplus b$。

二输入同或门的功能表如表 7.7 所示。

表 7.6 二输入同或门的功能表

a	b	F_5
0	0	1
0	1	0
1	0	0
1	1	1

表 7.7 二输入异或门的功能表

a	b	F_6
0	0	0
0	1	1
1	0	1
1	1	0

(2)在 MAX+plus II 环境下，用 VHDL 语言描述下列逻辑电路，并编译、仿真、下载

$$F = \bar{a}bc + \bar{d}; \qquad F = \overline{\bar{a}b + c\bar{d}} + a$$

实验 3 组合逻辑电路设计(一)——编译码器设计

实验预习

一、编码器和译码器代码设计。

二、进一步学习 VHDL 语言，并回答以下问题。

(1)一个工程目录下包含“*.vhd”、“*.gdf”、“*.pof”、“*.sym”、“*.snf”、“*.rpt”等文件，请说明这些文件的含义和用途。

(2)常用的组合逻辑电路有哪几种？分别是什么？

三、思考题。

请说明VHDL语言中“case”语句与“if…else…”语句的特点及各自用法上的异同。

实验目的

(1)熟悉组合逻辑电路的VHDL描述方法。

(2)掌握利用CPLD器件实现组合逻辑数字电路的方法和过程。

(3)熟练掌握“case”语句与“if…else…”语句的用法。

实验器材

PC,可编程逻辑实验电路板,下载线,USB电源线,双踪示波器,数字万用表,导线若干。

实验原理

1)示例

【例7.3】八线-三线编码器(74148)的设计。

源程序:

```
library ieee;
use ieee.std_logic_1164.all;


entity yxbm8_3 is
port( I:in std_logic_vector(7 downto 0);
    st:in std_logic;
    Y:out std_logic_vector(2 downto 0);
    Ys,Yex:out std_logic);
end;
architecture bhv of yxbm8_3 is
begin
   process(I,St)
    begin
      if st='1' then
           Y<="111";
           Ys<='1';
           Yex<='1';
      else
           if I(7)='0' then
           Y<="000";
```

```
          Ys<='1';
          Yex<='0';
            elsif I(6)='0' then
                  Y<="001";
                 Ys<='1';
                 Yex<='0';
            elsif I(5)='0' then
                  Y<="010";
                 Ys<='1';
                 Yex<='0';
            elsif I(4)='0' then
                  Y<="011";
                 Ys<='1';
                 Yex<='0';
            elsif I(3)='0' then
                  Y<="100";
                 Ys<='1';
                 Yex<='0';
            elsif I(2)='0' then
                  Y<="101";
                 Ys<='1';
                 Yex<='0';
            elsif I(1)='0' then
                  Y<="110";
                 Ys<='1';
                 Yex<='0';
            elsif I(0)='0' then
                  Y<="111";
                 Ys<='1';
                 Yex<='0';
            elsif I="11111111" then
                  Y<="111";
                 Ys<='0';
                 Yex<='1';
            end if;
        end if;
    end process;
    end;
```

实验仿真结果如图7.7所示。

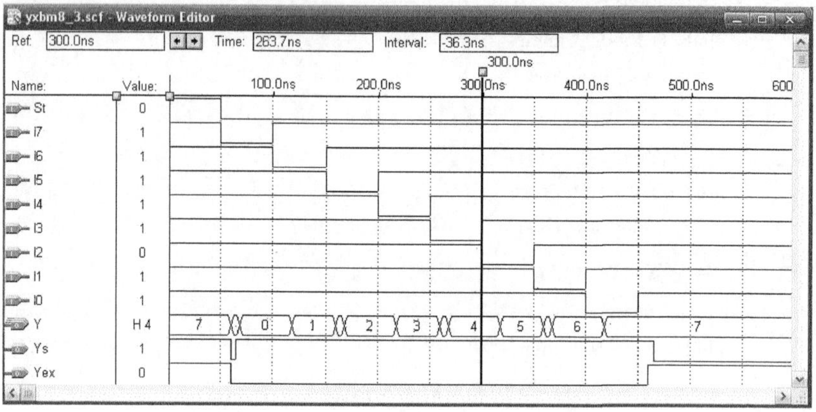

图7.7 八线-三线编码器的仿真结果

【例7.4】三线-八线(74138)译码器的设计。

源程序:

```
library ieee;
use ieee.std_logic_1164.all;
entity decoder_3_to_8 is
port(a,b,c,g1,g2a,g2b: in std_logic;
                y: out std_logic_vector(7 downto 0));
end;

architecture rtl of decoder_3_to_8 is
signal indata: std_logic_vector(2 downto 0);
begin
        process(indata,g1,g2a,g2b)
begin
  indata<=c&b&a;
  if (g1='1' and g2a='0' and g2b='0') then
  case indata is
     when"000"=>y<="11111110";
     when"001"=>y<="11111101";
     when"010"=>y<="11111011";
     when"011"=>y<="11110111";
     when"100"=>y<="11101111";
     when"101"=>y<="11011111";
```

```
      when"110"=>y<="10111111";
      when"111"=>y<="01111111";
      when others=>y<="ZZZZZZZZ";
    end case;
  else
    Y<="11111111";
  end if;
  end process;
end;
```

仿真结果如图 7.8 所示。

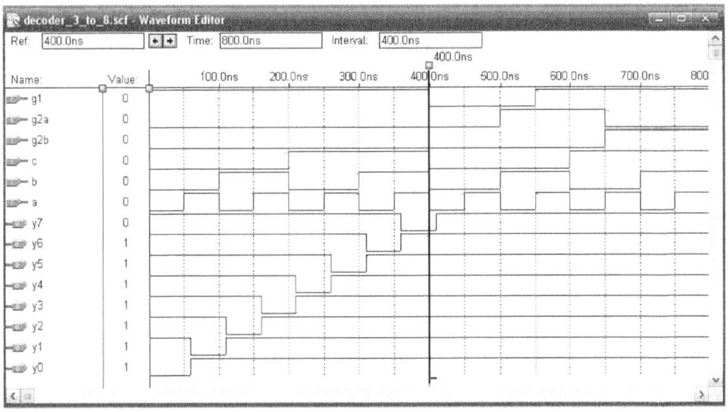

图 7.8　三线-八线(74138)译码器的仿真结果

2)实验步骤(请参考实验 2 中实验步骤)

3)注意事项

(1)编程要根据要求及真值表,要考虑输入所有可能出现的情况,尽量简洁。

(2)建立功能仿真波形时,要穷尽输入信号的所有逻辑组合。

(3)下载后测试电路功能时,要验证真值表里的所有逻辑组合情况。

(4)从"entity"开始到关键字"architecture"之前是设计实体部分,主要用于描述器件(无论是复杂还是简单的器件)的外端口(外貌),即输入、输出端口的数量、名称、类型和端口使用的数据类型。

(5)从关键字"architecture"开始到结束是设计结构体部分,主要用于描述元件内部各个逻辑器件或者功能部件的连接关系。

(6)一般来说,组合电路可以使用行为描述、数据流描述和结构描述中的一种或者几种描述模式进行描述。设计时,只要描述方便、易于理解、便于记忆,程序经编译、仿真、测试效果好的描述模式就是好的描述模式。

(7)"case"中字母"Z"必须大写。

实验内容

设计下面代码转换电路：

(1)输入为 8421 BCD 码，输出为 2421 码，如表 7.8 所示。

表 7.8 8421 BCD 码转换为 2421 码转换表

数字	输入 (8421BCD 码)				输出 (2421 码)				数字	输入 (8421BCD 码)				输出 (2421 码)			
	X_3	X_2	X_1	X_0	Y_3	Y_2	Y_1	Y_0		X_3	X_2	X_1	X_0	Y_3	Y_2	Y_1	Y_0
0	0	0	0	0	0	0	0	0	5	0	1	0	1	1	0	1	1
1	0	0	0	1	0	0	0	1	6	0	1	1	0	1	1	0	0
2	0	0	1	0	0	0	1	0	7	0	1	1	1	1	1	0	1
3	0	0	1	1	0	0	1	1	8	1	0	0	0	1	1	1	0
4	0	1	0	0	0	1	0	0	9	1	0	0	1	1	1	1	1

(2)输入为 8421 BCD 码，输出为余 3 码，如表 7.9 所示。

表 7.9 8421 BCD 码转换为余 3 码转换表

数字	输入 (8421BCD 码)				输出 (余 3 码)				数字	输入 (8421BCD 码)				输出 (余 3 码)			
	X_3	X_2	X_1	X_0	Y_3	Y_2	Y_1	Y_0		X_3	X_2	X_1	X_0	Y_3	Y_2	Y_1	Y_0
0	0	0	0	0	0	0	1	1	5	0	1	0	1	1	0	0	0
1	0	0	0	1	0	1	0	0	6	0	1	1	0	1	0	0	1
2	0	0	1	0	0	1	0	1	7	0	1	1	1	1	0	1	0
3	0	0	1	1	0	1	1	0	8	1	0	0	0	1	0	1	1
4	0	1	0	0	0	1	1	1	9	1	0	0	1	1	1	0	0

(3)设计一个优先编码器，真值表如表 7.10 所示。

表 7.10 优先编码器真值表

输入								输出		
d_7	d_6	d_5	d_4	d_3	d_2	d_1	d_0	y_2	y_1	y_0
0	×	×	×	×	×	×	×	0	0	0
1	0	×	×	×	×	×	×	0	0	1
1	1	0	×	×	×	×	×	0	1	0
1	1	1	0	×	×	×	×	0	1	1
1	1	1	1	0	×	×	×	1	0	0
1	1	1	1	1	0	×	×	1	0	1
1	1	1	1	1	1	0	×	1	1	0
1	1	1	1	1	1	1	×	1	1	1

要求按照实验内容及代码转换表，写出逻辑表达式，并编写出实现该电路的 VHDL 程序，用 MAX+plus II 进行仿真。最后将编写好的程序下载到 CPLD 芯片里，观察结果。

实验报告要求

根据以上的实验内容写出实验报告:包括程序设计、软件编译、(功能、时序)仿真分析、硬件测试和分析,设计程序、程序分析报告、仿真波形图及其分析报告。

实验 4 组合逻辑电路设计(二)——三态门、数选器、逻辑运算器

实验预习

一、组合逻辑电路的 VHDL 设计。

二、进一步学习 VHDL 语言,并回答以下问题。

(1)请分析"with…select…"语句和"case"语句的特点及用法。

(2)请比较"std_logic"数据类型和"std_logic_vector"数据类型的异同。

三、思考题。

请分析串、并行语句的异同。

实验目的

(1)掌握三态门、数选器、逻辑运算器三种组合逻辑电路的设计方法,及其 VHDL 描述方法。

(2)掌握利用 CPLD 器件开发组合逻辑电路的方法。

实验器材

PC,可编程逻辑实验电路板,下载线,USB 电源线,双踪示波器,数字万用表,导线若干。

实验原理

1)示例

【例 7.5】数选器 74153 的 VHDL 描述。

源程序:

```
library ieee;
use ieee.std_logic_1164.all;
entity mux4 is
port(d0,d1,d2,d3:in std_logic;
        St,a,b:in std_logic;
              y:out std_logic);
end;
architecture bhv of mux4 is
signal co:std_logic_vector(1 downto 0);
begin
    process(st,a,b)
    begin
   co<=b&a;
  if (st='1') then
  case co is
     when"00"=>y<=d0;
     when"01"=>y<=d1;
     when"10"=>y<=d2;
     when"11"=>y<=d3;
     when others=>y<='0';
    end case;
  end if;
  end process;
end;
```

仿真结果如图 7.9 所示。

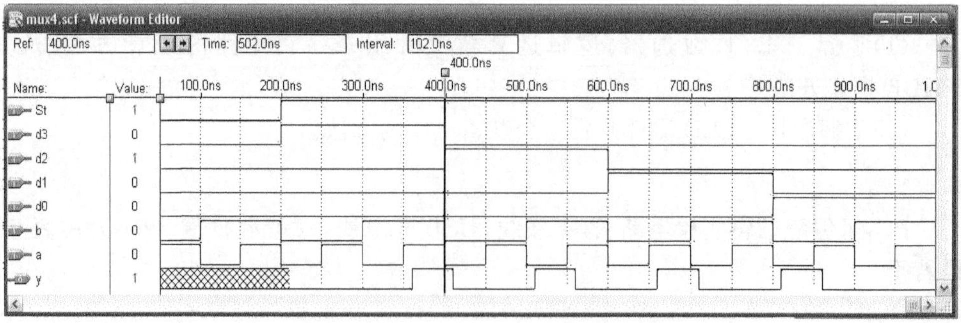

图 7.9 数选器 74153 的仿真结果

【例 7.6】一位全加器的设计：加数 a、b，低位进位 ci，本位和 f，向高位进位 co。

方法一：

$$f=a\oplus b\oplus ci \qquad co=a\cdot b+a\cdot ci+b\cdot ci$$

源程序：

```
library ieee;
use ieee.std_logic_1164.all;

entity full_adder is
port(A,B,Ci:in std_logic;
F,Co:out std_logic);
end;

architecture bhv of full_adder is
signal g,h,i,j:std_logic;
begin
g<=A xor B;
F<=g xor Ci;
h<=A and B;
i<=A and Ci;
j<=B and Ci;
Co<=h or i or j;
end;
```

方法二：

```
library ieee;
use ieee.std_logic_1164.all;
use ieee.std_logic_unsigned.all;

entity full_adder_1 is
port(A,B,Ci:in std_logic;
F,Co:out std_logic);
end;
architecture bhv of full_adder_1 is
begin
  process(A,B,Ci)
  begin
   if(A='0' and B='0' and Ci='0')then
     F<='0';
     Co<='0';
```

```
    elsif(A='0' and B='0' and Ci='1')then
      F<='1';
      Co<='0';
    elsif(A='0' and B='1' and Ci='0')then
      F<='1';
      Co<='0';
    elsif(A='0' and B='1' and Ci='1')then
      F<='0';
      Co<='1';
    elsif(A='1' and B='0' and Ci='0')then
      F<='1';
      Co<='0';
    elsif(A='1' and B='0' and Ci='1')then
      F<='0';
      Co<='1';
    elsif(A='1' and B='1' and Ci='0')then
      F<='0';
      Co<='1';
    else
      F<='1';
      Co<='1';
      end if;
    end process;
end;
```

仿真结果如图7.10所示。

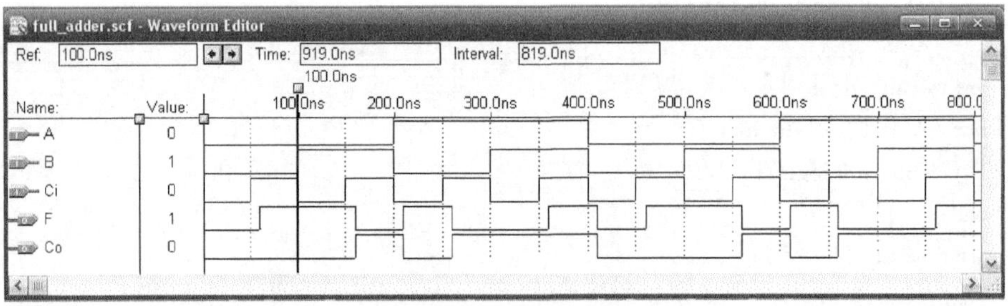

图7.10 一位全加器仿真结果

【例7.7】三态门电路设计，它具有一个数据输入端din、一个数据输出端dout和一个控制端en。当en=1时，dout=din；当en=0时，dout=Z(高阻)，其真值表如表7.11所示。

表 7.11　三态门真值表

数据输入	控制输入	数据输出
din	en	dout
×	0	Z
0	1	0
1	1	1

```
Library ieee;
Use ieee.std_logic_1164.all;
use ieee.std_logic_unsigned.all;
Entity tri_gate is
  PORT(din,en:IN std_logic;
          dout:out std_logic);
end tri_gate;
Architecture tgate of tri_gate is
begin
process(din,en)
   begin
     if(en='1')then
        dout<=din;
     else
        dout<='Z';
     end if;
   end process;
end tgate;
```

仿真结果如图 7.11 所示。

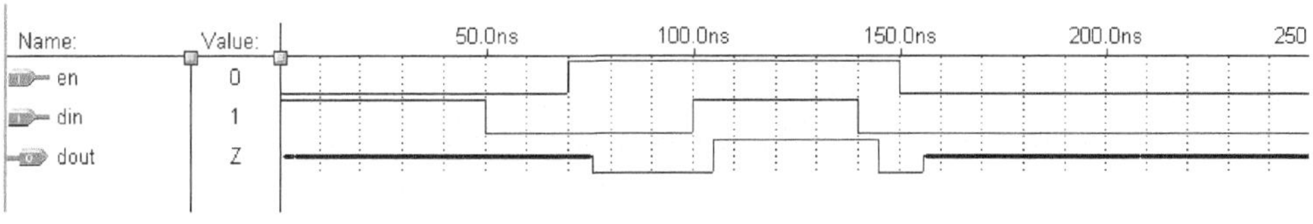

图 7.11　三态门的仿真结果

2)注意事项

(1)有时程序代码虽然简单,但是占用器件资源却多;相反,有时程序代码虽然复杂,但是占用器件资源却少。因此,不能简单地用程序代码简单还是复杂来判断程序代码的优劣,而是要对程序代码进行综合评价,才能得出比较科学的结论。

(2)std_logic 数据类型,除"0"、"1"外,还有其他值,用 others 穷尽所有可能的组合值。

(3)结构体"with-select"是并行选择信号赋值语句。与 case 语句相似,不允许条件重叠和涵盖不全。要用"when others"代表其他值,以穷尽所有可能值。

(4)编程要根据要求及真值表,要考虑输入所有可能出现的情况,尽量简洁。

(5)建立功能仿真波形时,要穷尽输入信号的所有逻辑组合。

(6)下载后测试电路功能时,要验证真值表里的所有逻辑组合情况。

实验内容

(1)设计一个多数表决电路,要求:①当输入 A、B、C、D 有三个或三个以上为 1 时输出 F 为 1;输入为其他状态时输出为 0。②写出实验内容的真值表及逻辑表达式。③编写出实现该电路的 VHDL 程序。④用 MAX+plus II 进行仿真。⑤将编写好的程序下载到 CPLD 芯片里,观察结果。

(2)设计二个二位二进制数相乘电路,要求:①写出实验内容的真值表。②编写出实现该电路的 VHDL 程序。③用 MAX+plus II 进行仿真。④将编写好的程序下载到 CPLD 芯片里,用发光二极管观察结果。

(3)设计一个一位二进制全减器电路,要求:①输入为被减数、减数和来自低位的借位,输出为两数之差和向高位的借位。②按照实验内容写出真值表及逻辑表达式。③编写出实现该电路的 VHDL 程序。④用 MAX+plus II 进行仿真。⑤将编写好的程序下载到 CPLD 芯片里,观察结果。

实验报告要求

根据以上的实验内容写出实验报告:包括程序设计、软件编译、仿真分析、硬件测试和实验过程,设计程序、程序分析报告、仿真波形图及其分析报告。

实验 5 显示驱动电路设计

实验预习

一、程序设计。

二、复习 CPLD 实验电路板结构,学习数码管相关知识及各发光段与管脚对应位置、管脚在实验板上的对应接线位置,回答下列问题。

(1)共阴极数码管的结构特点是什么?共阳极数码管和共阴极数码管在使用上有哪些不同之处?

(2)若要用一个七段共阴极数码管显示“0～F”之间的字符，请问驱动电路如何设计?

三、思考题。

一个八段数码管可以产生多少种字符?产生所有的字符需要多少根译码信号线?

实验目的

(1)掌握七段译码器的工作原理。

(2)学习显示驱动电路的 VHDL 描述方法。

(3)学会运用波形激励来仿真程序的正确性。

(4)了解数码管扫描显示的原理及实现。

实验器材

PC，可编程逻辑实验电路板，下载线，USB 电源线，双踪示波器，数字万用表，相关元器件及导线若干。

实验原理

1)数码管工作原理及译码原理

八段数码管如图 7.12 所示，为共阴极数码管。当阳极输入端为“1”时，对应的数码管段就发光。通过控制发光的段，可以形成不同的数字。h 段是小数点。

数码管译码原理如图 7.13 所示，其中 A、B、C、D 为 BCD 码输入信号，a、b、c、d、e、f、g 接数码管输入，通过输入不同的二进制码组，数码管上显示相应的数值。译码真值表如表 7.12 所示。

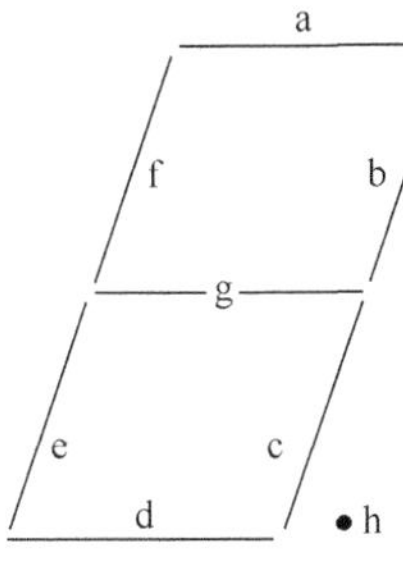

图 7.12　数码管示意图

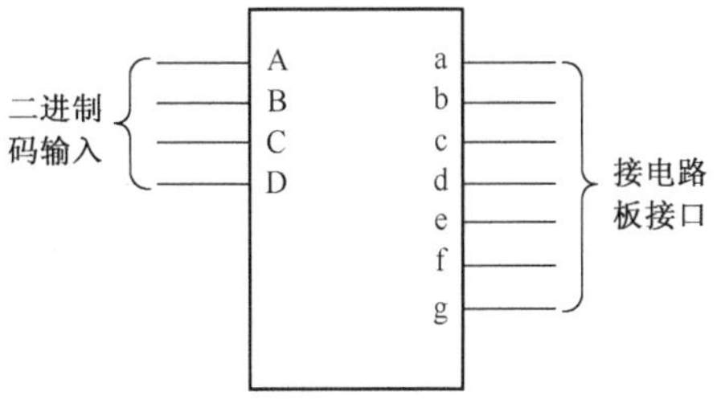

图 7.13　数码管译码原理

表 7.12 译码器真值表

数值	输入				输出						
	A	B	C	D	a	b	c	d	e	f	g
0	0	0	0	0	1	1	1	1	1	1	0
1	0	0	0	1	0	1	1	0	0	0	0
2	0	0	1	0	1	1	0	1	1	0	1
3	0	0	1	1	1	1	1	1	0	0	1
4	0	1	0	0	0	1	1	0	0	1	1
5	0	1	0	1	1	0	1	1	0	1	1
6	0	1	1	0	1	0	1	1	1	1	1
7	0	1	1	1	1	1	1	0	0	0	0
8	1	0	0	0	1	1	1	1	1	1	1
9	1	0	0	1	1	1	1	1	0	1	1
A	1	0	1	0	1	1	1	0	1	1	1
B	1	0	1	1	0	0	1	1	1	1	1
C	1	1	0	0	1	0	0	1	1	1	0
D	1	1	0	1	0	1	1	1	1	0	1
E	1	1	1	0	1	0	0	1	1	1	1
F	1	1	1	1	1	0	0	0	1	1	1

2)数码管扫描及原理

CPLD 实验板上一共有 6 个数码管,如果按照传统的数码管驱动方式,则需要 6 个七段译码器和 42 个 I/O 口进行驱动,这样就会浪费大量的资源,并且电路还会工作不可靠。所以现在最常见的数码管驱动电路为动态扫描显示,这样既节省资源,并且只需少量的 I/O 口就可以实现电路正常、可靠的工作,因此,传统的一个译码器驱动一个数码管的电路模式已经不用了,数码扫描显示的工作原理如下。

利用人眼的视觉暂留效应,把 6 个数码管按一定顺序(从左至右或从右至左)进行点亮,当点亮的频率(即扫描频率)不大时,人眼看到的是数码管一个个的依次点亮,然而,当点亮频率足够大时,观察到的不再是一个一个的点亮,而是全部同时显示(点亮),与传统方式得到的结果完全一样。因此只要给数码管一个合适的扫描频率,就可以实现 6 个(或更多)数码管同时点亮。而这个频率可以通过一个计数器来产生,只要计数频率足够大,就可以满足扫描的要求。动态数码扫描显示的硬件电路设计要求:对共阴极数码管,将其公共端阴极接三-八译码器的输出,这样将数码管的位选通信号由 6 个减少为 3 个,三-八译码器的输入为位选信号输入;将 6 个(或更多)数码管的相同段接在一起,然后引出。原理图如图 7.14 所示。

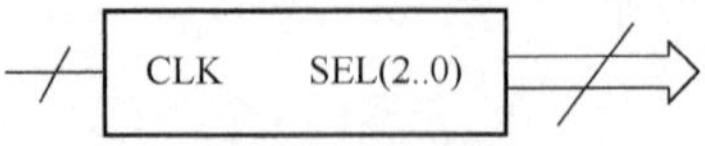

图 7.14 数码管扫描显示原理

3)示例

【例 7.8】二-十进制译码器的设计，其真值表如表 7.13 所示。

表 7.13 二-十进制译码器真值表

序号	输入				输出									
	A_3	A_2	A_1	A_0	Y_0	Y_1	Y_2	Y_3	Y_4	Y_5	Y_6	Y_7	Y_8	Y_9
0	0	0	0	0	0	1	1	1	1	1	1	1	1	1
1	0	0	0	1	1	0	1	1	1	1	1	1	1	1
2	0	0	1	0	1	1	0	1	1	1	1	1	1	1
3	0	0	1	1	1	1	1	0	1	1	1	1	1	1
4	0	1	0	0	1	1	1	1	0	1	1	1	1	1
5	0	1	0	1	1	1	1	1	1	0	1	1	1	1
6	0	1	1	0	1	1	1	1	1	1	0	1	1	1
7	0	1	1	1	1	1	1	1	1	1	1	0	1	1
8	1	0	0	0	1	1	1	1	1	1	1	1	0	1
9	1	0	0	1	1	1	1	1	1	1	1	1	1	0
伪码	1	0	1	0	1	1	1	1	1	1	1	1	1	1
	1	0	1	1	1	1	1	1	1	1	1	1	1	1
	1	1	0	0	1	1	1	1	1	1	1	1	1	1
	1	1	0	1	1	1	1	1	1	1	1	1	1	1
	1	1	1	0	1	1	1	1	1	1	1	1	1	1
	1	1	1	1	1	1	1	1	1	1	1	1	1	1

源程序：

```
library ieee;
use ieee.std_logic_1164.all;
entity ym2_10 is
port(a:in std_logic_vector(3 downto 0);
   y:out std_logic_vector(9 downto 0));
end;
architecture rtl of ym2_10 is
begin
process(a)
begin
case a is
   when"0000"=>y<="1111111110";
   when"0001"=>y<="1111111101";
   when"0010"=>y<="1111111011";
   when"0011"=>y<="1111110111";
   when"0100"=>y<="1111101111";
```

```
    when"0101"=>y<="1111011111";
    when"0110"=>y<="1110111111";
    when"0111"=>y<="1101111111";
    when"1000"=>y<="1011111111";
    when"1001"=>y<="0111111111";
    when others=>y<="1111111111";
  end case;
end process;
end;
```

仿真结果如图 7.15 所示。

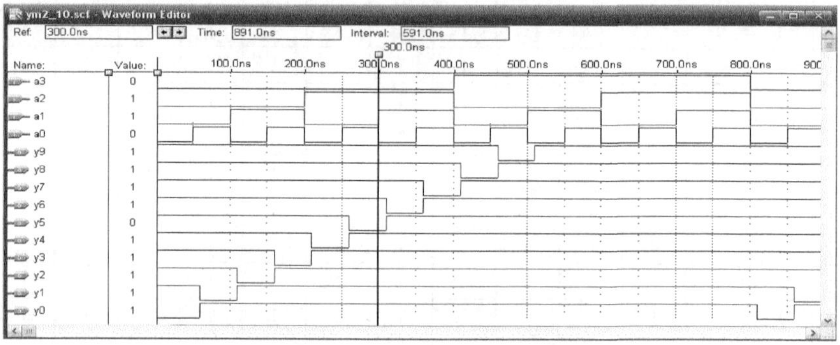

图 7.15 二-十进制译码器的仿真结果

4)注意事项

实验电路板上 6 个数码管为共阴极数码管,请注意各段对应的接口位置。

实验内容

(1)按照如表 7.12 所示的译码真值表编写驱动电路程序并下载验证。

(2)将实验 4 实验内容中两个二位二进制数相乘电路的结果用数码管显示。

实验报告要求

写出设计程序、程序分析报告、仿真波形图及其分析报告、硬件测试和实验过程报告。

实验 6 触发器设计

实验预习

一、代码设计。

二、学习 VHDL 语言语法，并回答以下问题。

(1)VHDL 语句描述中，时钟的上升沿和下降沿有哪几种表达方式，如何表达？

(2)什么是敏感信号列表？其中应该包含哪些信号，敏感信号对进程有哪些影响？

三、思考题。

D 触发器和锁存器在编写程序时的区别是什么？请分别写出它们的程序主体。

实验目的

(1)认识 RS 触发器、JK 触发器、D 触发器和 T 触发器。

(2)掌握 RS 触发器、JK 触发器、D 触发器和 T 触发器的逻辑功能及动作特点。

(3)能够通过 CPLD 开发实现具有触发器功能的数字电路。

实验器材

PC，可编程逻辑实验电路板，下载线，USB 电源线，双踪示波器，数字万用表，导线若干。

实验原理

1)示例

【例 7.9】钟控 D 触发器的设计。

```
Library ieee;
Use ieee.std_logic_1164.all;

Entity dff_1 is
Port(d,cp:in std_logic;
     q,qb:out std_logic);
End;

Architecture rtl of dff_1 is
signal q_temp,qb_temp:std_logic;
```

```
Begin
  Process(cp,d)
   Begin
   if( cp='1')then
         q_temp<=d;
         qb_temp<=not q_temp;
   end if;
  end process;
      q<=q_temp;
      qb<=qb_temp;
End;
```

仿真结果如图 7.16 所示。

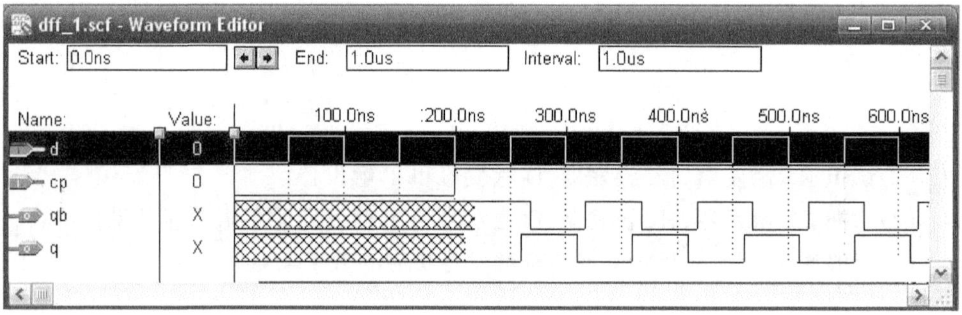

图 7.16 钟控 D 触发器仿真结果

【例 7.10】带同步置/复位端、上升沿触发的 D 触发器设计。

```
Library ieee;
Use ieee. std_logic_1164. all;

Entity en_dff_1 is
Port(d,clk,Rd,Sd:in std_logic;
          q,qb:out std_logic);
End;

Architecture rtl of en_dff_1 is
signal q_temp,qb_temp:std_logic;
Begin
  Process(clk)
   Begin
   if( clk'event and clk='1')then
```

```
          if Rd='0' then
            q_temp<='0';
            qb_temp<='1';
          elsif  Sd='0' then
             q_temp<='1';
             qb_temp<='0';
          else
           q_temp <=d;
           qb_temp <=not q_temp;
          end if;
      end if;
    end process;
           q<=q_temp;
           qb<=qb_temp;
End;
```

仿真结果如图 7.17 所示。

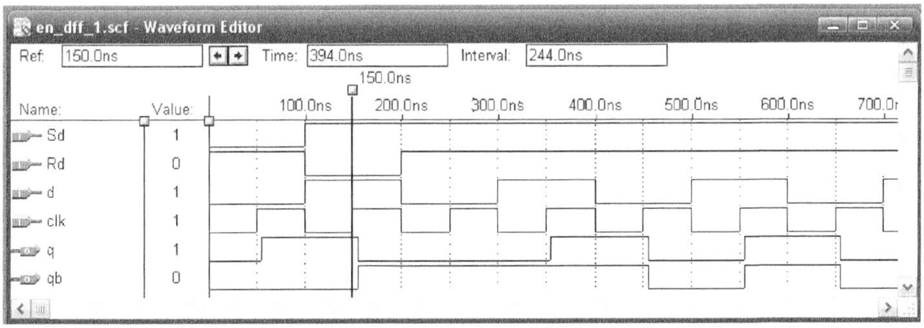

图 7.17　带同步置/复位端、上升沿触发的 D 触发器的仿真结果

2)注意事项

(1)异步置位/复位信号应选取正确的信号。

(2)应注意观察所有输入信号下的输出情况。

实验内容

在 MAX+plus II 环境下，用 VHDL 语言按照：输入→编译→仿真→分配管脚→编译→下载的步骤实现下列电路。

(1)钟控 RS 触发器。要求设计一个电路，通过 MAX+plus II 仿真和 CPLD 实现来验证 RS 触发器的逻辑功能，并掌握其动作特点。所设计的 RS 触发器如图 7.18 所示。

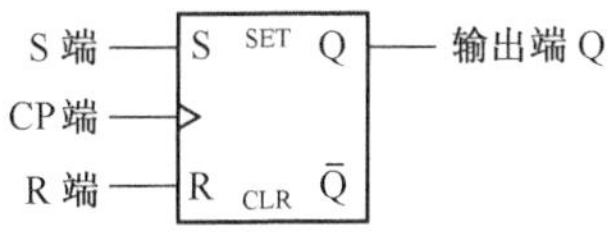

图 7.18　钟控 RS 触发器

钟控 RS 触发器功能表见表 7.14。

表 7.14 钟控 RS 触发器功能表

CLK	R	S	Q^{n+1}
1	0	0	Q^n
1	0	1	1
1	1	0	0
1	1	1	×
0	×	×	Q^n

(2)JK 触发器。要求设计一个合理的电路,通过 MAX+plus II 仿真和 CPLD 实现验证 JK 触发器的逻辑功能,并掌握其动作特点。此次设计的 JK 触发器如图 7.19 所示。JK 触发器功能表见表 7.15。

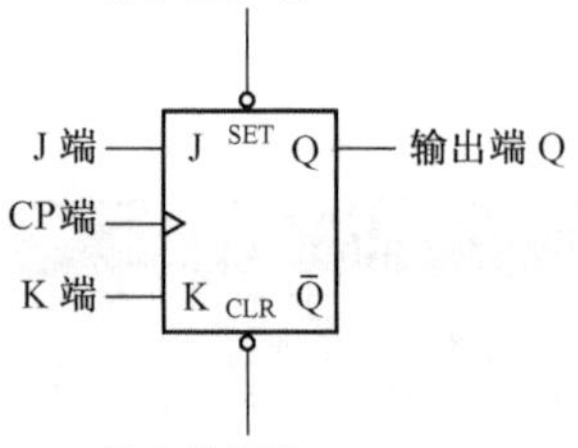

图 7.19 JK 触发器

表 7.15 JK 触发器功能表

$\overline{PRN}$	$\overline{CLRN}$	CP	J	K	Q
0	0	×	×	×	1
1	0	×	×	×	0
0	0	×	×	×	1
1	1	↑	0	0	保持
1	1	↑	0	1	1
1	1	↑	1	0	0
1	1	↑	1	1	翻转

(3)D 触发器。要求设计一个合理的电路,通过 MAX+plus II 仿真和 CPLD 实现验证 D 触发器的逻辑功能,并掌握其动作特点。此次设计的 D 触发器如图 7.20 所示。D 触发器功能表见表 7.16。

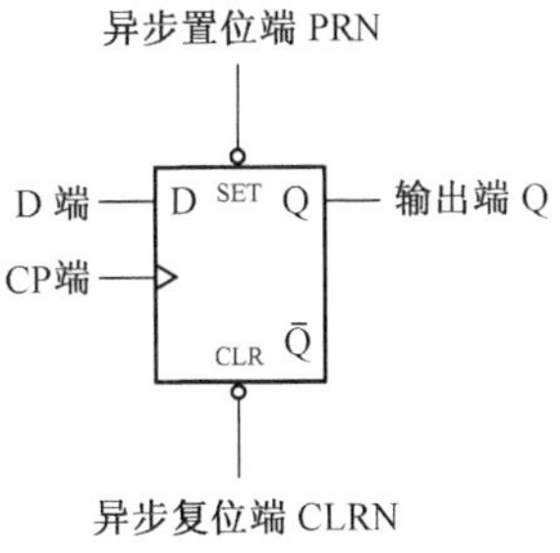

图 7.20　具有"异步置位/复位端"的 D 触发器

表 7.16　D 触发器功能表

$\overline{PRN}$	$\overline{CLRN}$	CLK	D	Q
0	1	×	×	1
1	0	×	×	0
0	0	×	×	1
1	1	↑	1	1
1	1	↑	0	0
1	1	0	×	保持

(4)开关控制电路设计。要求用三个开关控制一只灯,改变任何开关的状态都能控制灯由亮变灭或者由灭变亮。开关用复位开关(开关常态为"1",按下为"0")。

①按照实验内容写出真值表及逻辑表达式。

②编写出实现该电路的 VHDL 程序。

③用 MAX+plus II 进行仿真。

④将编写好的程序下载到 CPLD 芯片里,观察结果。

实验报告要求

(1)总结出各种触发器的逻辑功能和动作特点。

(2)总结出"异步置位/复位"的功能和使用方法。

(3)写出设计程序、程序分析报告、仿真波形图及其分析报告、硬件测试和实验过程报告。

实验 7　移位寄存器设计

实验预习

一、完成实验内容要求电路的程序设计。

二、学习 VHDL 语言语法，并回答以下问题。

(1)“&”运算符如何应用？如何利用 VHDL 语言描述移位运算？

(2)在 VHDL 语言中，串行数据和并行数据如何表示，有何区别？

三、思考题。

如何实现环行计数器的自启动，为了实现环行计数器的自启动，设计和编程中有哪些注意事项？

实验目的

(1)掌握移位寄存器的 VHDL 语言描述方法。

(2)掌握利用移位寄存器来进行计数器等时序逻辑电路的设计方法。

实验器材

PC，可编程逻辑实验电路板，下载线，USB 电源线，双踪示波器，数字万用表，导线若干。

实验原理

1)示例

【例 7.11】设计一个四位串行输入并行输出的移位寄存器。该寄存器有一个串行数据输入端 d；一个时钟输入端 clk；一个四位数据输出端 q。

源程序：

```
Library ieee;
Use ieee.std_logic_1164.all;

Entity shifter is
Port(d,clk:in std_logic;
        q:out std_logic_vector(3 downto 0));
end;
```

```
Architecture atl of shifter is
signal a:std_logic_vector(3 downto 0);
Begin
   Process(clk)
    Begin
    if( clk'event and clk='1')then
a<=a(2 downto 0)&d;
    end if;
   end process;
q<=a;
End;
```

仿真结果如图 7.21 所示。

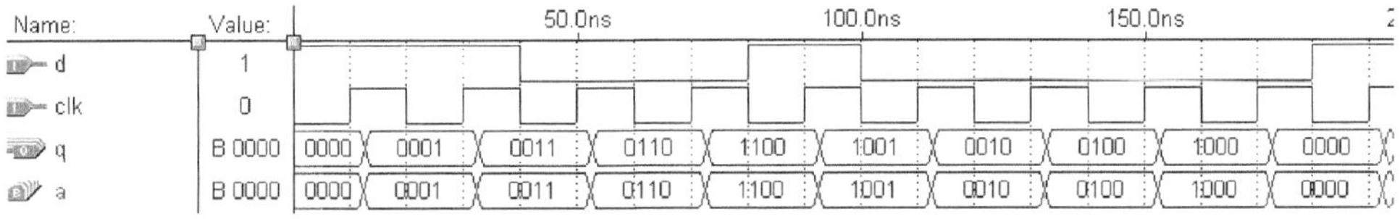

图 7.21　四位串入并出移位寄存器仿真结果

【例 7.12】74LS194 移位寄存器的设计。

源程序：

```
Library ieee;
Use ieee.std_logic_1164.all;
use ieee.std_logic_unsigned.all;

Entity my74194 is
Port(clk,rd,sr,sl,s1,s0:in std_logic;
                    d:in std_logic_vector(3 downto 0);
                    q:out std_logic_vector(3 downto 0));
End;

Architecture rtl of my74194 is
Signal a: std_logic_vector(3 downto 0);
Begin
    q<=a;
   Process(clk,rd)
    Begin
    if Rd='0' then
         a<="0000";
```

```
    elsif( clk'event and clk='1')then
        if (s1='0'  and s0='0')then
        a<=d;
        elsif s1='1' and s0='0'then
        a<=a(2 downto 0) & sl;
        elsif s1='0' and s0='1'then
        a<=sr & a(3 downto 1);
        end if;
      end if;
    end process;
end;
```

仿真结果如图 7.22 所示。

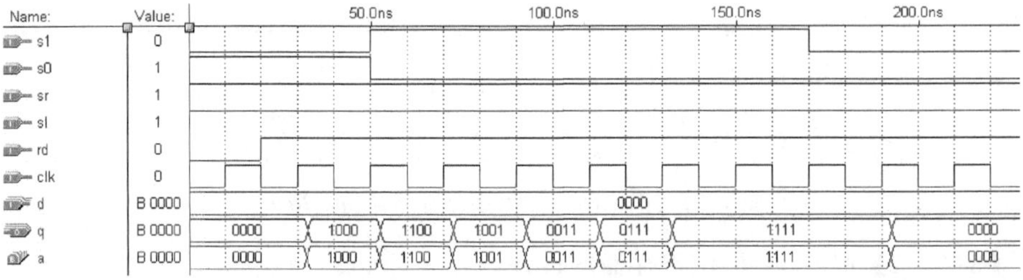

图 7.22　74194 仿真结果

2)实验步骤(参照实验 2 相关内容)

3)注意事项

(1)观察仿真波形时,要注意观察串行数据和并行数据的区别。

(2)在编程时,要注意不能直接读取输出信号,要使用中间信号。

实验内容

(1)设计一个四位带异步清零的并入串出移位寄存器,在时钟上升沿的作用下,输入的并行数据由输出端逐位输出。

(2)设计一个能自启动的环形计数器,实现如图 7.23 所示的状态转换图。

(3)设计一个 8 位循环移位寄存器,设置一个移位控制端 dir,dir 为 1,则循环右移,dir 为 0,则循环左移,输入输出数据均为并行数据。

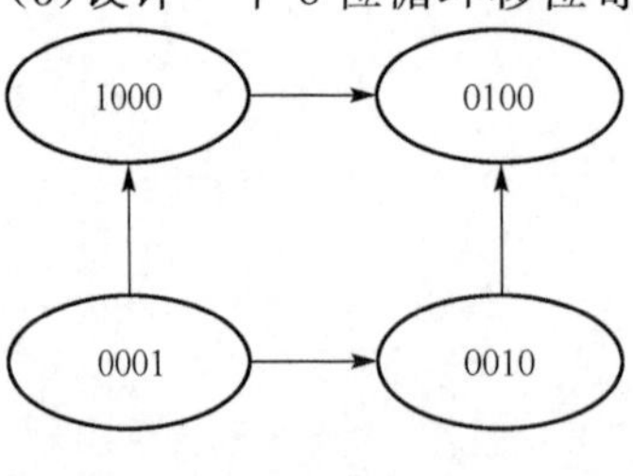

图 7.23　环形计数器的状态转移图

(4)节日彩灯电路设计:当输入连续脉冲时,4 个彩灯(发光二极管)先是从右向左逐位亮继而逐位灭,然后从左向右逐位亮继而逐位灭,状态不断循环。

实验报告要求

(1)总结移位寄存器的工作特点及其应用。

(2)画出各电路的状态转移图。

(3)写出以上实验内容的设计程序、程序分析报告、仿真波形图及其分析报告、硬件测试和实验过程报告。

实验 8 计数器设计

实验预习

一、代码设计。

二、学习 VHDL 语言语法,并回答以下问题。

(1)用 VHDL 语言编写模值可变的计数器时,计数最大值该如何描述?

(2)用 VHDL 语言编写时序电路时,经常用到变量和信号,这两者在使用的时候有何异同?

三、思考题。

同步、异步计数器的工作特点是什么?有何区别?

实验目的

(1)进一步熟悉 MAX+plus II 软件以及用文本输入法设计电路。

(2)进一步熟悉时序电路设计。

(3)熟悉计数器的程序设计方法。

实验器材

PC,可编程逻辑实验电路板,下载线,USB 电源线,双踪示波器,数字万用表,导线若干。

实验原理

1)示例

同步计数器:在时钟脉冲(计数脉冲)的控制下,构成计数器的各触发器状态同时发生变化的计数器,叫做同步计数器。

【例 7.13】同步十进制加法计数器(74LS160)的设计。

源程序:

```
Library ieee;
Use ieee.std_logic_1164.all;
use ieee.std_logic_unsigned.all;

Entity ls160 is
Port(clk,Rd,Sd,ep,et:in std_logic;
                    d:in std_logic_vector(3 downto 0);
                    q:out std_logic_vector(3 downto 0);
                   co:out std_logic);
End;

Architecture rtl of ls160 is
Signal y: std_logic_vector(3 downto 0);
Begin
  Process(clk,rd,sd,ep,et)
   Begin
  if Rd='0' then
   y<="0000";
   co<='0';
   elsif( clk'event and clk='1')then
       if (sd='0')then
        y<=d;
        elsif (ep='0' and et='1') then
            y<=y;
        elsif (ep='1' and et='0') then
            y<=y;
            co<='0';
        elsif (ep='1' and et='1') then
            if  (y=9) then
                y<="0000";
                co<='1';
```

```
                else
                    y<=y+1;
                    co<='0';
                end if;
            end if;
        end if;
    end process;
  q<=y;
End;
```

仿真结果如图 7.24 所示。

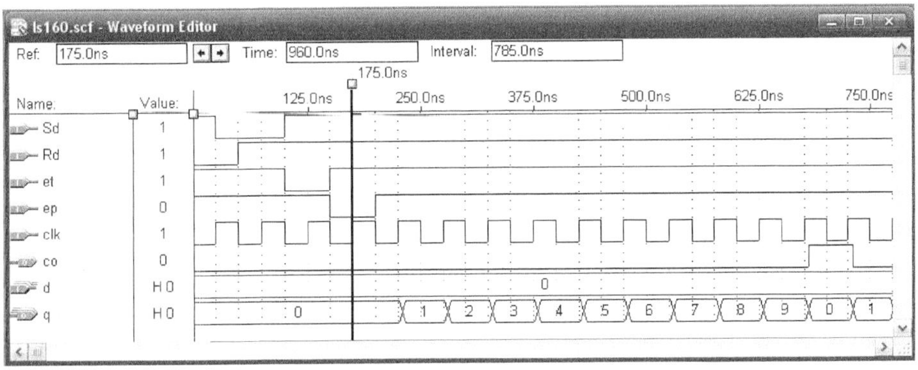

图 7.24　同步十进制加法计数器(74160)的仿真结果

【例 7.14】带同步清零、下降沿触发的异步四位二进制加法计数器的设计。

异步计数器又称行波计数器，它的后一位计数器的输出作为前一位计数器的时钟信号，一级一级串行连接起来就构成了一个异步计数器。

源程序：

```
Library ieee;
Use ieee.std_logic_1164.all;
use ieee.std_logic_unsigned.all;

Entity ybcount is
Port(clk,Rd:in std_logic;
        q:out std_logic_vector(3 downto 0);
         co:out std_logic);
End;

Architecture rtl of ybcount is
```

```
Signal y: std_logic_vector(3 downto 0);
Begin
  Process(clk,rd)
   Begin
   if( clk'event and clk='0')then
     if Rd='0' then
     y<="0000";
         else
       if (y="1111")then
         y<="0000";
            co<='1';
       else
         y<=y+1;
            co<='0';
          end if;
       end if;
    end if;
   end process;
  q<=y;
End;
```

仿真结果如图 7.25 所示。

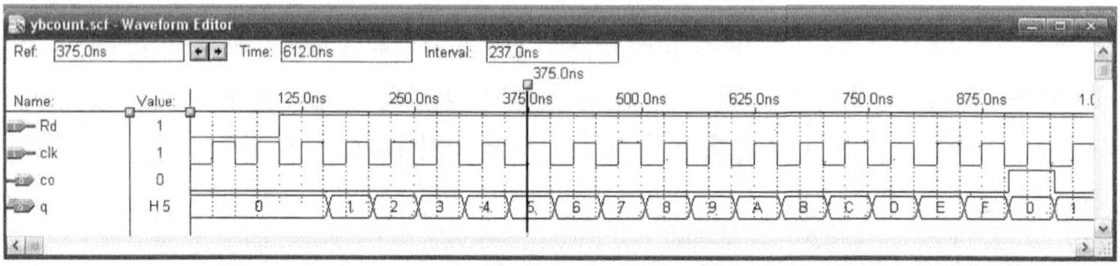

图 7.25 带同步清零、下降沿触发的异步四位二进制加法计数器的仿真结果

2)实验步骤

(1)在 MAX+plus II 软件中新建工程项目及文本文件,输入 VHDL 程序并进行编译、仿真。

(2)指定目标器件,并对编译通过的原理图分配管脚,分配完后再编译一次。

(3)用 JTAG 延长线连接实验板和 PC 主机,用 USB 线接通实验板电源。

(4)下载编程。

(5)在实验板上连接导线。

(6)根据真值表操作实验板的拨位开关,观察数码管的逻辑结果是否与真值表一致。

3)注意事项

(1)编译时要注意将准备编译的文件设为当前工程。

(2)分配完器件管脚后，要先编译再下载。

(3)建立功能仿真波形时，要穷尽输入信号的所有逻辑组合。

(4)电路工作之前应进行初始化。

(5)用数码管显示计数器功能时，要加入数码管显示电路程序。

(6)下载后测试电路功能时，要验证真值表里的所有逻辑组合情况。

实验内容

(1)设计一个同步带清零、带有进位输出端的模二十四(8421BCD 码)计数器，且能够自启动并具有进位输出端。要求如下：①用原理图输入法、采用 74LS160 元件设计上述计数器，并用硬件下载实现，结果用数码管显示；②用文本输入法(即 VHDL 语言)设计编程，并用硬件下载实现，结果用数码管显示。

(2)设计一个模值可变的计数器，其模值变化范围为 2～16。要求用文本输入法(即 VHDL 语言)设计编程，并用硬件下载实现，结果用数码管显示。

(3)分别设计一个 BCD 码模 60 同步、异步计数器。计数器个位显示 0～9，十位显示 0～5，均用四位二进制数表示。要求用文本输入法(即 VHDL 语言)设计编程，并用硬件下载实现，结果用数码管显示。

(4)用混合输入法设计一个模四十八(十进制显示)的加法计数器，要求用一片 74LS160 及实验内容(1)②中实现的模十计数器。

实验 9　序列检测器设计

实验预习

一、程序设计。

二、学习序列检测器的原理，通读实验原理中的示例程序，并回答下列问题。

(1)示例中表示的是什么类型的状态机，它的优点是什么？详述其功能和对序列数检测的逻辑过程。

(2)写出示例中两个主控进程构成的相同功能的符号化 Moore 型有限状态机，画出状态图。

三、思考题。

如果改变待检测的二进制码，状态转换图应如何变化？

实验目的

(1)掌握序列检测器的工作原理。

(2)掌握序列检测器电路设计的方法。

(3)学会用状态机进行数字系统设计。

实验器材

PC，可编程逻辑实验电路板，下载线，USB 电源线，双踪示波器，数字万用表，导线若干。

实验原理

1)序列检测器的基本工作过程

序列检测器用于检测一组或多组由二进制码组成的脉冲序列信号，在数字通信中有着广泛的应用。当序列检测器连续收到一组串行二进制码后，如果这组码与检测器中预先设置的码相同，则输出 1，否则输出 0。由于这种检测的关键在于正确码的收到必须是连续的，这就要求检测器必须记住前一次的正确码及正确序列，直到在连续的检测中所收到的每一位码都与预置的对应码相同。在检测过程中，任何一位不相等都将回到初始状态重新开始检测。方框图如图 7.26 所示。

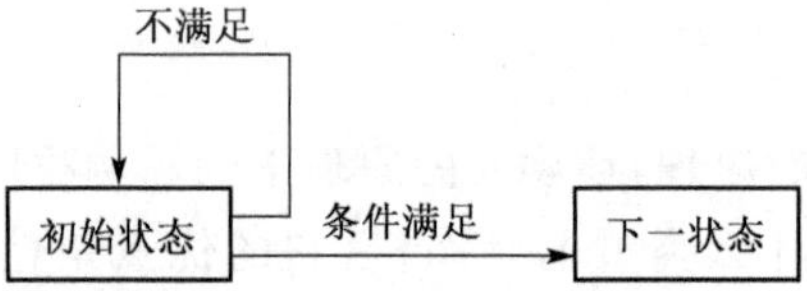

图 7.26　序列检测方框图

2)状态机的基本设计思想

在状态连续变化的数字系统设计中，采用状态机的设计思想有利于提高设计效率，增加程序的可读性，减少错误的发生概率。同时，状态机的设计方法也是数字系统中一种最常用的设计方法。一般来说，标准状态机可以分为 Moore 机和 Mealy 机两种。在 Moore 机中，其输出仅仅是当前状态值的函数，并且仅在时钟上升沿到来时才发生变化。Mealy 机的输出则是当前状态值、当前输出值和当前输入值的函数。

3)示例

【例 7.15】对序列数“11100101”的检测。当这一串序列数高位在前(左移)串行进入检测器后，若此数与预置的密码数相同，则输出“A”，否则输出“B”。

源程序：

```
Library ieee;
Use ieee.std_logic_1164.all;


Entity xljcq is
Port(clk,clr,din:in std_logic;
          ab:out std_logic_vector(3 downto 0));
End;


Architecture rtl of xljcq is
  Signal q: integer range 0 to 8;
  Signal d: std_logic_vector(7 downto 0);
Begin
  d<="11100101";
  Process(clk,clr)
   Begin
   if clr='1' then q<=0;
elsif( clk'event and clk='1')then
    case q is
        when 0=> if din=d(7) then q<=1; else q<=0; end if;
        when 1=> if din=d(6) then q<=2; else q<=0; end if;
        when 2=> if din=d(5) then q<=3; else q<=0; end if;
        when 3=> if din=d(4) then q<=4; else q<=0; end if;
        when 4=> if din=d(3) then q<=5; else q<=0; end if;
        when 5=> if din=d(2) then q<=6; else q<=0; end if;
        when 6=> if din=d(1) then q<=7; else q<=0; end if;
        when 7=> if din=d(0) then q<=8; else q<=0; end if;
        when others => q<=0;
      end case;
    end if;
  end process;
```

```
  process(q)
  begin
    if q=8 then ab<="1010";
    else        ab<="1011";
    end if;
  end process;
End;
```

仿真结果如图7.27所示。

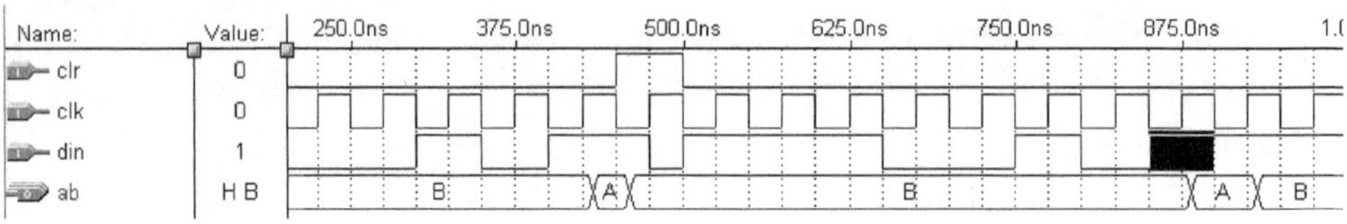

图7.27 "11100101"序列检测仿真结果

4)注意事项

电路工作之前应进行初始化。

实验内容

(1)将示例中的程序编译、仿真并下载实现,结果用数码管显示。

(2)将8位待测预置数作为外部输入信号,即可以随时改变序列检测器中的比较数据。

(3)写出此程序的符号化单进程有限状态机,并下载实现。

实验报告要求

将以上的实验内容写出实验报告,包括设计原理、程序设计、程序分析、仿真分析、硬件测试和详细实验过程。

实验10 LPM模块应用设计

实验预习

一、程序设计。

二、学习 MAX+plus II 软件中宏模块相关知识，回答以下问题。

(1)MAX+plus II 软件提供了多种功能的宏模块，从功能上可分为几类？都是哪些？

(2)简单叙述用文本方式时如何调用 LPM 兆功能块？

三、思考题。

利用 LPM 模块设计一个可预置初值的减法计数器。

实验目的

掌握 LPM 模块在原理图输入法和文本输入法中的调用方法。

实验器材

PC，可编程逻辑实验电路板，下载线，USB 电源线，双踪示波器，数字万用表，导线若干。

实验原理

1)LPM 模块

LPM 是参数可设置模块库(library of parameterized modules)的英语缩写，这些可以以图形或硬件描述语言模块形式方便调用的兆功能块，使得基于 EDA 技术的电子设计效率和可靠性有了很大的提高。设计者可以根据实际电路的设计需要，选择 LPM 库中的适当模块，并为其设定适当的参数，就能满足自己的设计需要。

作为 EDIF 标准的一部分，LPM 中功能模块的内容十分丰富。MAX+plus II 中提供的 LPM 有多种实用的兆功能块，如 LPM_ROM、LPM_FF、LPM_MUX 等。它们都可以在如图 7.28 所示窗口的 mega_lpm 库中看到。每一模块的功能、参数含义、使用方法、硬件描述语言模块参数设置及调用方法都可以在 MAX+plus II 中查阅到。方法是选择“Help”菜单中的“Megafunctions\LPM”命令。例 7.16 是基于 lpm_counter 的数控分频器设计。

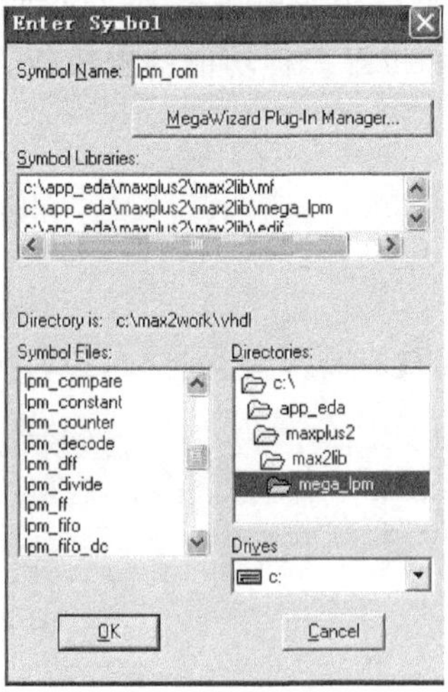

图 7.28　MAX+plus II 中的 mega_lpm 库

2)示例

【例 7.16】基于 lpm_counter 的数控分频器设计。

数控分频器的功能要求当在其输入端给定不同数据时,其输出脉冲具有相应的对输入时钟的分频比。设计流程是先建立一个新的原理图编辑窗,通过图 7.28 的元件输入窗在原理图编辑窗中调入兆功能块,并按照图 7.29 的方式连接起来,其中计数器 lpm_counter 模块的参数设置可按照以下方法进行。

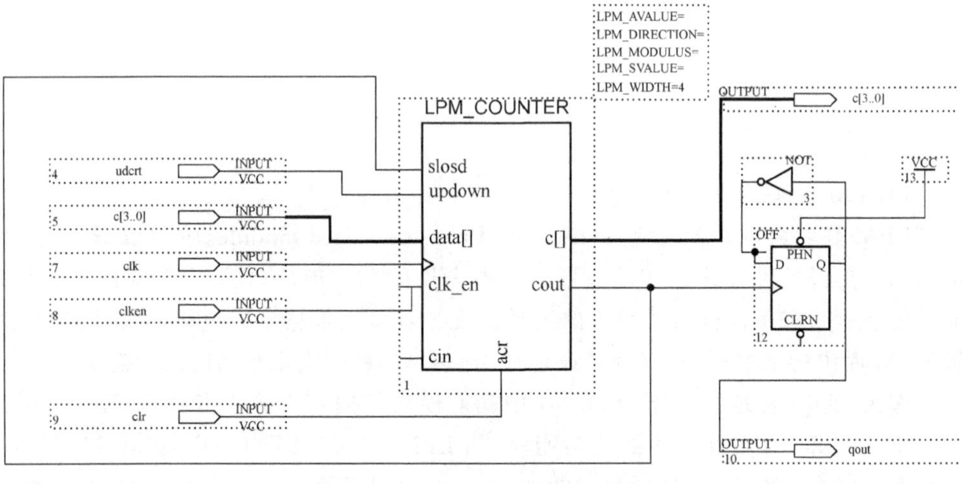

图 7.29　LPM 数控分频器顶层文件

仿真波形如图 7.30 所示。

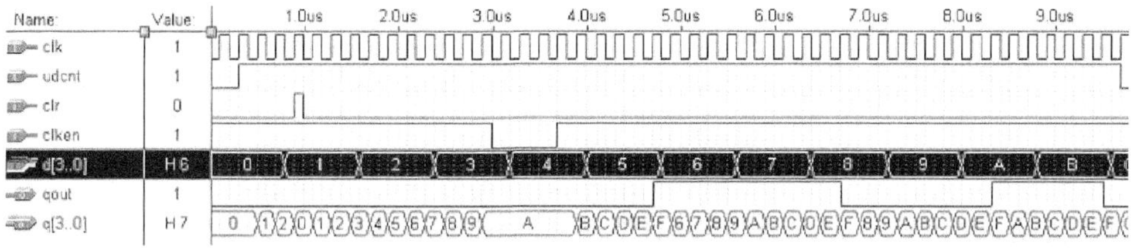

图 7.30　LPM 数控分频器仿真波形

【例 7.17】用 LPM 运算模块设计一个三位可控加、减法器电路(图 7.31)。

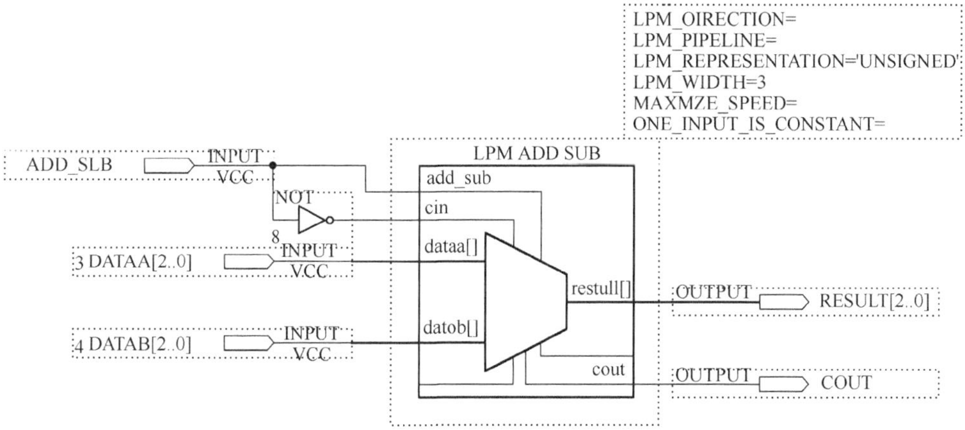

图 7.31　LPM 运算模块设计加减法器

仿真波形如图 7.32 所示。

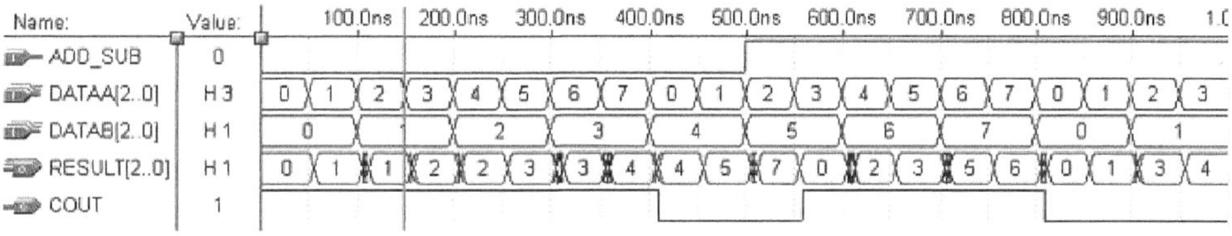

图 7.32　LPM 加减法器仿真波形

3)注意事项

电路工作之前应进行初始化。

实验内容

(1)分别使用 lpm_counter 和 lpm_rom 设计 8 位数控分频器和 4 位乘法器。

(2)将示例用 VHDL 纯文本方式设计,写出程序。给出其仿真波形,并用硬件验证此项设计。

实验报告要求

写出以上的实验内容、时序分析和实测结果，完成实验报告。

实验11 电子琴电子设计

实验预习

一、代码设计。

二、学习VHDL语言语法，并回答以下问题。

(1)component语句怎么使用？

(2)用VHDL语言如何分频？写出分频主程序。

三、思考题。

怎么用状态机实现电子琴？

实验目的

学习利用数控分频器设计硬件电子琴。

实验器材

PC，可编程逻辑实验电路板，下载线，USB电源线，双踪示波器，数字万用表，导线若干。

实验原理

主系统由三个模块组成，例7.3是顶层设计文件，其内部有两个功能模块TONE.VHD(例7.19)和SPEAKER.VHD(例7.18)。

模块 TONE 是音阶发生器，当 8 位发生控制输入 INDEX 中某一位为高电平时，则对应某一音阶的数值将从端口 TONE 输出，作为获得该音阶的分频预置值；同时由 CODE 输出对应该音阶简谱的显示数码，如“5”，并由 HIGH 输出指示音节高 8 度显示。由例 7.2 可见，其语句结构只是类似于真值表的纯组合电路描述，其中的音阶分频预置值，如 Tone<=1290 是根据产生该音阶频率所对应的分频比获得的。

模块 SPEAKER 中的主要电路是一个数控分频器，它由一个初值可预置的加法计数器构成。当模块 SPEAKER 由端口 TONE 获得一个二进制数后，将以此值为计数器的预置数，对端口 CLK 12MHz 输入的频率进行分频，之后由 SPEAKER 向扬声器输出发声。

【例 7.18】 SPEAKER 数控分频器设计。

源程序：

```
Library ieee;
Use ieee.std_logic_1164.all;


Entity speaker is
Port(clk1:in std_logic;
     Tone:in integer range 0 to 16#7FF#;
        spks:out std_logic
      --fullspks:out std_logic
      );
End;
Architecture rtl of speaker is
Signal preclk,fullspks: std_logic;
begin
    divideclk:Process(clk1)
        variable count4:integer range 0 to 15;
        Begin
          preclk<='0';
if count4 >11 then
preclk<='1';
count4:=0;
elsif( clk1'event and clk1='1')then
   count4:=count4+1;
end if;
end process;

genspks:process(preclk,tone)
```

```
variable count11:integer range 0 to 16#7FF# :=tone;
      Begin
if (preclk'event and preclk='1')then
   --count11:=tone1;
if count11=16#7FF#  then
count11:=tone;
fullspks<='1';
else count11:=count11+1;
       fullspks<='0';
   end if;
end if;
end process;

delayspks:process(fullspks)
  variable count2:std_logic;
begin
     if fullspks'event and fullspks='1' then
count2:=not count2;
if count2='1' then spks<='1';
        else spks<='0';
          end if;
         end if;
   end process;
End;
```

【例7.19】TONE音阶发生器设计。

源程序：

```
Library ieee;
Use ieee.std_logic_1164.all;

Entity tone is
Port(index:in std_logic_vector(7 downto 0);
     code:out integer range 0 to 7;
high:out std_logic;
tone1:out integer range 0 to 16#7FF#
      );
End;
```

```
Architecture rtl of tone is
begin
   search:Process(index)
         Begin
         Case index is
  When "00000001"=>tone1<=773;code<=1;high<='0';
  When "00000010"=>tone1<=912;code<=2;high<='0';
  When "00000100"=>tone1<=1036;code<=3;high<='0';
  When "00001000"=>tone1<=1116;code<=4;high<='0';
  When "00010000"=>tone1<=1197;code<=5;high<='0';
  When "00100000"=>tone1<=1290;code<=6;high<='0';
  When "01000000"=>tone1<=1372;code<=7;high<='0';
  When "10000000"=>tone1<=1410;code<=1;high<='1';
  When others=>tone1<=2047;code<=0;high<='0';
  End case;
end process;
End;
```

【例 7.20】电子琴顶层文件设计。

源程序：

```
Library ieee;
Use ieee.std_logic_1164.all;
Entity top is
Port(clk12MHz:in std_logic;
Index:in std_logic_vector(7 downto 0);
     code:out integer range 0 to 7;
high:out std_logic;
spkout:out std_logic
      );
End;

Architecture rtl of top is
   Component tone
Port(index:in std_logic_vector(7 downto 0);
     code:out integer range 0 to 7;
high:out std_logic;
tone1:out integer range 0 to 16#7FF#);
end component;
```

```
Component speaker
Port(clk1:in std_logic;
Tone:in integer range 0 to 16#7FF#;
spks:out std_logic);
end component;
signal tone2: integer range 0 to 16#7FF#;
begin
u1:tone port map(index=>index,tone1=>tone2,
                code=>code,high=>high);
u2:speaker port map(clk1=>clk12MHz,tone=>tone2,
                spks=>spkout);
End;
```

仿真结果如图7.33所示。

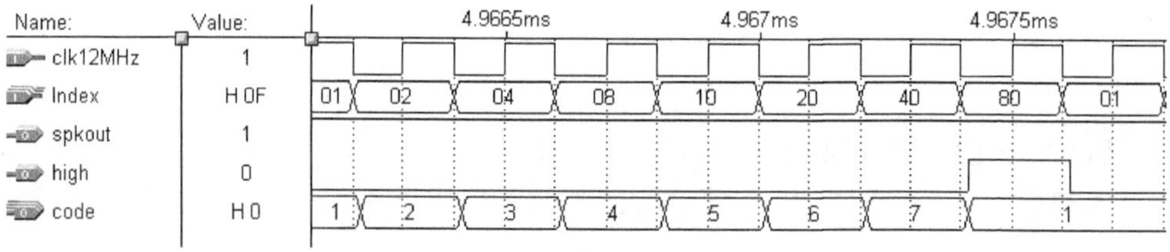

图7.33 电子琴仿真结果

实验内容

(1)分别编译适配以上三个示例文件,给出仿真波形,最后进行下载和硬件测试。

(2)在原设计的基础上,增加一个NOTETABS模块,用于产生节拍控制(INDEX数据存留时间)和音阶选择信号,即在NOTETABS模块放置一个乐曲曲谱真值表,由一个计数器的计数值来控制此真值表的输出,而由此计数器的计数时钟信号作为乐曲节拍控制信号,从而可以设计出一个纯硬件的乐曲自动演奏电路。完成此项设计,并在EDA实验板上实现。

(3)利用核LPM_ROM设计一个ROM,用于存储演奏歌曲的曲谱,重新设计此实验,争取可以在一个ROM中存储多首歌曲。

实验报告要求

用仿真波形和电路原理图详细叙述硬件电子琴的工作原理及其三个VHDL文件中相关语句的功能,叙述硬件实验情况,提出硬件乐曲演奏电路的设计和实验方案。

实验 12　移位相加 8 位乘法器电路设计

实验预习

一、完成移位相加 8 位乘法器的电路设计，画出电路结构框图。

二、学习 VHDL 语言语法，并回答以下问题。

(1)在 VHDL 语言描述中，如何调用自编模块及实现器件的映射？

(2)在 VHDL 语言中，锁存器的设计和 D 触发器有何异同？

三、思考题。

(1)在 MAX+plus II 中如何实现多模块输入，有哪些注意事项？

(2)在数字电路中乘法运算是如何实现的？

实验目的

学习应用移位相加原理设计 8 位乘法器。

实验器材

PC，可编程逻辑实验电路板，下载线，USB 电源线，双踪示波器，数字万用表，导线若干。

实验原理

该乘法器是由 8 位加法器构成的以时序方式设计的 8 位乘法器。其乘法原理是：乘法通过逐项移位相加原理实现，从被乘数的最低位开始，若为 1，则乘数左移后与上一次的和相加；若为0，左移后以全0相加，直至被乘数的最高位。从图7.34的乘法操作时序图及图7.35的逻辑图（本例中的相乘数为9FH和FDH）上可以看出此乘法器的工作原理。在图7.34中，START信号的上升沿及其高电平有两个功能，即16位寄存器清零和被乘数A[7..0]向移位寄存器SREG8B加载；它的低电平则作为乘法使能信号。CLK为乘法时钟信号。当被乘数加载于8位右移寄存器SREG8B后，随着每一时钟节拍，最低位在前，由低位至高位逐位移出。当为1时，1位乘法器andarith打开，8位乘数B[7..0]在同一脉冲进入8位加法器，与上一次锁存在16位锁存器reg16b中的高8位进行相加，其和在下一时钟脉冲的上升沿被锁进此锁存器。被乘数的移出位为0时，与门全零输出。如此往复，直至8个时钟脉冲后，最后乘积完整出现在reg16b端口。

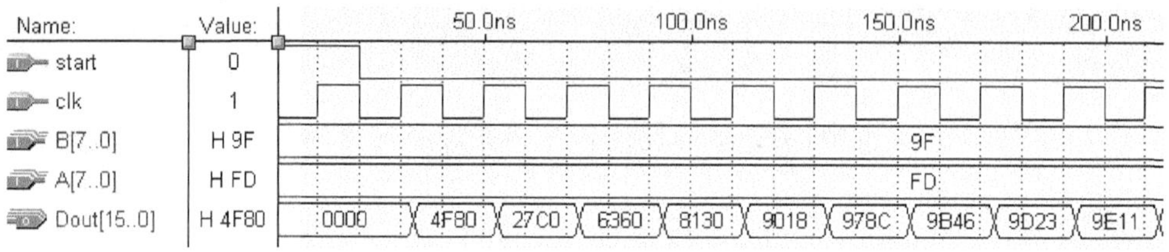

图7.34 8位移存乘法器的时序仿真图

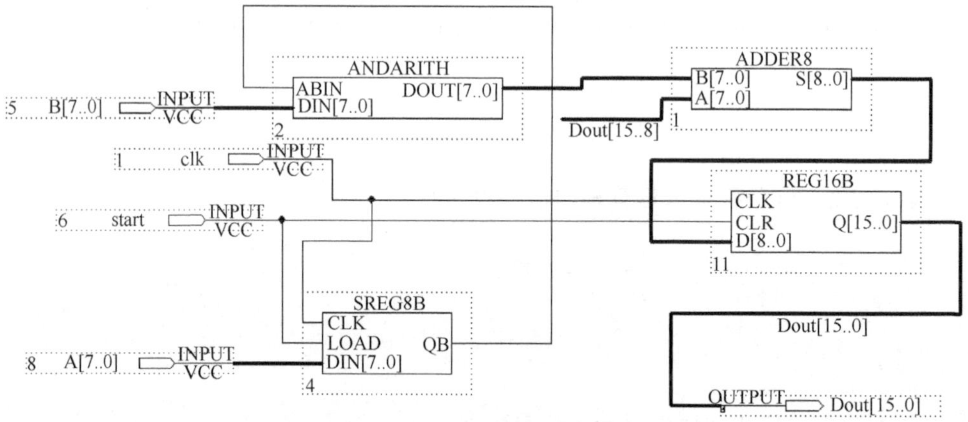

图7.35 8位移存乘法器的逻辑框图

【例7.21】8位右移寄存器的设计。

源程序：

```
Library ieee;
Use ieee.std_logic_1164.all;

Entity sreg8b is
```

```
Port(clk,ld:in std_logic;
        d:in std_logic_vector(7 downto 0);
        q:out std_logic);
End;

Architecture behav of sreg8b is
Signal reg8: std_logic_vector(7 downto 0);
Begin
   Process(clk,ld)
   Begin
If ld='1' then
Reg8<=d;
Elsif ( clk'event and clk='1') then
      Reg8(6 downto 0) <= reg8 (7 downto 1);
    end if;
   end process;
   q<=reg8(0);
End;
```

【例 7.22】8 位加法器的设计。

源程序：

```
Library ieee;
Use ieee.std_logic_1164.all;
use ieee.std_logic_unsigned.all;

Entity adder8b is
Port( a,b:in std_logic_vector(7 downto 0);
      s:out std_logic_vector(7 downto 0));
End;

Architecture behav of adder8b is
Begin
   s<='0' & a+b;
End;
```

【例 7.23】1 位乘法器的设计。

源程序：

```
Library ieee;
```

```
Use ieee. std_logic_1164. all;

Entity andarith is
Port(abin:in std_logic;
      din:in std_logic_vector(7 downto 0);
     dout:out std_logic_vector(7 downto 0));
End;

Architecture behav of andarith is
Begin
   Process(abin,din)
   Begin
      For I in 0 to 7 loop
Dout(i) <=din(i) and abin;
      End loop;
   end process;
End;
```

【例 7.24】16 位锁存器/右移寄存器的设计。

源程序：

```
Library ieee;
Use ieee. std_logic_1164. all;

Entity reg16b is
Port(clk,clr:in std_logic;
         d:in std_logic_vector(8 downto 0);
         q:out std_logic_vector(15 downto 0));
End;

Architecture behav of reg16b is
Signal r16s: std_logic_vector(15 downto 0);
Begin
   Process(clk,clr)
   Begin
If clr='1' then
R16s<=(others =>'0');
Elsif ( clk'event and clk='1') then
      R16s(6 downto 0) <= r16s (7 downto 1);
```

```
      R16s(15 downto 7) <=d;
     end if;
    end process;
    q<=r16s;
End;
```

实验内容

(1)根据给出的乘法器逻辑原理图及其各模块的 VHDL 描述,在 MAX+plus II 上完成各模块的输入和仿真。

(2)完成乘法器的全部设计,包括编译、综合和仿真,并以 87H 乘以 F5H 为例进行仿真,对仿真波形作出详细解释,包括对 8 个工作时钟脉冲中,每一个脉冲乘法操作的方式和结果,对照波形给以详细说明。

(3)编程下载,进行实验验证。

实验报告要求

(1)详细分析以上各个模块的逻辑功能,以及它们的工作原理。

(2)写出以上程序分析报告、仿真波形图及其分析报告、硬件测试和实验过程报告。

第 8 章　EDA 课程设计

课题 1　抢答器设计

实验目的

(1)熟练掌握 VHDL 语言和 MAX+plus II 软件的使用。

(2)掌握 VHDL 层次化的设计方法。

(3)掌握 VHDL 逻辑电路的综合设计应用。

实验原理

抢答器是用来进行智力竞赛的一种仪器,它可以准确地判断出谁是抢先者,同时能以准确的倒计时方式来显示答题时间。在比赛过程中如果有提前抢答(违规)现象,抢答器可以用声、光的方式发出告警。系统框图如图 8.1 所示。

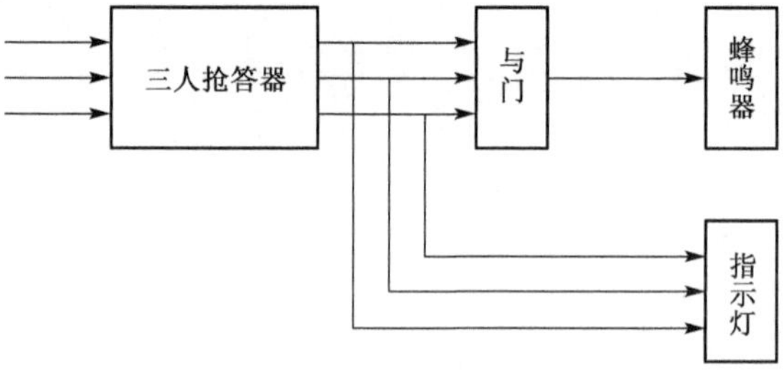

图 8.1　抢答器系统框图

实验要求与任务

1)基本要求

(1)设计一个三人抢答器,各配备一个抢答按钮和一个指示灯,当抢答按钮按下时,抢答器能判断出优先抢答者,并以相应指示灯亮起为标志。

(2)抢答器具有互锁功能,即当其中一人最先抢答后,相应指示灯亮起;此时其他人无法抢答,虽然按钮可以按下,但相应指示灯不亮。

(3)当裁判按下开始答题键时,答题开始且答题时间为 20s。

(4)每人配答题计分显示,裁判按下相应按钮则加 10 分;可复位清零,重新计分。

2)选作内容

(1)增加答错扣分功能,且扣分和加分有 10 分、20 分可选;

(2)答题时间有 10s、20s 等可选；

(3)扩展为多人抢答。

实验器材

PC，可编程逻辑实验电路板，下载线，USB 电源线，双踪示波器，数字万用表，导线若干。

课题 2　多路彩灯控制器

实验目的

(1)熟练掌握 VHDL 语言和 MAX+plus II 软件的使用。

(2)掌握 VHDL 层次化的设计方法。

(3)理解状态机的工作原理和设计方法。

实验原理

系统框图如图 8.2 所示。

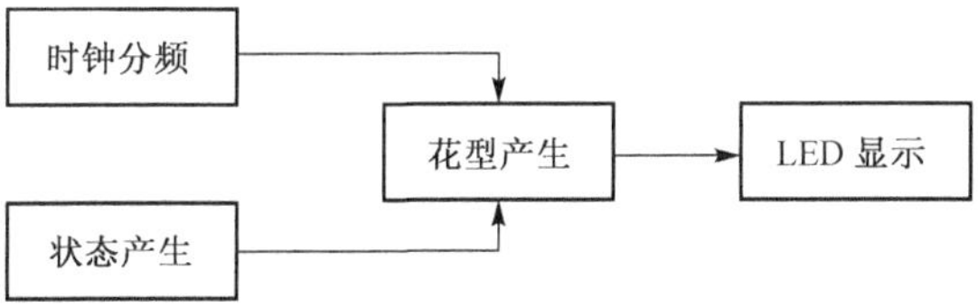

图 8.2　多路彩灯系统框图

实验要求与任务

1)基本要求

用一块 CPLD 控制 8 个 LED 进行花式显示，设计 4 种显示模式，这 4 种模式循环切换，用复位键(rst)控制系统的运行与停止，该彩灯控制器的状态转换图如图 8.3 所示，各状态要求如下：

(1)S0，从左到右逐个点亮 LED，然后逐个熄灭 LED；

(2)S1，从右到左逐个点亮 LED，然后逐个熄灭 LED；

(3)S2，从两边到中间逐个点亮 LED，然后逐个熄灭 LED；

(4)S3，从中间到两边逐个点亮 LED，然后逐个熄灭 LED。

2)选作内容

彩灯明暗变换节拍为 1.0s 和 0.5s，两种节拍交替运行。

实验器材

PC，可编程逻辑实验电路板，下载线，USB 电源线，双踪示波器，数字万用表，导线若干。

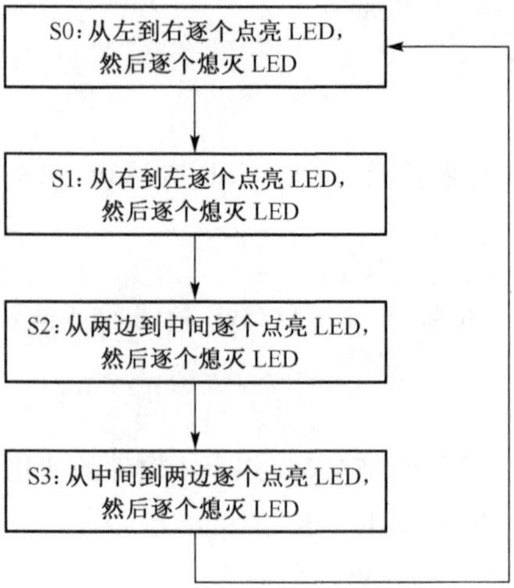

图 8.3 彩灯控制器转换图

课题3 数字秒表的设计

实验目的

(1)熟练掌握VHDL语言和MAX+plus II软件的使用。

(2)掌握利用EDA工具进行自顶向下的电子系统设计的方法。

(3)理解状态机的工作原理和设计方法。

实验原理

1)功能描述

秒表是一种计时的工具,有着很广泛的用途。本实验中的秒表要求有两个功能按钮:一个是开始计数和停止计数按钮,当第一次按下此按钮时,秒表开始计数,再一次按下时,秒表停止计数,并显示所计的数字;另一个是清零按钮,当按下此按钮时,秒表清零。在数码管上采用扫描显示输出。

2)基本原理

本实验中用到的主要逻辑单元有计数器、控制逻辑、数据选择器和译码器等。秒表有6个输出显示,分别是百分之一秒、十分之一秒、秒、十秒、分、十分,所以必须采用6个计数器,输出是BCD码,控制逻辑主要是用来实现计数和清零。系统框图如图8.4所示。

实验要求与任务

1)基本要求

(1)能够准确计时,并能够数字显示;

(2)开机显示 00.00.00,采用数码管扫描显示;

(3)最大计时 59min,最小准确到 0.01s;

(4)可随时清零、暂停、计时。

2)选作内容

自拟其他功能。

实验器材

PC,可编程逻辑实验电路板,下载线,USB 电源线,双踪示波器,数字万用表,导线若干。

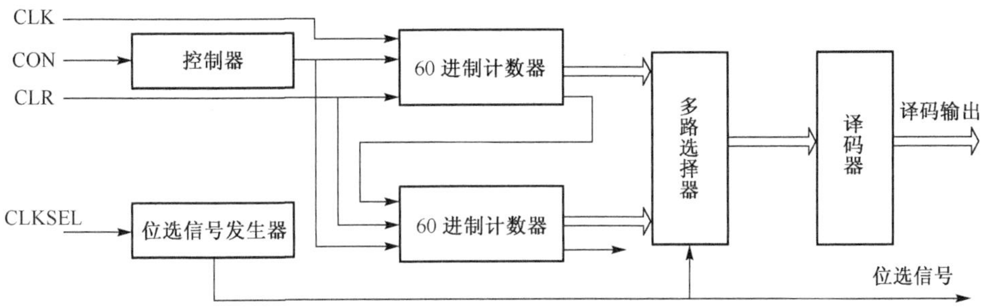

图 8.4 数字秒表系统框图

课题 4 函数发生器

实验目的

(1)熟练掌握 VHDL 语言和 MAX+plus II 软件的使用。

(2)理解状态机的工作原理和设计方法。

(3)掌握利用 EDA 工具进行自顶向下的电子系统设计的方法。

(4)熟悉 D/A 变换电路的设计方法。

实验原理

函数发生器能够产生多种波形,如三角波、锯齿波、方波、正弦波、矩形波等,在生产实践和科技领域中有着广泛的应用。

本实验采用可编程逻辑器件产生方波、三角波等信号,然后通过 D/A 模块进行数模转换,产生出函数信号波形。系统框图如图 8.5 所示。

实验要求与任务

1)基本要求

(1)设计制作一个简易函数发生器,输出波形为方波和三角波,频率范围为 1~2kHz;

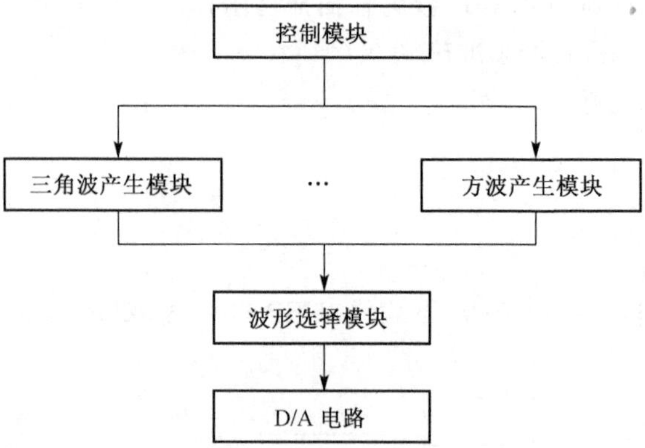

图 8.5 函数发生器系统框图

(2)频率可进行调节并用数码管进行显示,加、减步进均为 100Hz;

(3)输出三角波的峰峰值为 4～5V,方波幅度为 TTL 电平的大小。

2)选作内容

(1)产生频率范围为 1～2kHz,峰峰值为 4～5V 的正弦波信号;

(2)产生占空比可调的矩形波形或者其他波形;

(3)自拟其他功能。

实验器材

PC,可编程逻辑实验电路板,下载线,USB 电源线,双踪示波器,数字万用表,导线若干。

课题 5 自动售货机

实验目的

(1)熟练掌握 VHDL 语言和 MAX+plus II 软件的使用。

(2)理解状态机的工作原理和设计方法。

(3)掌握利用 EDA 工具进行自顶向下的电子系统设计的方法。

实验原理

设计一个自动售货机控制系统,该系统能完成对货物信息的存储、进程控制、硬币处理、余额计算和显示等功能。自动售货机可以管理四种货物,每种的数量和单价在初始化的时候输入,在存储器中存储。用户可以用硬币进行购物,利用按键进行选择;售货时能够根据用户投入的硬币,判断钱币是否够,钱币足够则根据顾客要求自动售货,钱币不够则给出提示并退出;能够自动计算出应找钱币余额、库存数量并显示。

程序运行过程及原理如下：

首先由售货员把自动售货机每种商品的数量和单价通过“set”键和“sel”键输到RAM 里，然后顾客通过“sel”键对所需要购买的商品进行选择，选定以后通过“get”键进行购买，再按“finish”键取回找币，同时结束此次交易。

按“get”键时，如果投的钱数等于或者大于所购买的商品单价，则自动售货机会给出所购买的商品；如果钱数不够，自动售货机不作响应，继续等待顾客的下次操作。

顾客的下次操作可以继续投币，直到钱数达到所要的商品单价进行购买；也可以直接按“finish”键退币。系统框图如图 8.6 所示。

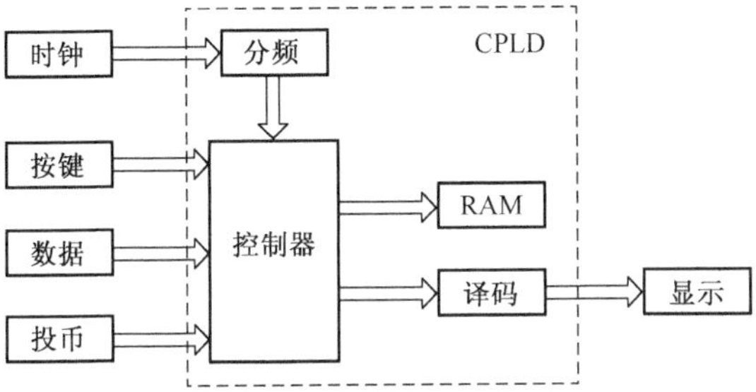

图 8.6 自动售货机系统框图

实验要求与任务

1)基本要求

(1)通过按键，可以投入钱币，售货机自动计数；

(2)顾客可以选择所要购买商品的种类和数量；

(3)输出顾客所要购买的商品并找币；

(4)到一定时间没有操作时(60s)，自动结束。

2)选作内容

自拟其他功能。

实验器材

PC，可编程逻辑实验电路板，下载线，USB 电源线，双踪示波器，数字万用表，导线若干。

课题 6 出租车计费器

实验目的

(1)熟练掌握 VHDL 语言和 MAX+plus II 软件的使用。

(2)掌握 VHDL 层次化的设计方法。

(3)掌握利用 EDA 工具进行自顶向下的电子系统设计的方法。

实验原理

出租车有启动键、停止键、暂停键和挡位键。启动键为脉冲触发信号，当它为一个脉冲时，表示汽车已启动，并根据车速的选择和基本车速发出不同频率的脉冲(计费脉冲)实现车费和路程的计数，同时车费显示起步价；当停止键为高电平时，表示汽车熄火，同时停止发出脉冲，此时车费和路程计数清零；当暂停键为高电平时，表示汽车暂停并停止发出脉冲，此时车费和路程计数暂停；挡位键用来改变车速，不同的挡位对应着不同的车速，路程计数的速度也不同。

出租车计费器可分为两大部分，即控制模块和译码显示模块：控制模块实现了计费和路程的计数，并且通过不同的挡位控制车速；译码显示模块实现了十进制到四位十进制的转换，以及车费和路程的显示。系统框图如图8.7所示。

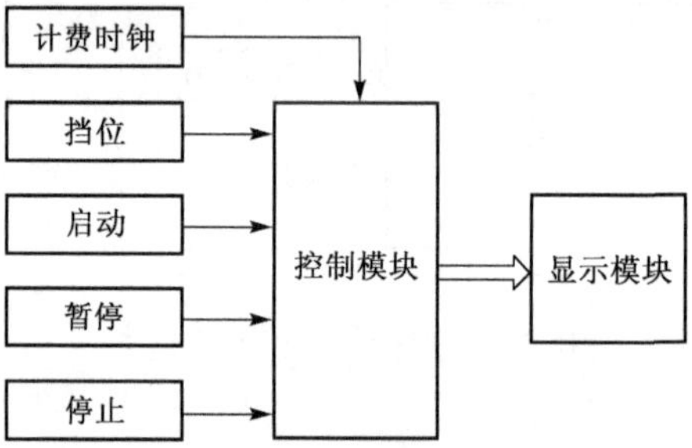

图8.7 出租车计费器系统框图

实验要求与任务

1)基本要求

(1)设计制作一个计费器，具有起价、行车里程计费部分，用四位数码管显示总的金额；

(2)起价、起价里程和每千米价格可通过功能键设置；

(3)行车里程单价、起价均能通过BCD码盘输入；

(4)初始值显示“00.00”，通过按键启动或停止显示，并且每次启动时清除前一次的显示内容；当有等候时间时，允许暂停，暂停结束后可继续计价。

2)选作内容

自拟其他功能。

实验器材

PC，可编程逻辑实验电路板，下载线，USB电源线，双踪示波器，数字万用表，导线若干。

课题 7 洗衣机控制器

实验目的

(1)熟练掌握 VHDL 语言和 MAX+plus II 软件的使用。

(2)理解状态机的工作原理和设计方法。

(3)掌握利用 EDA 工具进行自顶向下的电子系统设计的方法。

实验原理

本实验意在模拟真正的洗衣机的各种功能,包括开关控制、工作暂停、分辨各种洗衣模式(洗涤、漂洗、脱水)、工作状态的显示、倒计时工作时间并显示、预约洗衣时间、工作停止时报警等功能。

电路由模式选择、计数器、报警模块、译码驱动电路和数字显示电路组成。

(1)模式选择模块:五种洗衣模式可供用户选择,模式选择模块将用户的选择信息传递到控制模块。

(2)减法计数器模块:洗衣机以倒计时模块的方式提示用户当前剩余的洗衣时间,该计数器能读取不同的模值进行计数。计时单位为秒。

(3)译码和数码显示电路:译码和数码显示电路能够将计时状态直观清晰地反映出来,显示器件选用 LED 七段数码管,在译码显示电路的驱动下,显示出清晰、直观的数字符号。

(4)报警模块:当系统运行到“报警”状态时,蜂鸣器将会报警,时间为 5s。系统框图如图 8.8 所示。

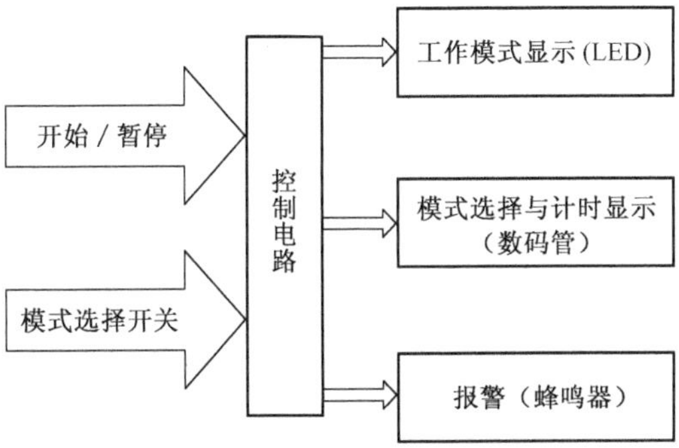

图 8.8 洗衣机控制器系统框图

实验要求与任务

1)基本要求

(1)洗衣机的工作步骤为洗衣、漂洗、脱水三个过程,工作时间分别为洗衣 20s、漂洗 25s、脱水 15s。

(2)用一个按键实现洗衣程序的手动选择:①单洗涤;②单漂洗;③单脱水;④漂洗和脱水;⑤洗涤、漂洗和脱水全过程。

(3)用显示器件显示洗衣机的工作状态(洗涤、漂洗和脱水),并倒计时显示每个状态的工作时间,全部过程结束后,给出报警提示。

(4)用一个按键实现暂停洗衣和继续洗衣的控制,暂停后继续洗衣应回到暂停之前保留的状态。

2)选作内容

(1)三个过程的时间有多个选项供使用者选择;

(2)可以预约洗衣时间;

(3)自拟其他功能。

实验器材

PC,可编程逻辑实验电路板,下载线,USB电源线,双踪示波器,数字万用表,导线若干。

课题8 电梯控制器

实验目的

(1)熟练掌握VHDL语言和MAX+plus II软件的使用。

(2)掌握VHDL层次化的设计方法。

(3)理解状态机的工作原理和设计方法。

实验原理

电梯控制器通过乘客在电梯内外的请求信号控制上升或下降,而楼层信号由电梯本身的装置触发,从而确定电梯处在哪个楼层。乘客在电梯中选择所要到达的楼层,通过主控制器的处理,电梯开始运行,状态显示器显示电梯的运行状态,电梯所在的楼层数通过LED数码管显示。

电梯门的状态分为开门、关门和正在关门三种状态,并通过开门信号、上升预操作和下降预操作来控制。系统框图如图8.9所示。

实验要求与任务

1)基本要求

设计一个6层自动升降电梯的控制电路,该控制器遵循方向优先原则控制电梯完成6层楼的载客服务,同时指示电梯运行情况和电梯内外请求信息,具体要求如下:

(1)每层电梯入口处设有上/下请求开关,电梯内设有乘客到达楼层的请求开关。

(2)设有电梯所处楼层指示和电梯运行模式(上升或下降)指示。

(3)电梯上升一层和下降一层的时间均为2s。

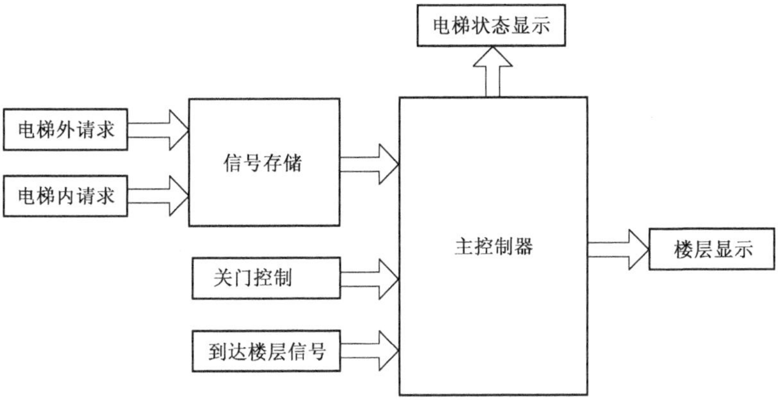

图 8.9 电梯控制器系统框图

(4)电梯到达停站请求后，开门时间为 4s，关门时间为 3s，可以通过快速关门信号和关门中断信号控制关门。

(5)能记忆电梯内外的所有请求信号，并按照电梯运行规则次序响应，响应动作完成后清除请求信号。

(6)能检测是否超载，并设有报警信号。

(7)方向优先规则。当电梯处于上升模式时，只响应比电梯所在位置高的上楼请求信息，由下而上逐个执行，直到最后一个上楼请求执行完毕，若更高楼层有下楼请求，则直接到有下楼请求的最高层接客，然后进入下降模式。电梯处于下降模式时，与上升模式相反。

2)选作内容

自拟其他功能。

实验器材

PC，可编程逻辑实验电路板，下载线，USB 电源线，双踪示波器，数字万用表，导线若干。

课题 9 VGA 图像显示控制器

实验目的

(1)熟练掌握 VHDL 语言和 MAX+plus II 软件的使用。

(2)理解状态机的工作原理和设计方法。

(3)掌握利用 EDA 工具进行自顶而下的电子系统设计的方法。

实验原理

VGA 的英文全称是 video graphic array，即显示绘图阵列。VGA 支持在 640×

480 的较高分辨率下同时显示 16 种色彩或 256 种灰度，同时在 320×240 分辨率下可以同时显示 256 种颜色。VGA 由于良好的性能迅速开始流行，厂商们纷纷在 VGA 基础上加以扩充，如将显存提高至 1MB 并使其支持更高分辨率如 800×600 或 1024×768，这些扩充的模式就称为 VESA(Video Electronics Standards Association，视频电子标准协会)的 Super VGA 模式，简称 SVGA，现在的显卡和显示器都支持 SVGA 模式。VGA 接口就是显卡上输出模拟信号的接口，也叫 D-Sub 接口。VGA 接口是一种 D 型接口，上面共有 15 针空，分成三排，每排五个。VGA 接口是显卡上应用最为广泛的接口类型，绝大多数的显卡都带有此种接口，其工作原理是计算机内部以数字方式生成的显示图像信息，被显卡中的数字/模拟转换器转变为 R、G、B 三原色信号和行、场同步信号，信号通过电缆传输到显示设备中。对于模拟显示设备，如模拟 CRT 显示器，信号被直接送到相应的处理电路，驱动控制显像管生成图像。而对于 LCD、DLP 等数字显示设备，显示设备中需配置相应的 A/D(模拟/数字)转换器，将模拟信号转变为数字信号，在经过 D/A 和 A/D 两次转换后，不可避免地造成了一些图像细节的损失。

设计 VGA 控制器的关键是产生符合 VGA 接口协议规定的行同步和场同步信号，它们的时序关系如图 8.10 所示。

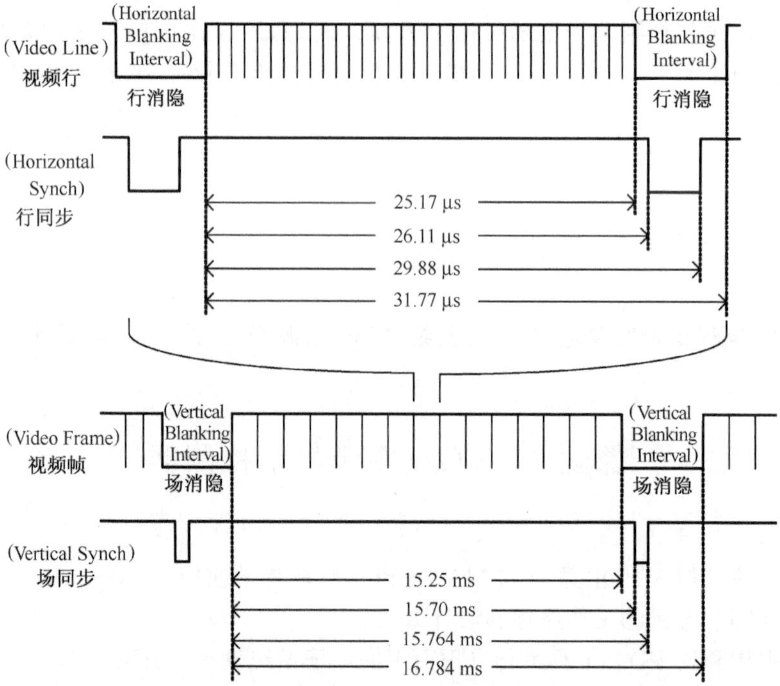

图 8.10 VGA 信号时序图

实验要求与任务

1)基本要求

(1)设计一个 VGA 图像显示控制器,显示模式为 640×480×60Hz 模式;

(2)用逻辑开关控制 R、G、B(每个两位),使显示器可以显示 64 种纯色;

(3)在显示器上显示横向彩条信号(至少 6 种颜色);

(4)在显示器上显示纵向彩条信号(至少 8 种颜色);

(5)在显示器上显示自行设定的图形、图像等。

2)选作内容

自拟其他功能。

实验器材

PC,可编程逻辑实验电路板,下载线,USB 电源线,双踪示波器,数字万用表,导线若干。

课题 10 PS/2 键盘接口控制器设计

实验目的

(1)熟练掌握 VHDL 语言和 MAX+plus II 软件的使用。

(2)理解状态机的工作原理和设计方法。

(3)掌握利用 EDA 工具进行自顶向下的电子系统设计的方法。

(4)熟悉 PS/2 接口协议。

实验原理

1)PS/2 接口标准的发展过程

随着计算机工业的发展,作为计算机最常用输入设备的键盘也日新月异。1983 年 IBM 推出了 IBM PC/XT 键盘及其接口标准。该标准定义了 83 键,采用 5 脚 DIN 连接器和简单的串行协议。实际上,第一套键盘扫描码集并没有主机到键盘的命令。为此,1984 年 IBM 推出了 IBM AT 键盘接口标准。该标准定义了 84~101 键,采用 5 脚 DIN 连接器和双向串行通信协议,此协议依照第二套键盘扫描码集设有 8 个主机到键盘的命令。到了 1987 年,IBM 又推出了 PS/2 键盘接口标准。该标准仍旧定义了 84~101 键,但是采用 6 脚 mini-DIN 连接器,该连接器在封装上更小巧,仍然用双向串行通信协议并且提供有可选择的第三套键盘扫描码集,同时支持 17 个主机到键盘的命令。现在,市面上的键盘都和 PS/2 及 AT 键盘兼容,只是功能不同而已。

2)PS/2 接口硬件

(1)物理连接器。一般来说,具有 5 脚连接器的键盘称为 AT 键盘,而具有 6 脚

mini-DIN 连接器的键盘则称为 PS/2 键盘。其实这两种连接器都只有 4 个脚有意义。它们分别是 Clock(时钟脚)、Data(数据脚)、+5V(电源脚)和 Ground(电源地)。在 PS/2 键盘与 PC 的物理连接上只要保证这四根线一一对应就可以了。PS/2 键盘靠 PC 的 PS/2 端口提供+5V 电源，另外两个脚 Clock(时钟脚)和 Data(数据脚)都是集电极开路的，所以必须接大阻值的上拉电阻。它们平时保持高电平，有输出时才被拉到低电平，之后自动上浮到高电平。现在比较常用的连接器如图 8.11 所示。

Male 公的	Female 母的	5 脚 DIN(AT/XT)
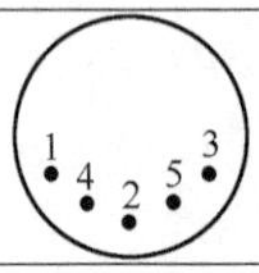	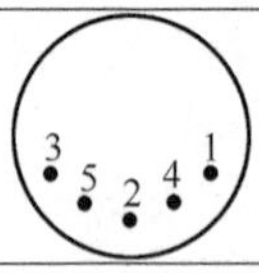	1. 时钟
		2. 数据
		3. 未用，保留
		4. 电源地
(Plug)插头	(Socket)插座	5. +5V

Male 公的	Female 母的	6 脚 mini-DIN(PS/2)
		1. 数据
		2. 未用，保留
		3. 电源地
		4. 电源+5V
(Plug)插头	(Socket)插座	5. 时钟
		6. 未用，保留

图 8.11 PS/2 接口的 mini-DIN 连接器

(2)电气特性。PS/2 通信协议是一种双向同步串行通信协议。通信的两端通过 Clock(时钟脚)同步，并通过 Data(数据脚)交换数据。任何一方如果想抑制另外一方通信时，只需要把 Clock(时钟脚)拉到低电平。如果是 PC 和 PS/2 键盘间的通信，则 PC 必须做主机，也就是说，PC 可以抑制 PS/2 键盘发送数据，而 PS/2 键盘则不会抑制 PC 发送数据。一般两设备间传输数据的最大时钟频率是 33kHz，大多数 PS/2 设备工作在 10～20kHz。推荐值在 15kHz 左右，也就是说，Clock(时钟脚)高、低电平的持续时间都为 40μs。每一数据帧包含 11～12 个位，具体含义如表 8.1 所列。

表 8.1 数据帧格式说明

1 个起始位	总是逻辑 0
8 个数据位	(LSB)低位在前
1 个奇偶校验位	奇校验
1 个停止位	总是逻辑 1
1 个答应位	仅用在主机对设备的通信中

表中，如果数据位中 1 的个数为偶数，校验位就为 1；如果数据位中 1 的个数为奇数，校验位就为 0；总之，数据位中 1 的个数加上校验位中 1 的个数总为奇数，因此总进行奇校验。

3)第二套扫描码

101、102 和 104 键的键盘:

KEY	通码	断码	KEY	通码	断码	KEY	通码	断码
A	1C	F0 1C	9	46	F0 46	[	54	F0 54
B	32	F0 32	`	0E	F0 0E	INSERT	E0 70	E0 F0 70
C	21	F0 21	—	4E	F0 4E	HOME	E0 6C	E0 F0 6C
D	23	F0 23	=	55	F0 55	PG UP	E0 7D	E0 F0 7D
E	24	F0 24	\	5D	F0 5D	DELETE	E0 71	E0 F0 71
F	2B	F0 2B	BKSP	66	F0 66	END	E0 69	E0 F0 69
G	34	F0 34	SPACE	29	F0 29	PG DN	E0 7A	E0 F0 7A
H	33	F0 33	TAB	0D	F0 0D	U ARROW	E0 75	E0 F0 75
I	43	F0 43	CAPS	58	F0 58	L ARROW	E0 6B	E0 F0 6B
J	3B	F0 3B	L SHFT	12	F0 12	D ARROW	E0 72	E0 F0 72
K	42	F0 42	L CTRL	14	F0 14	R ARROW	E0 74	E0 F0 74
L	4B	F0 4B	L GUI	E0 1F	E0 F0 1F	NUM	77	F0 77
M	3A	F0 3A	L ALT	11	F0 11	KP /	E0 4A	E0 F0 4A
N	31	F0 31	R SHFT	59	F0 59	KP *	7C	F0 7C
O	44	F0 44	R CTRL	E0 14	E0 F0 14	KP —	7B	F0 7B
P	4D	F0 4D	R GUI	E0 27	E0 F0 27	KP +	79	F0 79
Q	15	F0 15	R ALT	E0 11	E0 F0 11	KP EN	E0 5A	E0 F0 5A
R	2D	F0 2D	APPS	E0 2F	E0 F0 2F	KP	71	F0 71
S	1B	F0 1B	ENTER	5A	F0 5A	KP 0	70	F0 70
T	2C	F0 2C	ESC	76	F0 76	KP 1	69	F0 69
U	3C	F0 3C	F1	05	F0 05	KP 2	72	F0 72
V	2A	F0 2A	F2	06	F0 06	KP 3	7A	F0 7A
W	1D	F0 1D	F3	04	F0 04	KP 4	6B	F0 6B
X	22	F0 22	F4	0C	F0 0C	KP 5	73	F0 73
Y	35	F0 35	F5	03	F0 03	KP 6	74	F0 74
Z	1A	F0 1A	F6	0B	F0 0B	KP 7	6C	F0 6C
0	45	F0 45	F7	83	F0 83	KP 8	75	F0 75
1	16	F0 16	F8	0A	F0 0A	KP 9	7D	F0 7D
2	1E	F0 1E	F9	01	F0 01	]	58	F0 58
3	26	F0 26	F10	09	F0 09	;	4C	F0 4C
4	25	F0 25	F11	78	F0 78	'	52	F0 52
5	2E	F0 2E	F12	07	F0 07	,	41	F0 41
6	36	F0 36	PRNT SCRN	E0 12 E0 7C	E0 F0 7C E0 F0 12	.	49	F0 49
7	3D	F0 3D	SCROLL	7E	F0,7E	/	4A	F0 4A
8	3E	F0 3E	PAUSE	E1 14 77 E1 F0 14 F0 77	—NONE—			

实验要求与任务

1)基本要求

(1)设计制作一个PS/2键盘接口控制器,按照PS/2键盘接口标准设计一个控制器,接收PS/2键盘发送的数据。

(2)用数码管和8×8点阵显示接收到的键值。其中0～9用数码管显示,a～z用8×8点阵显示,接收到其他键值则不显示。

2)选作内容

自拟其他功能。

实验器材

PC,可编程逻辑实验电路板,下载线,USB电源线,双踪示波器,数字万用表,导线若干。

参考文献

陈汝全.1996.电子技术常用器件应用手册.北京:机械工业出版社

侯传教.2009.数字逻辑电路实验.北京:电子工业出版社

罗朝霞,高书莉.2007.CPLD/FPGA 设计及应用.北京:人民邮电出版社

马彧.2008.数字电路与系统实验教程.北京:北京邮电大学出版社

潘松,黄继业.2005.EDA 技术与 VHDL.北京:清华大学出版社

潘松,黄继业.2002.EDA 技术实用教程.北京:科学出版社

史晓东.2008.数字电路与逻辑设计实验教程.北京:北京邮电大学出版社

王毓银.2005.数字电路逻辑设计.3 版.北京:高等教育出版社

王振宇.2004.实验电子技术.北京:电子工业出版社

郁汉琪.2007.数字电路实验及课程设计指导书.北京:中国电力出版社

张亦华,延明.2003.数字电路 EDA 入门——VHDL 程序实例集.北京:北京邮电大学出版社

周润景,图雅.2008.基于 Quartus II 的 FPGA/CPLD 数字系统设计实例.北京:电子工业出版社